零基础学
变/频/器
应用与维修

孟宏杰　主编
王雪亮　齐晓旭　施芳雅　副主编

化学工业出版社

·北京·

内容简介

本书结合作者多年的教学、实践和应用、维修经验，采用彩色图解形式，在介绍变频器的基本功能与原理基础上，全面讲解了各品牌变频器从安装、接线、参数设置、电路检修到工程应用、PLC控制的全部知识与技能。重点介绍了安邦信、艾默生、森兰、台达等变频器以及空调系统、起重系统、电梯系统专用变频器的安装、接线、调试、控制与检修。全书注重实际应用，提供了丰富的故障检修与工程应用实例，读者可以举一反三，解决实际工作中遇到的难题。书中电路原理、故障检修均配套相应视频讲解，读者可以扫描二维码详细观看学习，犹如老师亲临指导。

本书适合电工、电气技术人员、工控领域技术人员、电气自动化的调试工程师使用，也可作为大专院校相关专业的教材。

图书在版编目（CIP）数据

零基础学变频器应用与维修/孟宏杰主编. 一北京：化学工业出版社，2022.7
ISBN 978-7-122-41183-9

Ⅰ.①零… Ⅱ.①孟… Ⅲ.①变频器－维修 Ⅳ.①TN773

中国版本图书馆CIP数据核字（2022）第059569号

责任编辑：刘丽宏　　　　　　　　　　　　文字编辑：陈　锦　李亚楠　陈小滔
责任校对：宋　玮　　　　　　　　　　　　装帧设计：刘丽华

出版发行：化学工业出版社
　　　　　（北京市东城区青年湖南街13号　邮政编码100011）
印　　刷：北京云浩印刷有限责任公司
装　　订：三河市振勇印装有限公司
710mm×1000mm　1/16　印张20¾　字数391千字　2023年3月北京第1版第1次印刷

购书咨询：010-64518888　　　　　　　　　售后服务：010-64518899
网　　址：http://www.cip.com.cn
凡购买本书，如有缺损质量问题，本社销售中心负责调换。

定　　价：89.80元

　　变频器是应用变频技术与微电子技术，通过改变电机工作电源频率方式来控制交流电动机的电力控制设备。变频器功能可靠，安全又节省电能，在工业自动化领域占有举足轻重的地位，广泛适用于油矿、煤矿及供水设施与机床设备等诸多领域。变频器的应用与维修，不同于常规的电气设备，需要技术人员既要有一定的电力、电子、电机基础，还要懂一定的数字电路、模拟电路原理，才能解决日常应用中的问题。为了使广大电工、电力拖动等电气技术人员全面、有效地学习变频器相关知识和技术，我们编写了本书。

　　本书立足于实用，采用彩色实物图解与视频相结合的方式，全面讲解了各品牌变频器从安装、接线、参数设置、电路检修到工程应用、PLC控制的全部知识与技能，主要包括安邦信、艾默生、森兰、台达等变频器以及空调系统、起重系统、电梯系统专用变频器的安装、接线、调试、控制与检修。全书注重实际应用，提供了丰富的故障检修与工程应用实例，读者可以举一反三，解决实际工作中遇到的难题。

　　全书内容具有以下特点：

　　1 实物对照，彩色图解，注重实用，案例丰富：通过应用实例和检修实例，全面介绍各类型主流变频器从电路原理、应用到故障检修的全部知识和技能。

　　2 配套视频讲解：懂控制，会检修，书中电路原理、故障检修均配套相应视频讲解，直观、易懂。

　　本书由孟宏杰主编，王雪亮、齐晓旭、施芳雅副主编，参加编写的还有曹振华、张胤涵、张校珩、曹祥、王桂英、焦凤敏、张书敏、赵学敏、孔海颖、张伯龙、王新蒙、胡伟、张校铭，全书由张伯虎审核。在此，衷心感谢为本书编写和出版提供大量帮助的有关老师和专家。

　　由于水平有限，书中不足之处难免，恳请广大同行批评指正（欢迎关注下方微信公众号交流）。

编者

目录
CONTENTS

变频器、开关电源、电气部件检修视频

典型集成电路开关电源原理	充电器控制电路检修	充电器无输出启动电路检修	桥式开关电源原理与检修	PFC 开关电源原理与维修	充电器无输出启动电路检修	大功率桥式开关电源与 PFC 电路
按钮开关的检测	保险在电检测 2	保险在路检测 1	带开关插座安装	倒顺开关的检测	电磁铁的检测	电子时间继电器的检测
断路器的检测 1	断路器的检测 2	多挡位凸轮控制器的检测	机械时间继电器的检测	接触器的检测 1	接触器的检测 2	接近开关的检测
热继电器的检测	声光控开关的检测	万能转换开关的检测 1	万能转换开关的检测 2	行程开关的检测	中间继电器的检测	主令开关的检测
数字万用表的使用	电阻器的检测	电容器的检测	电位器的检测	电感的测量	数字表测量变压器	电声器件的检测
开关继电器的检测	二极管检测	三极管检测	IGBT 晶体管的检测	单向可控硅的检测	双向可控硅的检测	场效应管的检测
集成电路与稳压器件的检测	石英晶体的测量	光电耦合器的检测	检测 NE555 集成电路	三端稳压器误差放大器的检测	数字万用表测量变压器	

Chapter 1

第一章

变频器的基础知识

一、变频电机与型号

1. 认识变频电机

变频电机由传统的笼型电动机发展而来，例如把传统的电机风机改为独立出来的风机，并且提高了电机绕组的绝缘性能。随着科技发展和变频电机技术的成熟，变频电机应用越来越广泛。变频电机实际上是为变频器设计的电机，为变频器专用电机，电机可以在变频器的驱动下实现不同的转速与转矩，以适应负载的需求变化。

需要注意的是，变频电机是在标准环境条件下，以100%额定负载在10%～100%额定速度范围内连续运行，温升不会超过该电机标定允许值的电机。在企业实际应用中，在要求不高的场合，如小功率和频率在额定工作频率的工况下，可以用普通笼型电动机代替。变频电机和异步电机外形如图1-1所示。

2. 交流变频调速电机的优点

变频电机采用"专用变频感应电动机+变频器"的交流调速方式，使机械自动化程度和生产效率大为提高。例如在我们乘坐的电梯中应用变频调速方式，极大增加了人体的舒适性，目前正取代传统的机械调速和直流调速方式。

变频电机的优点：

❶ 具备启动功能，可以实现软启动和快速制动。

❷ 采用电磁设计，减少了定子和转子的阻值。

YBBP系列高压隔爆型
变频调速电机

YFB系列粉尘防爆
三相异步电机

YVP132M-4-7.5kW
变频调速电机

强冷风扇

强冷风扇

图 1-1 变频电机和异步电机外形

❸ 能适应不同工况条件下的频繁变速。

❹ 在一定程度上可以节能。

3. 变频电机特点、适用范围和型号命名

变频调速目前已经成为主流的调速方式，可广泛应用于各行各业无级变速传动。特别是随着变频器在工业控制领域日益广泛的应用，变频电机的使用也日益广泛起来，可以说由于变频电机在变频控制方面较普通电机的优越性，凡是用到变频器的地方，我们都不难看到变频电机的身影。

变频电机的特点：噪声低，振动小，绝缘等级为 F 级，外壳防护等级为 IP54、IP55，B 级温升设计。基本采用高分子绝缘材料及真空压力浸漆制造工艺以及采用特殊的绝缘结构，使电气绕组绝缘耐压及机械强度有很大提高，足以胜任电机的高速运转及抵抗变频器高频电流冲击和电压对绝缘的破坏。平衡质量高，振动等级为 R 级（降振级）机械零部件，大部分采用专用高精度轴承，可以高速运转。强制通风散热系统，寿命长，风力强劲，保障变频电机在任何转速下都能得到有效散热，可实现高速或低速长期运行。变频电机具备更宽广的调速范围和更高的设计质量，经特殊的磁场设计，进一步抑制高次谐波特性，调速平稳，无转矩脉动。与各类变频器均具有良好的参数匹配，配合矢量控制，可实现零转速全转矩、低频大力矩与高精度转速控制、位置控制及快速动态响应控制。

国产变频电机的型号是在 Y、Y2、Y3 基础上衍生出来的，一般叫 YVP、YVP2、YVP3 等，也有厂家自己命名的，国内厂家一般以 Y 打头，带 VP 等字样；合资企业基本都是自己命名。

变频电机型号说明：

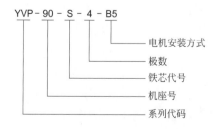

YVP-90-S-4-B5

电机安装方式
极数
铁芯代号
机座号
系列代码

二、变频电机安装前的检查

（1）变频电机使用前开箱检查内容和注意事项　变频电机开箱前应检查包装是否完整无损、有无受潮的现象，打开防护罩后应小心清除电动机上的灰尘，仔细检查在运输过程中有无变形或损坏、紧固件有无松动或脱落、转子转动是否灵活、铭牌数据是否符合要求，并用兆欧表测量电阻，绝缘电阻不应低于3MΩ，否则应对绕组进行干燥处理。

（2）变频电机安装

❶ 经长途运输或长期搁置未用的变频电机，在使用前须测量定子绕组与机壳间的绝缘电阻，应不低于3MΩ，否则电动机必须进行干燥处理，直到绝缘电阻达到规定值为止。且须符合电动机说明书规定的要求。

❷ 变频电机安装时应注意，电动机轴中心线与通风机筒圈的中心线必须一致，否则通风机风叶与筒圈发生摩擦现象，会造成叶片断裂、轴承损坏和轴断裂等质量事故。特别注意保护电机的底脚平面，底脚平面不要有磕碰。

❸ 检查变频电机轴承的润滑状态，若原来的润滑脂已变质、干涸或弄脏，必须用汽油或煤油将轴承洗净，再加入清洁的润滑脂。

❹ 检查变频电机的紧固螺栓是否紧固牢靠，外壳是否可靠接地或接零等。

❺ 检查变频电机保护装置是否符合要求，安装是否可靠。

❻ 检查变频器和变频电机设备接线是否正确，启动装置是否灵活。启动设备金属外壳是否可靠接地或接零等。

❼ 检查三相电源电压是否正常，电压是否过高、过低或三相电压是否平衡。

三、普通电机使用变频调速的注意事项

普通异步电机可以实现变频控制，与变频电机用法没有差别。但因为其仅按工频设计，相较变频电机，存在效率低、温升高、绝缘容易老化、噪声和振动大、冷却差等问题。

（1）电动机的效率和温升问题　不论哪种形式的变频器，在运行中均产生不同程度的谐波电压和电流，使电动机在非正弦电压、电流下运行。以目前普遍使用的正弦波PWM型变频器为例，其低次谐波基本为零，剩下的为比载波频率大一倍左右的高次谐波。

高次谐波会引起电动机定子、转子铜耗和铁耗及附加损耗的增加，这些损耗都会使电动机额外发热，效率降低，输出功率减小。如将普通三相异步电动机运行于变频器输出的非正弦电源条件下，其温升一般要增加10%～20%。

（2）电动机的绝缘强度问题　目前主流变频器，采用PWM的控制方式。它的载波频率高，这就使得电动机定子绕组要承受很高的电压上升率，使电动机的匝间绝缘承受更高的考验。同时由PWM变频器产生的矩形斩波冲击电压叠加在电动机

运行电压上，会对电动机对地绝缘构成威胁，这样就造成了电机对地绝缘在高压的反复冲击下加速老化，所以变频电机绝缘材料等级要高。另外为保证变频电机低频工作特性，变频电机一般线圈匝数比普通电机稍多。

（3）电动机对频繁启动、制动的适应能力问题　变频电机在变频器供电后，可以在很低的频率和电压下以无冲击电流的方式启动，并可利用变频器所提供的各种制动方式进行快速制动，从而为实现频繁启动和制动创造了条件。

在实际应用中，普通电机如果使用变频器供电，则其机械系统和电磁系统处于循环交变力的作用下，会给机械结构和绝缘结构带来疲劳及加速老化问题。

（4）普通电机低转速时的冷却问题　普通电机当电源频率较低时，电源中高次谐波所引起的损耗较大。其转速降低时，冷却风量与转速成比例减小，致使电动机的低速冷却状况变坏，温升急剧增加，对其实现恒转矩输出产生很大影响，严重情况下可能导致电机烧毁。

所以普通电机不能长时间运行在低频状态下。变频电机和普通异步电机的区别如图 1-2 所示。

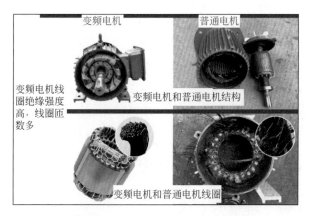

图 1-2　变频电机和普通异步电机的区别

四、维修变频电机与普通电机的注意事项

❶ 维修变频电机选用耐电晕性能好的电磁线，以满足电机耐高频脉冲和局部放电的要求。一般使用聚酯亚胺/聚酰胺酰亚胺复合层漆包线，耐电晕、抗电晕电磁线。

❷ 变频电机的绕线、嵌线、绑扎等加工工艺必须严加管理，特别是在绕线、嵌线过程中应防止损伤导线，嵌线过程应保证槽绝缘、相绝缘、层间绝缘放置到位。相绝缘应采用容易被绝缘漆浸透的材料，线圈端部应加强绑扎、固定，确保端部成为一个整体。在电机槽底、相间、层间及线圈首末匝等处加强绝缘，可提高电机耐电强度。主绝缘须采用无气隙绝缘。

❸ 变频电机绝缘结构中的气隙，是产生电晕的主要因素。为保证电机整体绝缘结构中不含空气隙，根据国家标准 GB/T 21707—2008《变频调速专用三相异步电动机绝缘规范》的规定，变频调速专用三相异步电动机用的浸渍漆必须是不低于 F 级的无溶剂漆，且挥发性小于 10%，并采用 VPI 工艺。该工艺还可以提高绝缘结构整体机械强度。

❹ 做好变频器、电缆和电机之间的匹配工作，这样做可以限制电机与电源之间电缆的长度，减小电机端的过电压幅值和局部放电量，延长电机寿命。

五、第一次用变频器做电机调整的操作步骤

❶ 首先阅读变频器手册（一般在变频器附件中都会带有一本，如果没有，需要到官网上下载电子版的）。不同品牌的变频器，其基本工作原理相同，但是它的需要调整范围的输入代码是不一样的，同时我们还要查看所使用的变频器型号产品规格对应的功能描述和数据指标，确定产品的额定值，如功率、输入电压等级（三相的还是单相的）、输出电流等。

❷ 直接用变频器的面板操作模式，需要认识变频器面板操作按键的功能，认清楚编程/退出键、运行键、停机/复位键、递增/递减键、移位键等按键，如图 1-3 所示。

❸ 第一次使用要将控制模式功能码设置为 V/F 控制模式。在变频器的选型及功率匹配上，知道恒转矩负载，风机、水泵类负载和 V/F 控制变频器、矢量控制变频器等。

变频器的 V/F 控制是变频器的一种基本控制方式。它是在基准频率以下，变频器的输出电压和输出频率成正比关系，输出恒转矩的一种控制方式。

矢量控制方式就是将异步电动机的定子电流矢量分解为产生磁场的电流分量和产生转矩的电流分量分别加以控制，并同时控制两分量的幅值和相位。

❹ 按照标准接线图接线，控制回路和主回路的接线端子定义、接线图要仔细读懂才能正确接线，否则接线错误会导致变频器损坏。

❺ 改变频率调整范围和电机正反转控制等，应使用生产厂家出厂状态，要先空载运行。

❻ 正确接线后可以进行 JOG 基本测速，选用本地控制的方式在变频器上进行操作即可运行。

❼ 变频器小功率有单相 220V 电源输入和 380V 电源输入。其中三相交流 380V 电源输入用 R、S、T 表示，220V 电源输入用 L、N 表示。

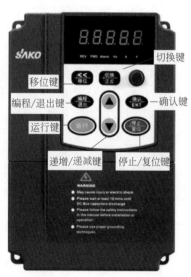

图 1-3 变频器面板操作按键功能

变频器输出接电机的端子接线用 U、V、W 表示，改变输出的任意两根导线的位置，电机可以反转。接线中切记将变频器的保护接地端接一根 PE 接地保护线。

变频器能够实现电机的软启动、软停车、调速功能，且具有过载、欠压、过压、短路、接地等保护及提示报警功能，但在使用过程中一定要懂得它的功能，千万不要接错线，否则会出现烧毁内部，使 IGBT 管损坏，或其他电子元器件损坏的设备事故。

第二节　变频器操作及选用

一、变频器的额定参数

1. 输入侧的额定参数

（1）额定频率　在我国一般为工频 50Hz。

（2）额定电压　常用低压变频器的额定电压有单相 220 ～ 240V（主要是家用电器中的小容量变频器），三相 220V 或 380 ～ 460V。我国低压变频器的额定电压大部分为三相 380V，中高压变频器的额定电压有 3kV、6kV 和 10kV，使用较少。

2. 输出侧的额定参数

（1）额定输出电压　由于变频器的输出电压是随频率变化的，所以其额定输出电压只能规定为输出电压中的最大值，通常总是和输入侧的额定电压相等。

（2）额定输出电流　额定输出电流指允许长时间输出的最大电流，是用户选择变频器的主要依据。

（3）额定输出容量　额定输出容量由额定输出电压和额定输出电流的乘积决定。

需要注意的是，变频器的额定容量有两种表示方式：有以额定有功功率（kW）表示的，也有以额定输出电流（A）表示的。

（4）配用电动机容量　变频器说明书中规定的配用电动机容量，是指在带动连续运转负载的情况下可配用的最大电动机容量。

（5）过载能力　变频器的过载能力是指允许其输出电流超过额定电流的能力，一般规定为 120% ～ 150%。

（6）输出频率范围　输出频率的最大调节范围，通常以最大输出频率 f_{max} 和最小输出频率 f_{min} 来表示。目前使用的变频器的频率范围不尽相同，最小输出频率为 0.1 ～ 1Hz，最大输出频率能达到 200 ～ 500Hz。

二、使用变频器过程中的选型经验

随着变频技术的不断发展与完善，变频器的功能性也得到了很大提升，变频器的节能效果、软启动功能、调速功能、对电机的保护功能等，在变频器使用过程中得到了很好的演绎。

正是因为变频器这些优点和我国节能标准的要求，为了达到节能降耗目的，要求技术人员采购变频器。这时电工人员就遇到变频器选型问题。

（1）使用变频器能否节能，是由其驱动的负载类型决定的。对于风机、泵类负载，选用变频器后节能效果显著，但对于恒功率负载和恒转矩负载，变频器节能效果不大，甚至不能省电。

（2）以额定功率来选择变频器虽然有理论依据，但在很多现场发现按照额定功率选型，要么电机运行富余量很大，要么电机超负荷运行。这样变频器选型要么太大，造成经济浪费；要么过小，造成电机损坏或变频器烧毁。其实选择变频器时应以实际电机电流值作为变频器选择的依据，电机的额定功率只能作为参考。

变频器与电机匹配的简便预估方法是：变频器选型以电机稳定运行时最大的工作电流的 1.1 ～ 1.2 倍为依据，如果机械设备是重载类型，变频器放大一挡使用即可。

（3）变频器和电机的匹配选型有一个通用的原则，那就是按照电压和电流来选。电机与变频器的电压等级要一致，电机的工作电流要小于或等于变频器的额定电流，符合这两个条件即可。假如按照功率选取，比如同是 15kW 电机，2 极的与 6 极的电流是不同的，如果还按照 15kW 功率来选变频器，变频器就会出现故障。

三、变频器基础符号

作为变频器初学者，我们在接触变频器时首先要认识变频器的常用符号，就好像学习语文知识时先学习"横竖撇捺折"，只有知道基础符号和含义，才能更好地应用变频器。

变频器在使用中的常用符号和含义根据品牌不同略有差异，如图 1-4 和图 1-5 所示。

FWD	正转	TB	报警输出端子
REV	反转	TC	报警输出端子
COM	公共端	TA	报警输出端子
STOP	停止	FMA	模拟量监视
RUN	运行	FP	频率值监视
RH	高速	VS	模拟量电压输入
RM	中速	IS	模拟量电流输入
RL	低速	+PR	连接制动电阻
PE	接地	+PI	连接直流电抗器
ESC	返回	PRG	功能/数据切换键
REST	故障复位	L1/L2/L3	电源输入
DATA	数据写入	R/S/T	电源输入
JOG	点动运行	U/V/W	变频器输出
ALM	报警指示	10V+10W	模拟量电源
+—	接制动单元	GND+10V	公共端

图 1-4 变频器字母基础符号（一）

LOCAL	本地控制	AI	模拟量输入
REMOT	远程控制	AO	模拟量输出
TUNE/TC	调谐转矩	DI	数字量输入
ENTER	确认	DO	数字量输出
Hz	频率单位	FM-CME	高速脉冲输出
A	电流单位	A,B,C	继电器输出
V	电压单位	(R1A,R1B,R1C/TA,TB,TC)	
%(A+V)	百分数	AC常开、BC常闭	
QUICK	菜单键	POWER	电源
RMP(Hz+A)	转速单位	MOTOR(M)	电动机

图 1-5 变频器字母基础符号（二）

四、变频器控制电机可实现的功能

1. 利用变频器实现对没有抱闸电机的减速停止控制

电工技术人员可以利用变频器内部结构的制动单元对电机进行减速停止操作，这时候就要利用变频器的功能码设置功能。

常用的变频器都有利用制动电阻进行减速停车的装置，在使用中大家要根据不同功率选择不同电阻值的制动电阻，连接在变频器的＋与PB接线端子上，启动减速制动停止功能。

不同变频器设置的功能码不同，此时必须将"自由停车"关闭，开启减速停车功能，其实质是正常运行的变频器接到停机命令后，由变频器内部自动操作一段时间，让制动电阻器进行放电来消耗掉电动机运行时需要的电能，达到制动目的。

接线如图1-6所示。

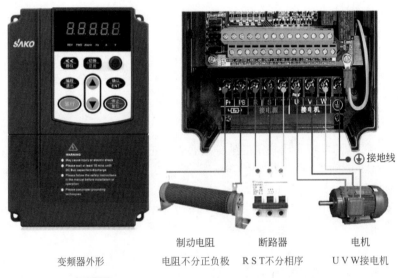

变频器外形　　制动电阻　　断路器　　电机
　　　　　　电阻不分正负极　RST不分相序　UVW接电机

图 1-6　变频器实现对没有抱闸电机的减速停止控制接线

2. 变频器失速防止功能原理

在变频器参数设定中，如果给定的加速时间预置过短，变频器的输出频率变化远远超过转速的变化，变频器容易因过电流而跳闸；加速时间设置过长，又会影响机器运行效率。这就叫作变频器失速。

变频器在加速过程中出现过电流时，可以不必跳闸，而启动"防止跳闸"程序，这就是变频器失速防止功能。

具体方法是：如果在加速过程中，电流超过了预置的上限值（即加速电流的最大允许值），变频器的输出频率将不再增加，暂缓加速，待电流下降到上限值以下后再继续加速。

对于惯性较大的负载，如果减速时间预置过短，会因拖动系统的功能释放得太快而引起直流回路的过电压。如果在减速过程中，直流电压超过了上限值，变频器的输出频率将不再下降，暂缓减速，待直流电压下降到设定值以下后再继续减速。

3. 变频器再生制动

电动机在运转中如果降低指令频率，则电动机变为异步发电机状态运行，作为制动器而工作。变频器制动有两种方式：

一种是能耗制动，变频器带着电机以较短的时间降频减速停车，这时电机可能处于发电状态，发电状态也就是"再生"，再生电能倒灌进变频器，如果减速时间设置过短或者没有按需要加装制动单元，变频器就会因为直流母线过压而跳闸保护，所以需要进行再生限制。

还有一种是在电机停车阶段的末端由变频器向电机某一个绕组加入直流电，以这种方式让电机迅速停止并保持一段时间，防止溜车。这种方式停车时，如果"再生力矩"调得过高，也就是向电机输入的直流电压过高，将会导致电机对应的线圈承受过大的直流电流，可能烧坏电机绕组。

4. 变频电机停止过程制动力

变频器停止过程中从电机再生出来的能量储存在变频器的滤波电容器中，由于电容器的容量和耐压的关系，通过变频器的再生制动力约为额定转矩的10%～20%，如采用选用件制动单元，可以达到50%～100%，所以采用制动单元能在变频电机停止过程中得到更大的制动力。

5. 变频器的保护功能

保护功能可分为以下两类：

❶ 检知异常状态后自动进行修正动作，如过电流失速防止、再生过电压失速防止。
❷ 检知异常后封锁电力半导体器件 PWM 控制信号，使电机自动停车。如过电流切断、再生过电压切断、半导体冷却风扇过热和瞬时停电保护等。

五、变频器中常用术语与功能定义实现

1. 变频器的分辨率

变频器设备是一个非常高效的产品，在使用过程中出现的问题会比较多。变频器的分辨率和特点如下所述。

对于数字控制器的变频器，即使频率指令为模拟信号，输出频率也由级差给定，这个级差的最小单位就称为变频分辨率。其特点是：变频分辨率通常取值为 0.015～0.5Hz。例如，分辨率为 0.5Hz，那么 23.0Hz 的上面为变频 23.5Hz 与 24.0Hz，因此电动机的动作也是有级地跟随。

一般通用型变频器，频率往往会精确到小数点后两位，比如 0.01Hz。对于 50Hz

的额定频率而言，0.01÷50=0.02%，但是这个仅仅是显示上的分辨率而已，实际上往往是达不到的，一般 V/F 开环控制的变频器，精度可以控制在 ±0.5% 以内。而很多负载，一般转速波动范围在 1% ～ 5% 内都可以满足工艺要求，特别是风机、水泵类的，精度要求是相对比较低的，因为只要变频器控制电机带负载运行时转速波动小于 5%，都是正常的。

2. 变频器开环与闭环控制功能

（1）**变频器开环控制**　开环和闭环在变频器中是指是否有速度编码器反馈速度信号给变频器，如果没有，则为开环，此时变频器需选择无速度传感器矢量控制，如果有则称为闭环，选择有速度传感器矢量控制。

通用变频器多为开环方式，变频器开环控制多应用在对转速精度要求不太严格的场合，一般选择普通 V/F 控制变频器即可。

（2）**变频器闭环控制**　所谓变频器的闭环控制是指由变频器驱动到电动机和电动机所带动的机械设备，利用编码器或者流量传感器等，将电动机的转速或流量信息等反馈给变频器进行两个值的比较运算，使变频器的输出无限接近比较精确的设定值。只要是功能预置有闭环控制功能的变频器，都可以按照它给的用户使用说明书来配置相应的编码器或传感器来实现闭环控制。

闭环控制的目的是取得高的速度控制精度，速度控制精度和变频器的控制功能及传感器的选择有关。在速度控制精度要求较高的造纸、轧钢等传动设备中，可选用带传感器的矢量变频器。变频器闭环控制如图 1-7 所示。

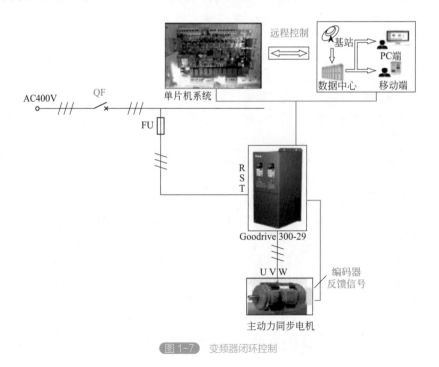

图 1-7　变频器闭环控制

3. 电压型与电流型变频器的不同点

变频器的主电路大体上可分为两类：电压型和电流型。电压型是将电压源的直流变换为交流，电流型是将电流源的直流变换为交流。电流型变频器与电压型变频器的主要区别在于中间直流环节的滤波方式不同，前者采用电感，后者采用电容。如图 1-8 所示。

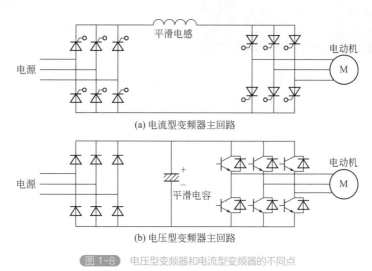

(a) 电流型变频器主回路

(b) 电压型变频器主回路

图 1-8 电压型变频器和电流型变频器的不同点

当中间直流环节采用大电感滤波时，电流波形较平直，输出交流电流是矩形波或阶梯波，这类变频装置叫电流型变频器。

当中间直流环节采用大电容滤波时，电压波形较平直，输出交流电压是脉冲波，这类变频装置叫电压型变频器。

4. 变频器的电压与电流成比例地改变

任何电动机的电磁转矩都是电流和磁通相互作用的结果。电流是不允许超过额定值的，否则将引起电动机发热。因此，如果磁通减小，电磁转矩也必减小，导致带载能力降低。磁通过大，磁回路饱和，造成电动机发热，严重时将烧毁电动机。

异步电动机也是如此，异步电动机工作时在额定频率下，如果电压一定而只降低频率，那么磁通就过大，磁回路饱和，造成电动机发热，严重时将烧毁电机。因此，频率与电压要成比例地改变，即改变频率的同时控制变频器输出电压，使电动机的磁通保持稳定，避免弱磁（磁通减小）和磁饱和（磁通过大）现象的产生。

这种控制方式就是变频器的电压与频率要成比例地改变（V/F 特性），多用于风机、泵类变频器，如图 1-9 所示。

5. 变频电机的转矩

变频器工作过程中频率下降时完全成比例地降低电压，那么由于交流阻抗变小

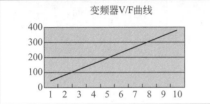

该曲线横坐标1～10表示变频器设定频率5～50Hz，纵坐标0～400表示电压0～400V。

图 1-9　变频器的电压与频率成比例地改变特性

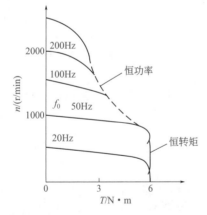

图 1-10　变频器运行过程的恒功率区和恒转矩区

而直流电阻不变，将造成在低速下产生的转矩有减小的倾向。因此，在低频时给定 V/F，要使输出电压提高一些，以便获得一定的启动转矩，这种补偿称为增强启动。

选择 V/F 模式我们可以查看 V/F 曲线，V/F 曲线标明有两个区，一个是恒功率区，一个是恒转矩区。在 50Hz 以下，属于恒转矩区，在这个区间内，变频器输出的转矩是不变的，但频率越低，功率就越低，节能效果就越好。另外一个分区，是恒功率区。在 50Hz 以上的这个区间内，变频器输出的功率是恒定不变的，随着频率的上升，电机的转速越快，转矩就越小。如图 1-10 所示。

采用变频器运转，随着电机的加速相应提高频率和电压，启动电流被限制在 125% ～ 150% 额定电流以下。电动机采用工频电源直接启动时，启动电流为额定电流的 6 ～ 7 倍，很容易对电机造成机械及电气上的冲击。

采用变频器启动可以平滑地启动。启动电流为电机额定电流的 1.2 ～ 1.5 倍，启动转矩为电机额定转矩的 70% ～ 120%；对于带有转矩自动增强功能的变频器，启动转矩为 100% 以上，完全可以带全负载启动。

V/F 变频器的启动转矩达不到额定转矩，矢量变频器的启动转矩可以达到额定转矩乃至其以上，所以在资金允许情况下尽可能选择矢量变频器。

6. 变频器调速范围

变频器调速范围通俗地说就是指能保证"额定运行状态"下的最大允许频率范围。通常电机运行速度总有一个上限，所以这个调速范围更多的是强调低频特性。

如果一台高性能的矢量控制变频器的调速范围按照 50Hz 设计，变频器能够保证 0.05Hz 都满转矩，那么可以说调速范围是 1 ∶ 1000。但通常采用 V/F 控制的变频器，虽然能够运行在 0.05Hz，但力矩很差，所以也就达不到 1 ∶ 1000 这么宽的调速范围。因此，高性能的矢量控制变频器与变频器专用电动机的组合，在控制性能方面，可以超过高精度直流伺服电动机的控制性能。

变频器还有很多保护功能，如过流、过压、过载保护等。随着工业自动化程度的不断提高，变频器在生产、生活中也得到了非常广泛的应用。

7. 变频器和普通电机组合的转矩要求

对于变频器和普通电机的组合在 60Hz 以上也要求转矩一定，这在一般情况下是不可行的。普通电机在 60Hz 以上（也有 50Hz 以上的模式）电压不变，大体为恒功率特性，在高速下要求相同转矩时，就需要注意电机与变频器容量的选择。

8. 一台变频器带两台电动机操作方法

一台变频器带两台电机操作方法是：首先变频器输出要接两个交流接触器，通过两个交流接触器形成分别控制两台电机的形式。

当我们使用第一台电机时先启动第一台电机的交流接触器，然后再启动变频器，停止时也要先停交流接触器再停变频器。

第二台电机控制方法与第一台相同，两台电机要利用交流接触器互锁，禁止同时使用。

变频器参数只能使用一套参数，最好电机规格参数一致。电机规格参数过大会造成变频器对电机的保护作用失效。

9. 一台变频器同时带动多台电机

❶ 一台变频器同时带动多台电机，要求所带电机的功率尽可能相同，从而保证电机特性一致，同步性能良好，充分发挥变频器保护特性。

❷ 一台变频器同时带动多台电机只能工作于 V/F 控制方式，要在参数设置中选择合适的 V/F 曲线。

❸ 一台变频器同时带动多台电机要求变频器的额定工作电流应大于所有电机额定电流总和的 1.2 ～ 1.5 倍。

❹ 在变频器应用中需要快速制动的应用场合，为了防止停止时产生过电压，应加制动单元和制动电阻。

❺ 一台变频器同时带动多台电机时，为了保护电机，要求每台电机前应安装交流接触器和热继电器，这样在电机过载时保证不断开主回路，即可避免变频器反复启动、停止，出现故障。

❻ 一台变频器同时带动多台电机时，电缆长度必须在变频器厂家要求允许范围内。因为电缆越长，电缆之间或电缆对地之间的电容也越大，由于变频器的输出电压含有高次谐波，所以会形成高频电容接地电流，对变频器的运行产生影响。

图 1-11 为一台变频器同时带动多台电机的电路示意图。

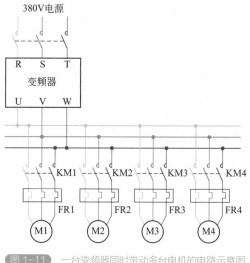

图 1-11　一台变频器同时带动多台电机的电路示意图

第三节　变频器基本接线与参数设置实操基础

一、变频器接地的接线方法

❶ 由于在变频器内有漏电流，为了防止触电，变频器和电机必须接地。

❷ 变频器接地要使用专用接地端子；接地线的连接，要使用镀锡处理的压接端子；拧紧螺钉时，注意不要将螺钉扣弄坏。

❸ 接地电缆尽量用粗的线径，必须等于或大于规定标准；接地点尽量靠近变频器；接地线越短越好。

变频器接地如图 1-12 所示。

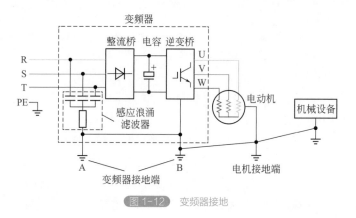

图 1-12　变频器接地

二、变频器主电路接线

❶ 电源应接到变频器输入端 R、S、T 接线端子上，绝对不能接到变频器输出端 U、V、W 上，否则将损坏变频器。接线后，零碎线头必须清除干净，否则可能造成异常、失灵和故障，必须始终保持变频器清洁。

❷ 在制动电阻接线端子间，不要连接除建议的制动电阻器选件以外的东西。

❸ 变频器输入 / 输出（主回路）包含有谐波成分，可能干扰变频器附近的通信设备。因此，应安装选件无线电噪声滤波器或线路噪声滤波器，使干扰降到最小。

❹ 长距离布线时，由于受到布线的寄生电容充电电流的影响，快速响应电流限制功能降低，会使接于二次侧的仪器误动作而产生故障。因此，最大布线长度要小于规定值。

❺ 在变频器输出侧不要安装电力电容器、浪涌抑制器和无线电噪声滤波器，否则将导致变频器故障，或使电容和浪涌抑制器损坏。

❻ 变频器运行后，改变接线的操作，必须在电源切断 10min 以上，用万用表检查无电压后进行。因为变频器断电后一段时间内，电容上仍然有危险的高压电。

变频器主电路接线如图 1-13 所示。

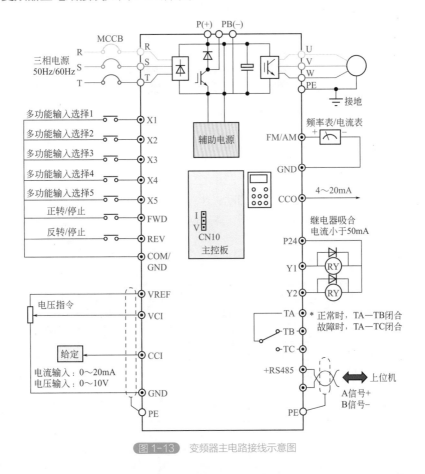

图 1-13　变频器主电路接线示意图

三、变频器控制电路的接线

变频器的控制电路大体可分为模拟和数字两种。

❶ 控制电路端子的接线应使用屏蔽线或双绞线，而且必须与主回路、强电回路（含 200V 继电器程序回路）分开布线。

❷ 由于控制电路的频率输入信号是微小电流，线径细，所以在接点输入的场合，为了防止接触不良，应使用接线端子头接线。很多有经验的变频器安装人员会采用双线并联方式将控制线接到控制线接线端子上。如图 1-14 所示。

❸ 控制回路的接线一般选用 0.3 ～ 0.75mm² 的电缆。

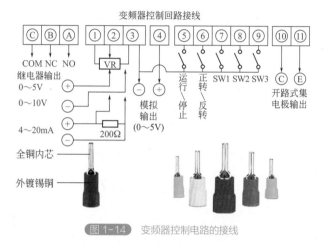

图 1-14　变频器控制电路的接线

四、单相 220V 电源通过变频器控制 380V 电机接线

220V 电源给变频器后，可以输出三相的 220V 电压，如果要三相电机正常工作，那就要在三相的情况下让电机可以启动，也就是 380V 原绕组是角接的电机改为星接即可。其接线原理图如图 1-15 所示。标准接线图如图 1-16 所示。电动机实物接

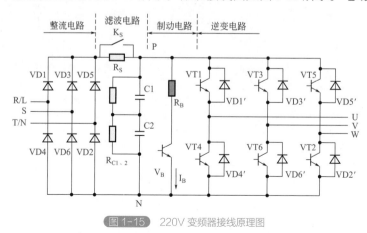

图 1-15　220V 变频器接线原理图

线图如图 1-17 所示。

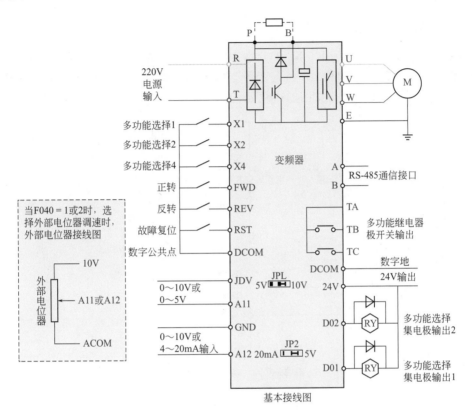

图 1-16 220V 变频器标准接线图

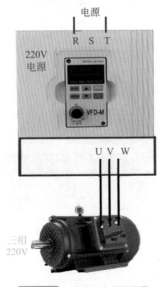

图 1-17 电动机实物接线图

五、将变频器接线原理图转换成变频器实物接线图

1. 变频器主回路接线

变频器主回路接线：R、S、T 分别为电源进电，变频器输出端子 U、V、W 分别接到电动机上。为防止干扰，变频器和电机必须接地。变频器接线原理图如图 1-18 所示。实物接线图如图 1-19 所示。

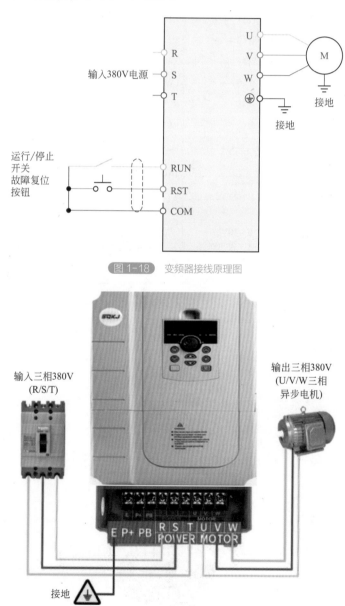

图 1-18 变频器接线原理图

图 1-19 变频器实物接线图

控制回路以电机正转举例说明：用一只小型中间继电器，把 RUN 和 COM 两点接到小型中间继电器常开触点上，即变频器控制接点输入公共端和正转启动分别接到中间继电器的常开触点，当利用按钮开关控制中间继电器得电，电机正转；断电，电机停止工作。

2. 变频器参数设定

变频器参数设定一般是变频器运行操作中的参数设定，包括最高频率、基本频率、额定电压、加减速时间、直流制动频率及制动时间、过流保护的继电器动作电流等。在实际应用中只要按照不同厂家的变频器说明书进行设置就可以了。

六、变频器实际接线中的注意事项

❶ 由于变频器不同品牌不同型号接线原理类似，为避免接错，在接线中需要严格按照变频器接线图或者说明书来接线。

❷ 变频器输入端一般在接线中接一个空气开关，在空气开关选型时保护电流值不能过大，目的是对变频器进行短路和过载保护。如图 1-20 所示。

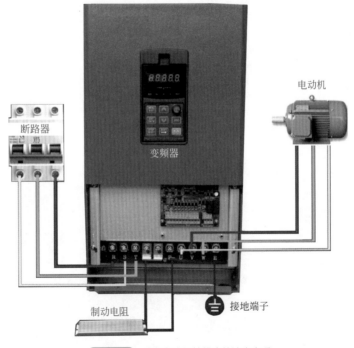

图 1-20 变频器实际接线中的注意事项

❸ 变频器在接线时为了防止电磁干扰，变频器的输入线、输出线和控制线路尽可能使用屏蔽电缆，同时要做好电缆屏蔽层的接地，在要求高的场合可以增加滤波器。

❹ 注意变频器在接线中一定不能让中性线接地，这是很多电工初学者犯过的错误，其原因主要是变频器在制动状态时，电动机类似于发电机，正常接线情况下，变频器会进行保护降压，但是如果中性线 N 直接接地，就会形成回路，从而产生大电流，发生模块炸裂故障。

❺ 变频器工作中会出现高频开关状态，其漏感有可能在散热板或者机壳体上感应出危险电压，为了防止触电现象，变频器箱体 E 端子需接地。

Chapter 2

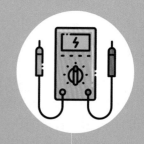

第二章

变频器现场安装操作技能

一、变频器外围设备的选用

变频器与外围设备一起构成一个完整的变频调速控制系统，因此，外围设备的配置情况直接关系到整个系统的性能发挥、安全性与可靠性。变频器的外围设备主要包括线缆、接触器、低压断路器、电抗器、滤波器、制动电阻等。变频器外围设备的选择是否正确、合适，也直接影响到变频器能否正常使用和变频器的使用寿命，所以我们在选择了变频器后，还必须正确地选择它的外围设备。

变频器与外围设备的标准连接示意图如图 2-1 所示。该图是一个示意图，它以变频器为中心，给出了所有类型的外围设备，在实际应用过程中，用户可以根据需要合理选择外围设备的种类及容量。

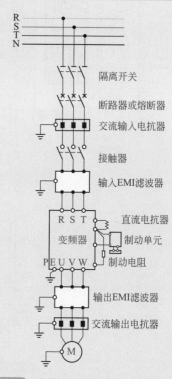

图 2-1　变频器与外围设备的标准连接示意图

二、变频器安装环境要求与方向

1. 环境要求

❶ 安装在通风良好的室内场所，环境温度要求在 −10 ～ 40℃的范围内，如温度超过 40℃时，需外部强制散热或者降额使用。

❷ 避免安装在阳光直射、多尘埃、有飘浮性的纤维及金属粉末的场所。

❸ 严禁安装在有腐蚀性、爆炸性气体的场所。

❹ 相对湿度要求低于 95%RH，无水珠凝结。

❺ 安装在平面固定振动小于 5.9m/s²（0.6g）的场所。

❻ 尽量远离电磁干扰源和对电磁干扰敏感的其他电子仪器设备。

2. 变频器安装方向与空间

❶ 一般情况下应立式安装，卧式安装时会严重影响散热，必须降额使用。

❷ 安装间隔及距离的最小要求，如图 2-2 所示。

❸ 多台变频器采用上下安装时，中间应用导流隔板，如图 2-3 所示。

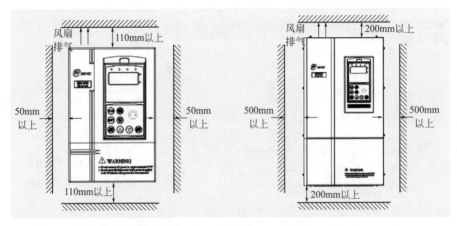

图 2-2 变频器安装间隔及距离的最小要求

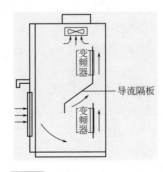

图 2-3 多台变频器的安装示意图

三、变频器的安装方法

变频器在运行过程中有功率损耗，并转换为热能，使自身的温度升高。粗略地说，每 1kV·A 的变频器容量，其损耗功率为 40～50W。安装变频器时要考虑变频器散热问题，要考虑如何把变频器运行时产生的热量充分地散发出去，这讲究安装方式。变频器的安装方式主要有壁挂式安装和柜式安装。

1. 壁挂式安装

壁挂式安装即将变频器垂直固定在坚固的墙壁上，如图 2-4 所示。为了保证有通畅的气流通道，变频器与上、下方墙壁间至少留有 15cm 的距离，与两侧墙壁至少留有 10cm 的距离。变频器工作时，其散热片附近温度较高，故变频器上方不能放置不耐热的装置，安装板须为耐热材料。此外，还须保证不能有杂物进入变频器，以免造成短路或其他故障。

图 2-4　变频器壁挂式安装示意图

2. 柜式安装

当现场的灰尘过多、湿度较大，或变频器外围配件比较多、需要和变频器安装在一起时，可以采用柜式安装。变频器柜式安装是目前最好的安装方式，因为可以起到防辐射干扰，同时也能防灰尘、防潮湿、防光照等作用。

❶ 在电气柜内安装变频器，应垂直向上安装。

❷ 在电气柜体的中下部安装变频器，柜体上部一般安装电气元件，柜内下方要有进气通道，上方要有排气通道，使排气畅通。如图 2-5 所示。

当柜内温度较高时，必须在柜顶加装抽风式冷却风扇。冷却风扇应尽量安装在变频器的正上方，以便达到更好的冷却效果。

❸ 柜内安装多台变频器时，变频器应尽量横向排列安装，要求必须纵向排列或

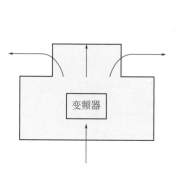

图 2-5　单台变频器柜内安装示意图

多排横向排列时，如果变频器上、下对齐放置，下方排出的热量进入上方的进气口，会严重影响上方变频器的冷却，故应适当错开，或在上、下两台变频器之间加装隔板，如图 2-6 所示。

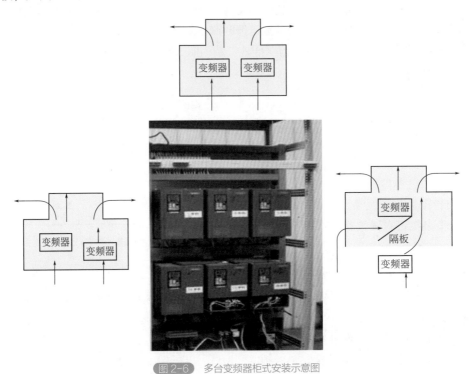

图 2-6　多台变频器柜式安装示意图

④ 进排气通道要装金属丝网，以避免灰尘、液体和异物进入柜内。

⑤ 若在电气柜装有空调器，应让空调器的排气孔通过风道进入电气柜内的下方进气通道，电气柜内的上方排气通道通过风道进入空调器的进气孔，使空调器运行时的冷空气能进入电气柜内下方，电气柜内上方的热空气进入空调器进行热交换，使空气变冷后再进入新的循环。空调器的热交换散热器将电气柜内的热量排出柜外。电气柜内由于密封，所以具有除尘、防潮、防滴、防水、降温、散热等优点，使通用变频器在良好的封闭低温空间中安全运行。这种安装方式适用于纺织厂、化工厂、皮革制造厂、矿山等运行环境恶劣的场所。

四、变频器配线的安全注意事项

① 变频器接线前，要确保已完全切断电源 10min 以上，否则有触电危险。

② 严禁将电源线与变频器的输出端 U、V、W 连接。

③ 变频器本身机内存在漏电流，中大功率变频器整机的漏电流大于 5mA，为保证安全，变频器和电机必须安全接地，接地线一般为线径 2.5mm² 以上的铜线，接地

电阻小于 10Ω 。

④ 变频器出厂前已通过耐压试验，用户可不再对变频器进行耐压试验。

⑤ 变频器与电机之间不可加装电磁接触器和吸收电容或其他阻容吸收装置，如图 2-7 所示。

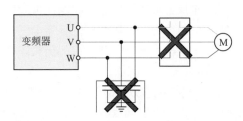

图 2-7　变频器与电机之间禁止使用接触器和吸收电容

⑥ 为提供输入侧过电流保护和停电维护的方便，变频器应通过中间继电器与电源相连。

⑦ 继电器输入及输出回路的接线应选用 0.75mm² 以上的绞合线或屏蔽线，屏蔽层端悬空，另一端与变频器的接地端子 PE 或 E 相连，接线长度小于 20m。

⑧ 确保已完全切断变频器供电电源，操作键盘的所有 LED 指示灯熄灭，并等待 10min 以上，然后才可以进行配线操作。

⑨ 确认变频器主回路端子 P+、P− 之间的直流电压值降至 DC 36V 以下后，才能开始内部配线工作。

⑩ 通电前注意检查变频器的电压等级是否与供电电压一致，若不一致可能造成人员伤亡和设备损坏。

五、变频器主线路标准接线时的注意事项

① 在电源和变频器的输入侧应安装一个接地漏电保护断路器，保证出现过电流或短路故障时能自动断开电源。此外，还应加装一个低压断路器和一个交流电磁接触器。低压断路器自身带有过电流保护功能，能自动复位，发生故障时可以手动操作。交流电磁接触器由触点输入控制，可以连接变频器的故障输出或电动机过热保护继电器的输出，从而在系统发生故障时

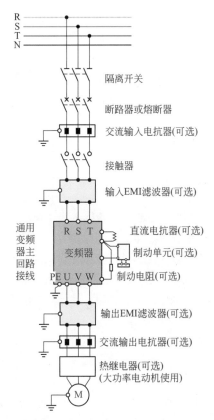

图 2-8　电源和变频器的输入侧应安装断路器

切断输入侧电源，实现及时保护。如图 2-8 所示。

② 变频器和电动机之间在特定条件下可以安装热继电器，这一点在用变频器拖动大功率电动机时及变频器和电机有两路控制转换时尤为重要。虽然变频器自身带有过载保护和接地保护，但在实际使用中由于用户选择变频器的容量往往大于电动机的额定容量值，当用户设定保护值不当时，变频器在电动机烧毁前可能还没来得及动作；或者变频器保护失灵时，电动机需要外部热继电器提供保护。在驱动使用时间较长的电动机时，还应考虑到生锈、老化带来的负载能力下降问题。设定外部热继电器的保护值时，应综合考虑上述因素。

③ 当变频器与电动机之间的连接线太长时，由于高次谐波的作用，热继电器会误动作，此时需要在变频器和电动机之间安装交流电抗器或用电流传感器代替热继电器。

④ 变频器接地状态必须良好，接地的主要目的是防止漏电和干扰侵入以及对外辐射。主电路回路必须按电气设备技术标准和规定接地，并且要求接地牢固。变频器可以单独接地，如图 2-9（a）所示，共用地线时其他机器的接地线不能连接到变频器上，如图 2-9（b）所示，但可采用图 2-9（c）所示的接线方式。

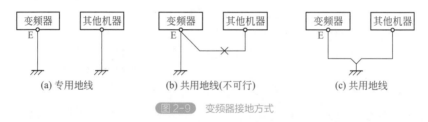

图 2-9　变频器接地方式

当变频器安装在柜内时，接地电线要与配电柜的接地端子或接地母线直接连接，不能经过其他装置的接地端子或接地母线。根据电气设备技术标准，变频器接地电线必须用截面积 2.5mm² 以上的软铜线。

六、变频器主电路各接线端子连接时的注意事项

（1）**主电路电源输入端（R、S、T）**　主电路电源输入端子通过线路保护用断路器或带漏电保护的断路器连接到三相交流电源。一般电源电路中还需连接一个电磁接触器，目的是使变频器保护功能动作时能切断变频器电源。变频器的运行与停止不能采用主电路电源的开 / 断方法，而应使用变频器本身的控制键来控制，否则达不到理想的控制效果，甚至会损坏变频器。此外，主电路电源端不能连接单相电源。要特别注意，三相交流电源绝对不能直接接到变频器输出端子，否则将导致变频器内部元器件损坏。

（2）**变频器输出端子（U、V、W）**　变频器的输出端子应按相序连接到三相异步电动机上。如果电动机的旋转方向不对，则相序连接错误，只需交换 U、V、W 中任意两相的接线，或者通过设置变频器参数也可以实现电动机正确旋转。要注意，变频器输出侧不能连接进相电容器和电涌吸收器。变频器和电动机之间的连线不宜

过长，电动机功率小于 3.7kW 时，配线长度应不超过 50m，3.7kW 以上的不超过 100m。如果连线必须很长，则增设线路滤波器。

（3）控制电源辅助输入端（R0、T0）　控制电源辅助输入端（R0、T0）的主要功能是再生制动运行时，将主变频器的整流部分和三相交流电源脱开。当变频器的保护功能动作时，变频器电源侧的电磁接触器断开，变频器控制电路失电，系统总报警，输出不能保持，面板显示消失。为防止这种情况发生，将和主电路电压相同的电压输入至 R0、T0 端。当变频器连接有无线电干扰滤波器时，R0、T0 端子应接在滤波器输出侧电源上。当 22kW 以下容量的变频器连接漏电断路器时，R0、T0 端子应连接在漏电断路器的输出侧，否则会导致漏电断路器误动作，具体连接如图 2-10 所示。

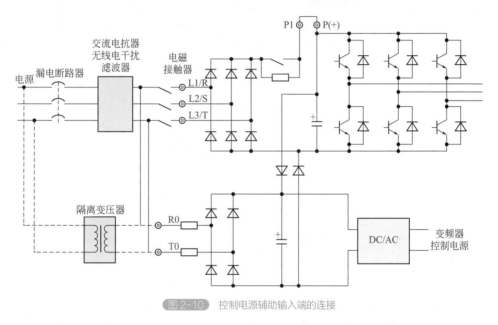

图 2-10　控制电源辅助输入端的连接

（4）直流电抗器连接端子［P1、P（＋）］　直流电抗器连接端子接改善功率因数用的直流电抗器，端子上连接有短路导体；使用直流电抗器时，先要取出短路导体；不使用直流电抗器时，该导体不必去掉。

（5）外部制动电阻连接端子［P（＋）、DB］　一般小功率（7.5kW 以下）变频器内置有制动电阻，且连接于 P（＋）、DB 端子上，如果内置制动电流容量不足或要提高制动力矩，则可外接制动电阻。连接时，先从 P（＋）、DB 端子上卸下内置制动电阻的连接线，并对其线端进行绝缘，然后将外部制动电阻接到 P（＋）、DB 端子上，如图 2-11 所示。

（6）直流中间电路端子［P（＋）、N（－）］　对于功率大于 15kW 的变频器，除外接制动电阻 DB 外，还需对制动特性进行控制，以提高制动能力，方法是增设用功率晶体管控制的制动单元 BU 连接于 P（＋）、N（－）端子，如图 2-12 所示（图中 CM、THR 为驱动信号输入端）。

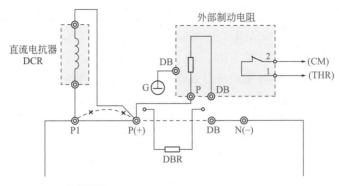

图 2-11　外部制动电阻的连接（7.5kW 以下）

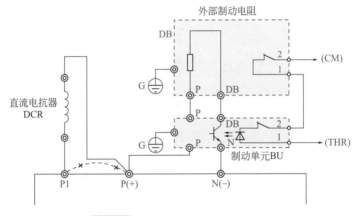

图 2-12　直流电抗器和制动单元连接图

（7）接地端子（G） 变频器会产生漏电流，载波频率越大，漏电流越大。变频器整机的漏电流大于 3.5mA，具体漏电流的大小由使用条件决定。为保证安全，变频器和电动机必须接地。注意事项如下。

❶ 接地电阻应小于 10Ω，接地电缆的线径要求应根据变频器功率的大小而定。

❷ 切勿与焊接机及其他动力设备共用接地线。

❸ 如果供电线路是零地共用的话，最好考虑单独铺设地线。

❹ 如果是多台变频器接地，则各变频器应分别和大地相连，勿使接地线形成回路，如图 2-13 所示。

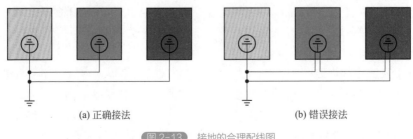

(a) 正确接法　　　　　　　　　　　(b) 错误接法

图 2-13　接地的合理配线图

七、变频器主回路接线与接线后的检查

1. 变频器主回路接线步骤

❶ 取下端子保护罩盖板；

❷ 将电源线接到主回路输入端子 R、S、T 上，如图 2-14 所示；

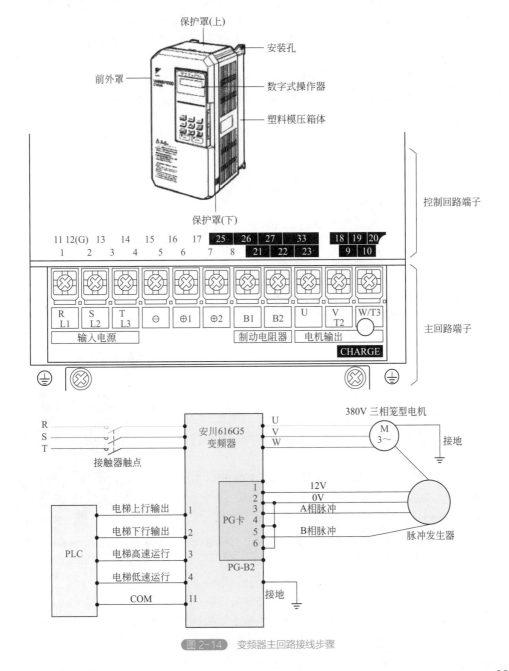

图 2-14　变频器主回路接线步骤

③ 将负载（电机）线连到变频器输出端子 U、V、W 上，如图 2-14 所示；

④ 将"PE"点安全接地；

⑤ 将取下的端子盖板重新安装好。

2. 变频器控制电路的控制线截面积要求

控制信号分为连接的模拟量、频率脉冲信号和开关信号三大类。模拟量控制线主要包括：输入侧的给定信号线和反馈信号线，输出侧的频率信号线和电流信号线。开关信号控制线有启动、点动、多挡转速控制等控制线。控制线的选择和铺设需增加抗干扰措施。

控制电路的连接导线种类较多，接线时要符合其相应的特点。

控制电缆导体的粗细必须考虑机械强度、电压降及铺设费用等因素。控制线截面积要求如下：

- 单股导线的截面积不小于 $1.5mm^2$。
- 多股导线的截面积不小于 $1.0mm^2$。
- 弱电回路的截面积不小于 $0.5mm^2$。
- 电流回路的截面积不小于 $2.5mm^2$。
- 保护接地线的截面积不小于 $2.5mm^2$。

3. 变频器安装接线后的系统检查

在变频调速系统试车前，先要对系统进行检查。检查分为断电检查和通电检查。

（1）断电检查

• 外观及结构检查（如图 2-15 所示）

① 检查变频器的型号是否有误。

② 对安装和连线进行确认。确认变频器的设置环境和主电路线径是否合适，接地线和屏蔽线的处理方式是否正确，接线端子各部分的螺钉有无松动等。

③ 根据接线图对各部分连线进行检查。检查控制柜内的连线和控制柜与柜外的操作盒以及各种检测器件之间的连线是否正确。

④ 控制柜内的异物处理。用吸尘器对控制柜内的尘土和碎线头等进行清扫。

• 绝缘电阻的检查

① 主电路绝缘电阻检测。测量变频器主电路绝缘电阻时，必须将所有输入端（R、S、T）和输出端（U、V、W）都连接起来后，再用 500V 绝缘电阻表测量绝缘电阻，其值应在 $5M\Omega$ 以上（一般新出厂变频器，这一步可以省略），如图 2-16 所示。

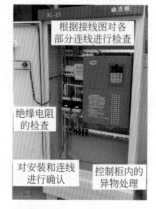

图 2-15 外观及结构检查

② 控制电路绝缘电阻检测。变频器控制电路的绝缘电阻要用万用表的高阻挡测量。注意严禁使用绝缘电阻表或其他有高电压的仪表测量。

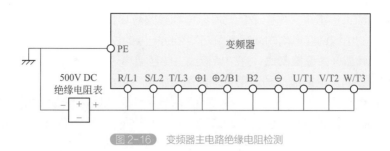

图 2-16 变频器主电路绝缘电阻检测

• 电源电压检查：检查主电路的电源电压是否在允许的范围之内，避免变频调速系统在允许电压范围外工作。

（2）通电检查 通电检查内容主要如下：

❶ 检查显示是否正常。通电后，变频器显示屏会有显示，不同变频器通电后显示内容会有所不同，应对照变频器操作说明书观察显示内容是否正常。

❷ 检查变频器内部风机能否正常运行。通电后，变频器内部风机会开始运转（有些变频器工作时需达到一定温度后风机才运行，可查看变频器说明书），用手在出风口感觉风量是否正常。

八、控制回路的接线与接线注意事项

1. 变频器控制电路接线技巧

（1）变频器控制线和主回路电缆的分离与屏蔽 变频器控制线与主回路电缆或其他电力电缆要分开铺设，尽量远离主电路 100mm 以上，且尽量不要和主电路电缆平行铺设或交叉，必须交叉时，应采取垂直交叉的方式。

对电缆进线进行屏蔽能有效降低电缆间的电磁干扰。变频器电缆的屏蔽可利用已接地的金属管或者带屏蔽的电缆。屏蔽层一端接变频器控制电路的公共端（COM），但不要接到变频器接地端（G），屏蔽层另一端应悬空，如图 2-17 所示。

（2）变频器控制线铺设路线 变频器控制线应尽可能地选择最短的铺设路线，这是由于电磁干扰的大小与电缆的长度成正比。此外，大容量变压器和电动机的漏

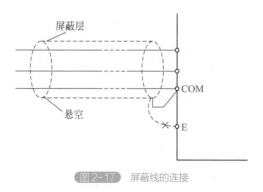

图 2-17 屏蔽线的连接

磁会控制电缆直接感应，产生干扰，所以电缆线路应尽量远离此类设备。弱电压电流回路使用的电缆，应远离内装很多断路器和继电器的控制柜。

（3）变频器开关量控制线 开关量接线主要包括启动、点动和多挡转速等接线。一般情况下，模拟量接线原则适用于开关量接线，不过由于开关量信号抗干扰能力强，所以在距离不远时，开关量接线可不采用屏蔽线而使用普通的导线，但同一信号的两根线必须互相绞在一起，绞合线的绞合间距应尽可能小，信号线电缆最长不得超过 50m。

如果开关量控制操作台距离变频器很近，应先用电路将控制信号转换成能远距离传送的信号，当信号传送到变频器一端时，要将该信号还原为变频器所要求的信号。

（4）变频器控制回路的接地

❶ 弱电压电流回路（4 ～ 20mA、0 ～ 5V/1 ～ 5V）的电线取一点接地，接地线不作为传送信号的电路使用。

❷ 电线的接地在变频器侧进行，使用专设的接地端子，不与其他的接地端子共用。

❸ 使用屏蔽电缆时需选用绝缘电线，以防屏蔽金属与被接地的通道金属管接触。

❹ 屏蔽电线的屏蔽层应与电线同样长，电线进行中断时，应将屏蔽端子互相连接。

2. 变频器安装中将电磁干扰的影响降到最小的布线方法

为避免干扰相互耦合，控制电缆和电源电缆应该与电机电缆分开安装，一般它们之间应该保证足够的距离且尽可能远，特别是当电缆平行安装并且延伸距离较长时。信号电缆必须穿越电源电缆时，则应正交穿越。如图 2-18 所示。

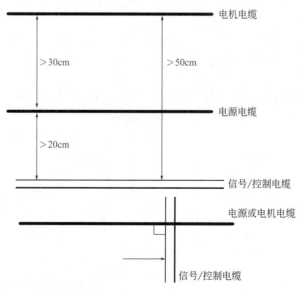

图 2-18 控制电缆和电源电缆应该与电机电缆分开安装

3. 变频器系统配线的屏蔽 / 铠装电缆安装技巧

❶ 屏蔽 / 铠装电缆：应采用高频低阻抗屏蔽电缆，如编织铜丝网、铝丝网或铁丝网。

❷ 一般地，控制电缆必须为屏蔽电缆，并且屏蔽金属丝网必须通过两端的电缆夹片与变频器的金属机箱相连，如图 2-19 所示。

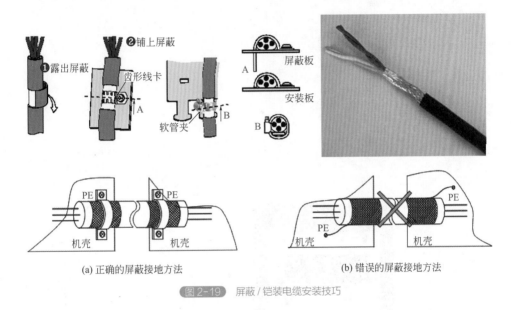

(a) 正确的屏蔽接地方法　　　　　　(b) 错误的屏蔽接地方法

图 2-19　屏蔽 / 铠装电缆安装技巧

九、变频器不同状态的通电试验

1. 熟悉操作面板

不同品牌的变频器操作面板会有差异，如图 2-20 所示，在调试变频调速系统时，先要熟悉变频器操作面板。同时，可对照操作说明书对变频器进行一些基本操作，如测试面板各按键的功能、设置变频器的一些参数等。变频器面板一般操作流程如图 2-21 所示。

2. 变频器使用前空载试验

在进行空载试验时，先脱开电动机的负载，再将变频器输出端与电动机连接，然后进行通电试验。试验步骤如下：

❶ 启动试验。先将频率设为 0Hz，然后慢慢调高频率至 59Hz，观察电动机的升速情况。

❷ 电动机参数检测。带有矢量控制功能的变频器需要通过电动机空载运行来自动检测电动机的参数，其中有电动机的静态参数，如电阻、电抗，还有动态参数，如空载电流等。

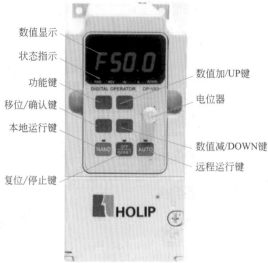

数值显示

状态指示

功能键

移位/确认键

本地运行键

复位/停止键

数值加/UP键

电位器

数值减/DOWN键

远程运行键

(a) 海利普变频器操作面板按键说明

命令源指示灯
灯亮：本地控制Local
灯灭：面板控制
灯闪：远程控制Remote

运行指示灯

数据显示区

编程键

菜单键

运行键

正反转指示灯
灯亮：反转
灯灭：正转

调谐/转矩控制
故障指示灯

单位指示灯

递增键

确认键

移位键

递减键

停机/复位键

多功能选择键

(b) 汇川变频器操作面板按键说明

图 2-20 不同品牌的变频器操作面板认知

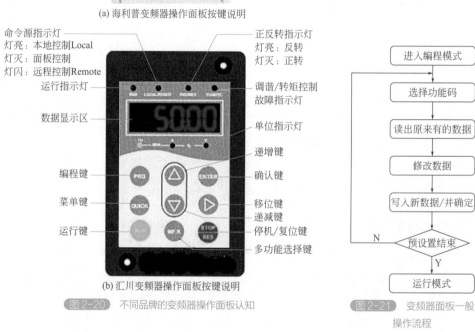

进入编程模式

选择功能码

读出原来有的数据

修改数据

写入新数据/并确定

预设置结束

N

Y

运行模式

图 2-21 变频器面板一般操作流程

❸ 基本操作。对变频器进行一些基本操作，如启动、点动、升速和降速等。如图 2-22 所示。

❹ 停车试验。让变频器在设定的频率下运行 10min，然后将频率迅速调到 0Hz，观察电动机的制动情况，如果正常，空载试验结束。

3. 变频器使用前启动试验

❶ 将变频器的工作频率由 0Hz 开始慢慢调高，观察系统的启动情况，同时观察电动机负载运行是否正常。记下系统开始启动的频率，若在频率较低的情况下电动

(a) 变频器通电　　　　(b) 变频器频率调整　　　　(c) 频率调整到59Hz　　　　(d) 变频器参数调整

图 2-22　变频器空载试验

机不能随频率上升而运转起来，说明启动困难，应进行转矩补偿设置。

② 将显示屏切换至电流显示，再将频率调到最大值，让电动机按设定的升速时间上升到最高转速。在此期间观察电流变化，若在升速过程中变频器出现过电流保护而跳闸，说明升速时间不够，应设置延长升速时间。

③ 观察系统启动、升速过程是否平稳，对于大惯性负载，按预先设定的频率变化率升速或降速时，有可能会出现加速转矩不够，导致电动机转速与变频器输出频率不协调的情况，这时应考虑低速时设置暂停升速功能。

④ 对于风机类负载，应观察停机后风叶是否因自然风而反转，若有反转现象，应设置启动前的直流制动功能。

变频器带负载启动试验参数调整如图 2-23 所示。

图 2-23　变频器带负载试验参数调整

4. 变频器使用前停车试验

① 将变频器的工作频率调到最高，然后按下停机键，观察系统是否出现因过电流或过电压而跳闸的现象，若有此类现象出现，应延长减速时间。

② 当频率降到 0Hz 时，观察电动机是否出现"爬行"现象（电动机停不住），若有此现象出现，应考虑设置直流制动。

变频器停车试验如图 2-24 所示。

图 2-24　变频器停车试验

5. 变频器带载通电试机

❶ 按电压等级要求，接上 R、S、T（或 L1、L2、L3）电源线（电动机暂不接，目的是检查变频器）。

❷ 合上电源，充电指示灯（CHAGER）亮。若稍后可听到机内接触器吸合声（整流部分半桥相控型除外），这说明预充电控制电路、接触器等基本完好，整流桥工作正常。

❸ 检查面板是否点亮，以判断机内开关电源是否工作；检查监控显示是否正常，有无故障码显示；检查操作面板键盘、面板功能是否正常。

❹ 观察机内有无异味、冒烟或异常响声，若有则说明主电路或控制电路（包括开关电源）工作可能异常并伴有器件损坏。

❺ 检查机内冷却风扇是否运转，风量、风压以及轴承声音是否正常。注意有些机种需发出运行命令后才运转。也有的是变频器一上电风扇就运转，延时若干时间后如无运行命令，则自动停转，一直等到运行命令（RUN）发出后再运转。

❻ 对于新的变频器可将其置于面板控制，频率（或速度）先给定为 1Hz（1Hz 对应的速度值）左右，按下运行（RUN）命令键，若变频器不跳闸，则说明变频器的逆变器模块无短路或失控现象。然后缓慢升频分别于 10Hz、20Hz、30Hz、40Hz 直至额定值（如 50Hz），其间测量变频器不同频率时输出 U-V、U-W、V-W 端之间线电压是否正常，特别应注意三相输出电压是否对称，目的是确认 CPU 信号和 6 路驱动电路是否正常（一般磁电式万用表，应接入滤波器后才能准确测量 PWM 电压值）。

❼ 断开变频器电源，接上电动机连接线（通常情况下选用功率比变频器小的电动机即可）。

❽ 重新送电开机，并将变频器频率设置在 1Hz 左右，因为在低速情况下最能反映变频器的性能。观察电动机运转是否有力（对 V/F 比控制的变频器，转矩值与电压提升量有关）、转矩是否脉动以及是否存在转速不均匀现象，以判断变频器的控

制性能是否良好。

⑨ 缓慢升频加速直至额定转速，然后缓慢降频消速。强调"缓慢"是因为变频器原始的加速时间的设定值通常为缺省值，过快升频容易导致过电流动作发生；过快降频则容易导致过电压动作发生。在不希望去改变设定的情况下，可以通过单步操作加减键来实现"缓慢"加减速。

⑩ 加载至额定电流值（有条件时进行）。用钳形电流表分别测量电动机的三相电流值，该电流值应大小相等，如图 2-25 所示，最后用钳形电流表测量电动机电流的零序分量值（3 根导线一起放入钳内），正常情况下一台几十千瓦的电动机应为零点几安以下。其间观察电动机运转过程中是否平稳顺畅，有无异常振动，有无异常声音发出，有无过电流、短路等故障报警，以进一步判断变频器控制信号和逆变器功率器件工作是否正常。经验表明，观察电动机的运转情况常常是最直接、最有效的方法。一台不能平稳运转的电动机，其供电的变频器肯定是存在问题的。

在通过以上检查后，方可认为变频器工作基本正常。

图 2-25　变频器通电试机

第二节　多种单相220V输入变频器的安装接线与设置

一、单相 220V 进单相 220V 输出变频器用于单相电动机启动运行控制电路

1. 电路原理

单相 220V 进单相 220V 输出电路原理图如图 2-26 所示。由于电路直接输出 220V，因此输出端直接接 220V 电动机即可，单相专用型变频器大部分属于控制电动机，可以是电容运行电动机，也可以是电感启动电动机。它的输入端为 220V，直

接接至 L、N 两端；输出端输出为 220V，是由 L1、N1 端子输出的。当正常接线以后，正确设定工作项进入变频器的参数设定状态以后，电动机就可以按照正常工作项运行。外边的按钮开关、接点，某些功能是可以不接的，比如外部调整电位器，如果不需要远程控制，便不需要在外部端子上接调整电位器，而是直接使用控制面板上的电位器。PID 功能如果外部没有压力、液位、温度调整和调速，只需要接电动机的正向运转就可以了，然后接调速电位器。

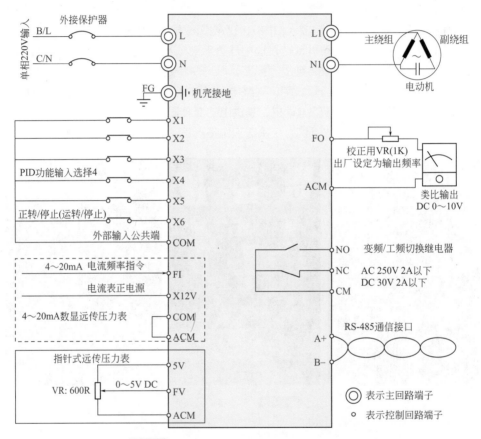

图 2-26 单相 220V 进单相 220V 输出电路原理图

2. 单相专用电机及变频器使用参数（以丹富莱 DFL-HJ02 为例）

单相电机如单相风机、水泵、轴流风机，单相电容启动式交流异步电机。单相变频器使用参数如下：

• 输入电源 1PH 220V（160～250V），输出 1PH0～220V；

• 专用电机控制 IC，电压矢量控制，纯正的 SVPWM 输出；

• IPM 模块为功率驱动核心部件，内置过流、短路、过温模块；

• 五位数码管显示，五个状态指示灯（显示频率、电压、转速、计数器、正反转状态、故障等）；

- 输出频率范围从 0.1 ～ 400Hz，精度 0.1Hz（20 ～ 50Hz/60Hz 可调）；
- 模拟量输入 0 ～ 5V DC，0 ～ 10V DC，0/4 ～ 20mA；
- 可外接延长线数字操作面板；
- X5、X6 多功能输入端子可设置多种启停方式，二线式 A、B 模式，三线式 A、B 模式；
- X1 ～ X4 多功能输入端子可组合 16 段速，16 段加减速时间可独立设置；
- 用户可任意设定 V/F 曲线，低频转矩得以提升；
- 多功能继电器输出，实现运转中、频率到达、外部异常等各种状态时继电器输出。

丹富莱 DFL-HJ02 220V 变频器外形和内部结构如图 2-27 所示。

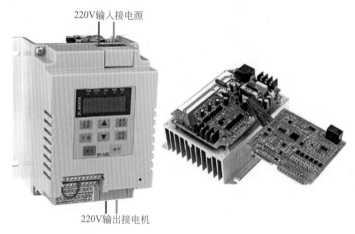

图 2-27　丹富莱 DFL-HJ02 220V 变频器外形和内部结构

3. 电路接线组装

单相 220V 进单相 220V 输出变频器电路实际接线如图 2-28 所示。

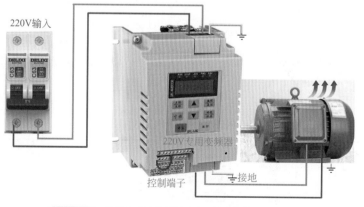

图 2-28　单相 220V 进单相 220V 输出变频器接线示意图

二、丹富莱 DFL 恒压供水单相专用变频器接线

1. 丹富莱 DFL 变频器 DFL3000M/DFL200N 恒压供水专用变频器主回路端子连接及功能

DFL3000M/DFL200N 恒压供水专用变频器基本配线如图 2-29 所示。220V 型 DFL3000M/DFL200N 变频器主电路端子名称及功能如表 2-1 所示。主回路输入输出端子示意图如图 2-30 所示。

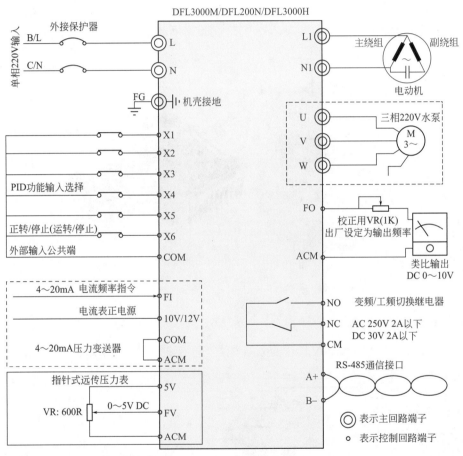

图 2-29 DFL3000M/DFL200N 恒压供水专用变频器基本配线图

表2-1 DFL3000M/DFL200N变频器主电路端子名称及功能

端子名称	功能说明
L、N	单相交流电源输入端子 220V，50Hz/60Hz
FG	保护接地端子

续表

端子名称	功能说明
U、V、W	变频器三相交流输出端子，接三相 220V 水泵
L1、N1（200N 单进单出机型）	单相输出 L1、N1 端子接单相水泵
U、V（3000M 单进单出机型）	单相输出 U、V 端子接单相水泵

DFL200N系列主回路输入/输出动力配线端子示意图

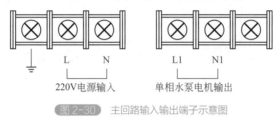

220V电源输入　　单相水泵电机输出

图 2-30　主回路输入输出端子示意图

2. 丹富莱 DFL 变频器 DFL3000M/DFL200N 恒压供水专用变频器控制回路端子连接及功能

DFL3000M/DFL200N 变频器的输入控制端子如表 2-2 所示，输入控制端子示意图如图 2-31 所示，输入控制端子功能说明如表 2-3 所示。

表2-2　输入控制端子

COM	X1	X2	X3	X4	REV	FWD	ACM	FV	5V	12V/10V	FI	CM	NO	NC
公共端	外部多功能输入端子			PID使能端子	反转启动端子	正转启动端子	机械式远传压力表/0.5～4.5V 压力传感器			4～20mA 压力变送器		多功能继电器（故障输出、启动输出、轮换功能）		

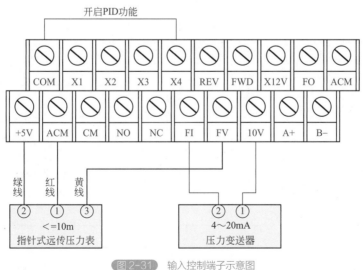

图 2-31　输入控制端子示意图

表2-3　输入控制端子功能说明

类别	端子标号	端子功能说明	技术规格/参数
外部信号输入端子	X1	外部多段速功能输入端子	默认常开信号，低电平有效
	X2		
	X3		
	X4	PID 使能端子	COM—X4 短接，使能 PID 功能
	FWD	外部正转启动端子	用于单相水泵场合时，只有一个方向（不存在正反向）
	REV	外部反转启动端子	
机械式远传压力表/0.5～4.5V压力传感器	5V	外部供电电源 5V	最大输出电源：0.2A
	ACM	模拟量公共端子/负端	ACM 与内部 COM 隔离
	FV	0～5V 压力信号输入端子	注意：此模拟量信号线不能太长，以免信号衰减或被干扰
4～20mA压力变送器	12V/10V	压力变送器电源正	当接 X12V 或 X24V 作为变送器电源正时，COM 必须与 ACM 短接
	FI	4～20mA 电流信号输入端子	
多功能继电器	CM	多功能继电器公共端	多功能继电器（故障输出、运转输出、轮换功能）
	NO	常开触点	
	NC	常闭触点	

　　在丹富莱 DFL 变频器 DFL3000M/DFL200N 恒压供水专用变频器配线中使用多芯屏蔽电缆或绞合线连接控制端子。使用屏蔽电缆时，电缆屏蔽层的近端（靠变频器的一端）应连接到变频器的接地端子 PE。布线时控制电缆应充分远离主电路和强电线路（包括电源线、电机线、继电器、接触器连接线等）20cm 以上，并避免并行放置，最好采用垂直布线，以防止干扰造成变频器误动作。

　　控制回路配线端子说明如表 2-4 所示。

表2-4　控制回路配线端子说明

端子标号	端子功能说明	备注（说明）
CM-NC	多功能指示常开输出接点	工频/变频切换
COM	多功能输入公共端	—
X4-COM	开启 PID 功能	Pr.034 设为 19，开启 PID 功能；Pr.000 设为 1，开启外部端子启动功能
FWD-COM	运转/启动使能	
10V/12V	4～20mA 远传压力表正电源	使用 X12V 时 ACM 必须与 COM 短接。Pr.000 设为 3 使能 4～20mA 输入；Pr.128 设为 1.00V
FI	4～20mA 信号输入	
ACM	模拟地（公共端）	—
FV	电压频率指令	—
+5V	指针式压力表电源	—

三、单相 220V 进三相 380V 输出变频器电动机启动运行控制电路

单相 220V 进三相 380V 输出变频器电动机启动运行控制电路接线图如图 2-32 所示（提示：不同变频器的辅助功能、设置方式及更多接线方式需要查看使用说明书）。

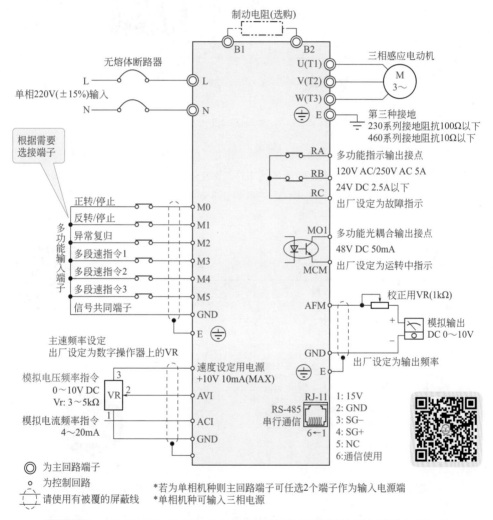

图 2-32　单相 220V 进三相 380V 输出变频器电动机启动运行控制电路基本接线电路原理图

输出是 380V，因此可直接在输出端接电动机，对于电动机来说，单相变三相 380V 多为小型电动机，直接使用星形接法即可。电动机启动运行控制电路实际接线图如图 2-33 所示。

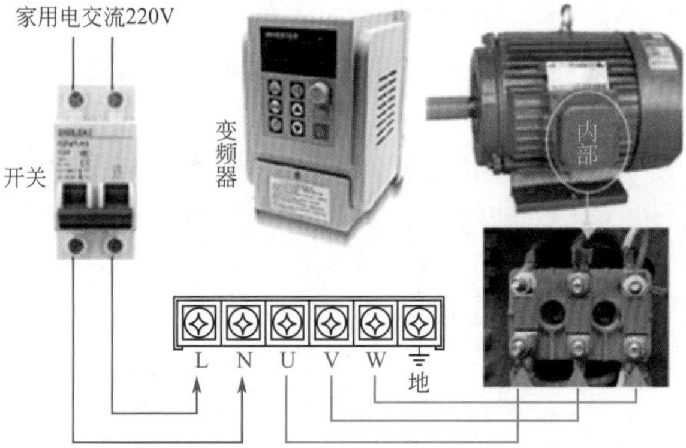

图 2-33　电动机启动运行控制电路实际接线图

四、瑞恳通用变频器单相 220V 进线三相 220V 出线接线

把家用 220V 电源接变频器的输入端，再把变频器的输出端接三相电动机，注意单相输入三相 220V 输出变频器的三相异步电机必须用三角形接法，其基本接线图如图 2-34 所示，电机三角形接法如图 2-35 所示。变频器接线端子用途说明如表 2-5 所示。

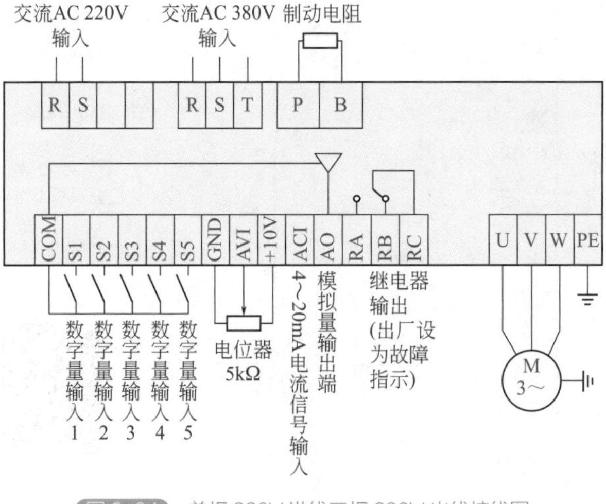

图 2-34　单相 220V 进线三相 220V 出线接线图

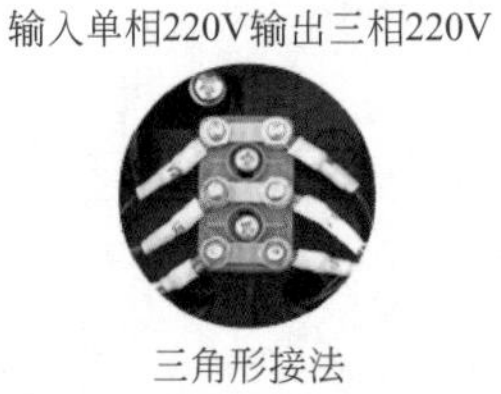

图 2-35　电机三角形接法

表2-5　变频器接线端子用途说明

端子	用途	设定及说明
R、S、T	变频器电源： 380V 机型接 R、S、T 220V 机型接 R、S 或接 R、T（根据端子标签确定）	变频器输入电源前端应使用空气开关作为过流保护装置，若加有漏电保护开关，为防止漏电开关误动作，请选择电流 200mA 以上，动作时间 100ms 以上的设备

续表

端子	用途	设定及说明
U、V、W	变频器输出，连接电机	为减小漏电流，电机连接线尽量不要超过 50m
P、B	连接制动电阻	根据制动电阻选型表选择制动电阻
PE	接地	变频器要良好接地
COM	信号公共端	数字信号的零电位
S1	数字输入 S1	通过参数 F2.13 设定，出厂默认为正转
S2	数字输入 S2	通过参数 F2.14 设定，出厂默认为反转
S3	数字输入 S3	通过参数 F2.15 设定，出厂默认为多段速第一位
S4	数字输入 S4	通过参数 F2.16 设定，出厂默认为多段速第二位
S5	数字输入 S5	通过参数 F2.17 设定，出厂默认为外部复位信号
GND	信号公共端	模拟输入信号的零电位
AVI	0 ～ 10V 信号输入	0 ～ 10V，输入阻抗：> 50kΩ
10V	频率设定电位器电源	+10V，最大 10mA
ACI	4 ～ 20mA 模拟量输入	4 ～ 20mA，输入阻抗：100Ω
AO	模拟量输出信号	通过参数 F2.10 设定
RA、RB、RC	继电器输出	通过参数 F2.20 设定 触点容量：AC 250V/3A DC 24V/2A

通用变频器单相 220V 进线三相 220V 出线实物接线图如图 2-36 所示。

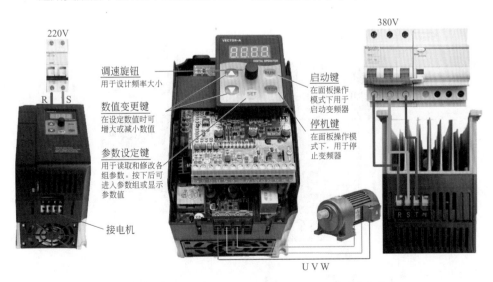

图 2-36　通用变频器单相 220V 进线三相 220V 出线实物接线图

五、国强 220V 变 380V 变频器接线

初学者要谨记，220V 变 380V 变频器由于 220V 供电，工作电流比较大，在实际使用此变频器时，变频器功率一定要比电机功率大一个功率段。比如：0.4kW 电机选择 0.75kW 变频器，0.75kW 电机选择 1.5kW 变频器，1.5kW 变频器选择 2.2kW 变频器。

国强 220V 变 380V 变频器外形和控制面板功能键说明如图 2-37 所示。国强 220V 变 380V 变频器主回路接线如图 2-38 所示。国强 220V 变 380V 变频器控制回路接线如图 2-39 所示。

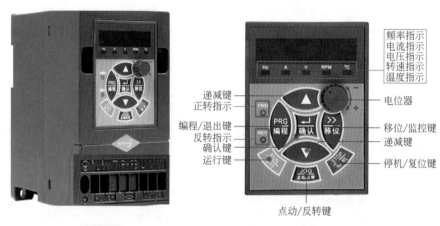

图 2-37　国强 220V 变 380V 变频器外形和控制面板功能键说明

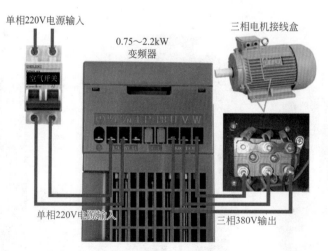

图 2-38　国强 220V 变 380V 变频器主回路接线

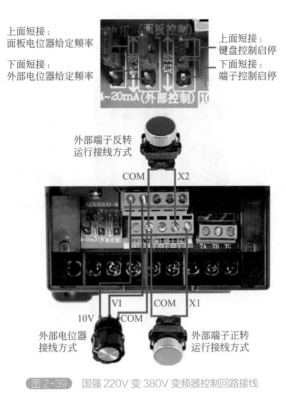

上面短接:
面板电位器给定频率

下面短接:
外部电位器给定频率

上面短接:
键盘控制启停

下面短接:
端子控制启停

外部端子反转
运行接线方式

COM   X2

VI   COM   X1

10V   COM

外部电位器
接线方式

外部端子正转
运行接线方式

图 2-39　国强 220V 变 380V 变频器控制回路接线

六、通用型雕刻机 MN-C 单相 220V 变三相 220V 变频器接线

MN-C 单相 220V 变三相 220V 变频器外形如图 2-40 所示。主回路接线中输入

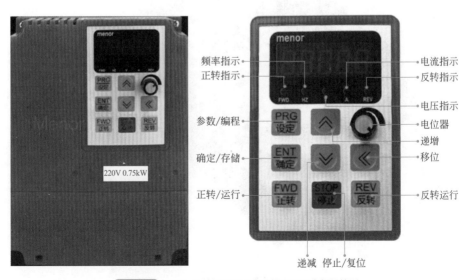

频率指示

正转指示

电流指示

反转指示

电压指示

参数/编程

电位器

递增

确定/存储

移位

正转/运行

反转运行

递减　停止/复位

220V 0.75kW

图 2-40　MN-C 单相 220V 变三相 220V 变频器外形

单相220V（L1/L2），输出三相220V（U/N/W），如图2-41所示。控制端子接线如图2-42所示。变频器外接调速和启停开关接线如图2-43所示。

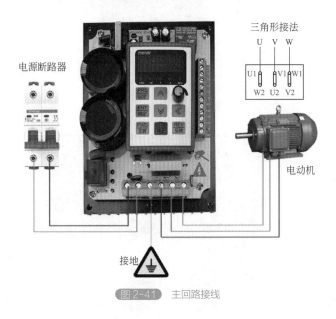

图 2-41　主回路接线

图 2-42　控制端子接线

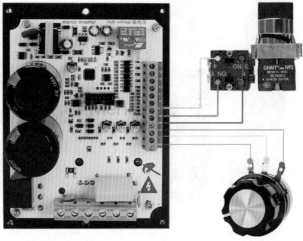

同时按停止与向下键3s转换频率给定通道(面板调速/外接电位器调速)

同时按停止与向上键3s转换运行控制方式(面板启动/外接开关启停)

图 2-43 变频器外接调速和启停开关接线

七、蓝腾变频器单相 220V、三相 380V 水泵电机接线

蓝腾变频器外形如图 2-44 所示，内部结构如图 2-45 所示。

图 2-44 蓝腾变频器外形

图 2-45　蓝腾变频器内部结构分解图

蓝腾变频器接风机主回路接线如图 2-46 所示。图 2-47 为变频器单相 220V 输入 /
单相 220V 电机输出，单相 220V 输入 / 三相 220V 电机输出，单相 220V 输入 / 三相
380V 电机输出接线。

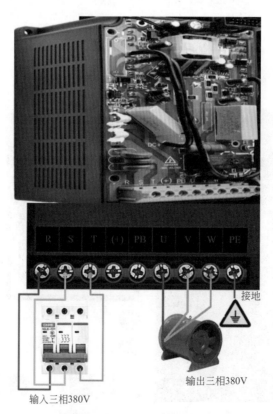

接地

输出三相380V

输入三相380V

图 2-46　蓝腾变频器接风机主回路接线

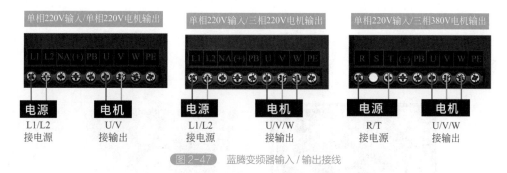

图 2-47 蓝腾变频器输入 / 输出接线

变频器外接电位器接线如图 2-48 所示。变频器外接启停按钮接线如图 2-49 所示。

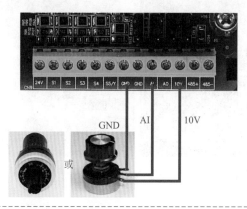

外部电位器接GND、10V、AI 参数：P00.07 = 0 P00.06 = 2

图 2-48 变频器外接电位器接线

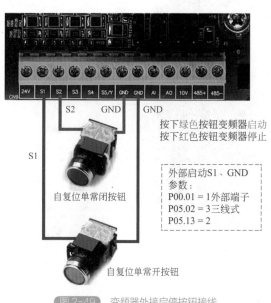

按下绿色按钮变频器启动
按下红色按钮变频器停止

外部启动S1、GND
参数：
P00.01 = 1外部端子
P05.02 = 3三线式
P05.13 = 2

自复位单常闭按钮

自复位单常开按钮

图 2-49 变频器外接启停按钮接线

八、XT 单相 220V 变 380V 电机变频器与抽烟机的主线路接线

XT 单相 220V 变 380V 电机变频器内部结构与外形如图 2-50 所示。XT 单相 220V 变 380V 电机变频器与抽烟机接线如图 2-51 所示。

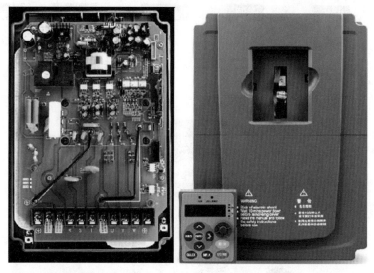

图 2-50　XT 单相 220V 变 380V 电机变频器内部结构与外形

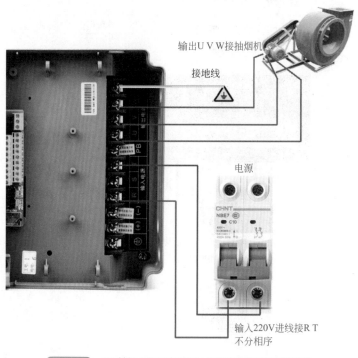

图 2-51　XT 单相 220V 变 380V 电机变频器与抽烟机接线

九、锦飞单相 220V 输入变三相 380V 输出变频器接线

锦飞单相 220V 输入变三相 380V 输出变频器外形和控制面板如图 2-52 所示。

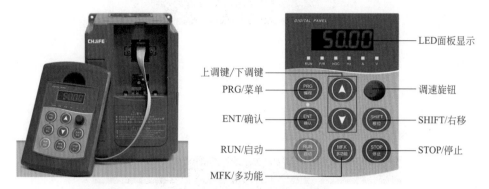

图 2-52 锦飞单相 220V 输入变三相 380V 输出变频器外形和控制面板

单相 220V 输入 / 三相 380V 输出，不能直接当电源使用。此种接线方式变频器输出三相 380V，只能给电机供电，如图 2-53 所示。

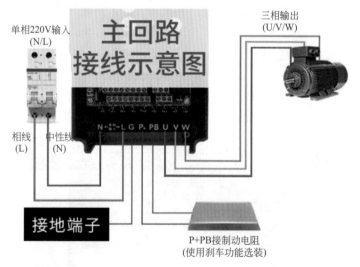

图 2-53 锦飞单相 220V 输入变三相 380V 输出变频器与电机接线

锦飞单相 220V 输入变三相 380V 输出变频器外接调速电位器接线如图 2-54 所示。

锦飞单相 220V 输入变三相 380V 输出变频器外接自复位启动、停止按钮接线如图 2-55 所示。

锦飞单相 220V 输入变三相 380V 输出变频器外接旋钮开关控制电机正反转接线如图 2-56 所示。

锦飞单相 220V 输入变三相 380V 输出变频器外接通断信号控制电路接线如图 2-57 所示。

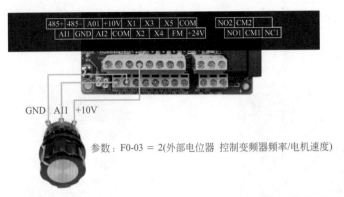

参数：F0-03 = 2(外部电位器 控制变频器频率/电机速度)

图 2-54　锦飞单相 220V 输入变三相 380V 输出变频器外接调速电位器接线

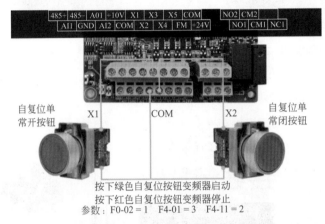

自复位单
常开按钮　　X1　　　COM　　　X2　　　自复位单
　　　　　　　　　　　　　　　　　　　　　常闭按钮

按下绿色自复位按钮变频器启动
按下红色自复位按钮变频器停止
参数：F0-02 = 1　F4-01 = 3　F4-11 = 2

图 2-55　外接自复位启动、停止按钮接线

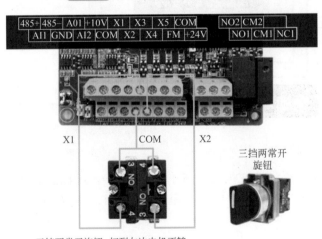

X1　　　COM　　　X2

三挡两常开
旋钮

三挡两常开旋钮：打到左边电机正转
　　　　　　　　打到中间电机停止
　　　　　　　　打到右边电机反转
参数：F0-02 = 1　F4-01 = 2

图 2-56　外接旋钮开关控制电机正反转接线

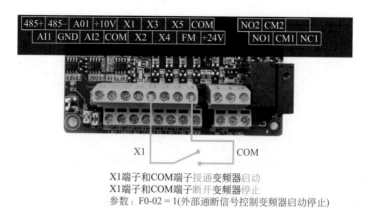

X1端子和COM端子接通变频器启动
X1端子和COM端子断开变频器停止
参数：F0-02 = 1(外部通断信号控制变频器启动停止)

图 2-57　外接通断信号控制电路接线

十、单相 220V 输入变三相 380V 输出变频器作为电源使用接线

单相 220V 输入变三相 380V 输出变频器可以当电源使用（必须配正弦滤波器），给整台设备供电，如图 2-58 所示。

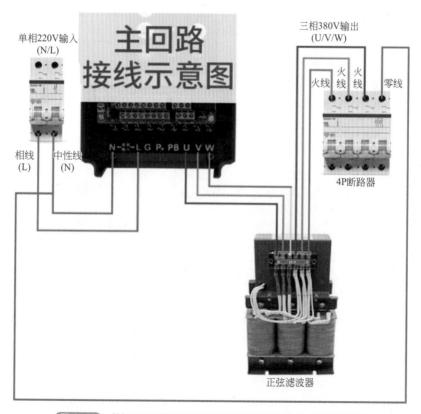

图 2-58　单相 220V 输入变三相 380V 输出变频器作为电源使用接线

第三节 多种三相380V输入变频器安装接线与设置

一、三相 380V 进 380V 输出变频器电动机启动控制电路

三相380V进380V输出变频器电动机启动控制电路原理图如图2-59所示（注意：不同变频器的辅助功能、设置方式及更多接线方式需要查看使用说明书）。这是一套380V输入和380V输出的变频器电路，相对应的端子选择是根据所需要外加的开关完成的，如果电动机只需要正转启停，只需要一个开关就可以；如果需要正反转启停，则需要接两个端子、两个开关。需要远程调速时需要外接电位器，如果在面板上可以实现调速，就不需要接外接电位器。外配电路是根据功能接入的，一般情况

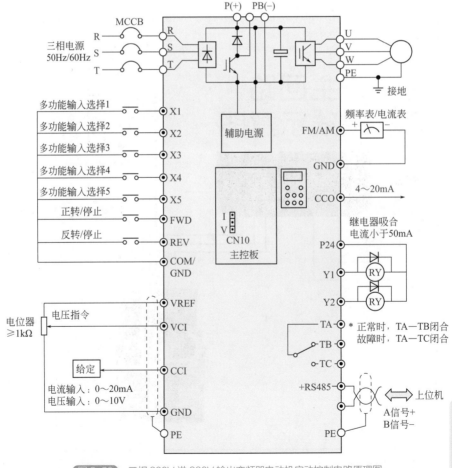

图 2-59 三相 380V 进 380V 输出变频器电动机启动控制电路原理图

下使用时，这些元器件可以不接，只要把电动机正确接入 U、V、W 就可以了。

主电路输入端子 R、S、T 接三相输入，U、V、W 三相输出接电动机。一般在设备中接制动电阻，制动电阻卸放掉电能，电动机就可以停转。

三相 380V 进 380V 输出变频器电动机启动控制电路实际组装接线图如图 2-60 所示。

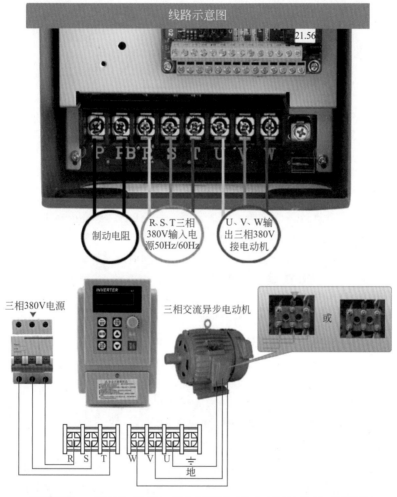

图 2-60 三相 380V 进 380V 输出变频器电动机启动控制电路实际组装接线

二、变频器的 PID 控制电路接线

1. 电路原理

在工程实际中应用最为广泛的调节器控制规律为比例 - 积分 - 微分控制，简称 PID 控制，又称 PID 调节。实际中也有 PI 和 PD 控制。PID 控制器是根据系统的误差，

利用比例、积分、微分计算出控制量进行控制的。

（1）PID 控制原理　PID 控制是一种闭环控制。下面以图 2-61 所示的恒压供水系统来说明 PID 控制原理。

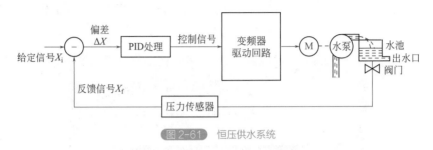

图 2-61　恒压供水系统

电动机驱动水泵将水抽入水池，水池中的水除了经出水口提供用水外，还经阀门送到压力传感器，传感器将水压大小转换成相应的电信号 X_f，X_f 反馈到比较器与给定信号 X_i 进行比较，得到偏差信号 ΔX（$\Delta X = X_i - X_f$）。

若 $\Delta X > 0$，表明水压小于给定值，偏差信号经 PID 处理得到控制信号，控制变频器驱动回路，使之输出频率上升，电动机转速加快，水泵抽水量增多，水压增大。

若 $\Delta X < 0$，表明水压大于给定值，偏差信号经 PID 处理得到控制信号，控制变频器驱动回路，使之输出频率下降，电动机转速变慢，水泵抽水量减少，水压下降。

若 $\Delta X = 0$，表明水压等于给定值，偏差信号经 PID 处理得到控制信号，控制变频器驱动回路，使之频率不变，电动机转速不变，水泵抽水量不变，水压不变。

控制回路的滞后性会使水压值总是与给定值有偏差。例如，当用水量增多、水压下降时，电路需要对有关信号进行处理，再控制电动机转速变快，提高水泵抽水量，从压力传感器检测到水压下降到控制电动机转速加快，提高抽水量，恢复水压需要一定时间；通过提高电动机转速恢复水压后，系统又要将电动机转速调回正常值，这也需要一定时间；在这段回调时间内水泵抽水量会偏多，导致水压又增大，又需进行反馈。这样的结果是水池水压会在给定值上下波动（振荡），即水压不稳定。

采用 PID 处理可以有效减小控制回路滞后和过调问题（无法彻底消除）。PID 包括 P 处理、I 处理和 D 处理。P（比例）处理是将偏差信号 ΔX 按比例放大，提高控制的灵敏度；I（积分）处理是对偏差信号进行积分处理，缓解 P 处理比例放大量过大引起的超调和振荡；D（微分）是对偏差信号进行微分处理，以提高控制的迅速性。对于 PID 的参数设定，需要参看使用说明书。

（2）典型控制电路　图 2-62 所示是一种典型的 PID 控制应用电路。在进行 PID 控制时，先要接好线路，然后设置 PID 控制参数，再设置端子功能参数，最后操作运行。

❶ PID 控制参数设置（不同变频器设置不同，以下设置仅供参考）。图 2-62 所示电路的 PID 控制参数设置见表 2-6。

❷ 端子功能参数设置（不同变频器设置不同，以下设置仅供参考）。PID 控制时需要通过设置有关参数定义某些端子功能。端子功能参数设置见表 2-7。

❸ 操作运行（不同变频器设置不同，以下设置仅供参考）。

• 设置外部操作模式。设定 Pr.79=2，面板"EXT"指示灯亮，指示当前为外部操作模式。

• 启动 PID 控制。将 AU 端子外接开关闭合，选择端子 4 电流输入有效，将 RT 端子外接开关闭合，启动 PID 控制；将 STF 端子外接开关闭合，启动电动机正转。

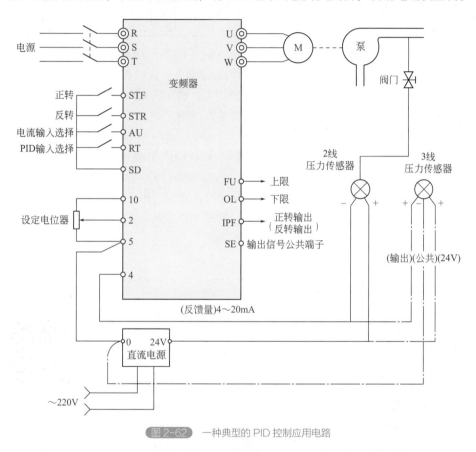

图 2-62　一种典型的 PID 控制应用电路

表2-6　PID控制参数设置

参数及设置值	说明
Pr.128=20	将端子 4 设为 PID 控制的压力检测输入端
Pr.129=30	将 PID 比例调节设为 30%
Pr.130=10	将积分时间常数设为 10s
Pr.131=100%	设定上限值范围为 100%
Pr.132=0	设定下限值范围为 0
Pr.133=50%	设定 PU 操作时的 PID 控制设定值（外部操作时，设定值由 2～5 端子间的电压决定）
Pr.134=3s	将积分时间常数设为 3s

表2-7　端子功能参数设置

参数及设置值	说明
Pr.183=14	将 RT 端子设为 PID 控制端，用于启动 PID 控制
Pr.192=16	设置 IPF 端子输出正反转信号
Pr.193=14	设置 OL 端子输出下限信号
Pr.194=15	设置 FU 端子输出上限信号

• 改变给定值。调节设定电位器，2～5 端子间的电压变化，PID 控制的给定值随之变化，电动机转速会发生变化。例如给定值大，正向偏差（ΔX > 0）增大，相当于反馈值减小，PID 控制使电动机转速变快，水压增大，端子 4 的反馈值增大，偏差慢慢减小，当偏差接近 0 时，电动机转速保持稳定。

• 改变反馈值。调节阀门，改变水压大小来调节端子 4 输入的电流（反馈值），PID 控制的反馈值变大，相当于给定值减小，PID 控制使电动机转速变慢，水压减小，端子 4 的反馈值减小，偏差慢慢减小，当偏差接近 0 时，电动机转速保持稳定。

• PU 操作模式下的 PID 控制。设定 Pr.79=1，面板"PU"指示灯亮，指示当前为 PU 操作模式。按"FWD"或"REV"键，启动 PID 控制，运行在 Pr.133 设定值上，按"STOP"键停止 PID 运行。

2. 电路接线

变频器的 PID 控制应用电路接线如图 2-63 所示。

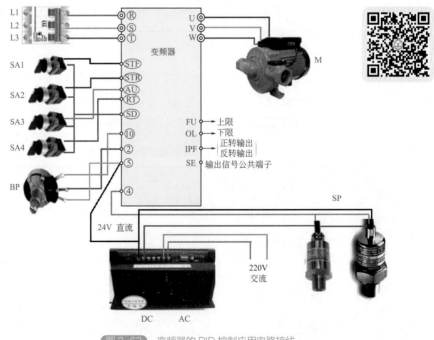

图 2-63　变频器的 PID 控制应用电路接线

三、变频恒压供水水泵控制柜接线

变频水泵控制柜系统通过测到的管道压力，经变频器系统内置的 PID 调节器运算，调节输出频率，然后实现管网的恒压供水变频器的频率超限信号（一般可作为管网压力极限信号），可适时通知 PLC 进行变频泵切换。为防止水锤现象的产生，水泵的开关将联动其出口阀门。

恒压供水技术采用变频器改变电动机电源频率，而达到调节水泵转速，改变水泵出口压力的目的，比靠调节阀门控制水泵出口压力的方式，降低了管道阻力，大大减少截流损失的效能。

变频水泵控制柜各部分功能如图 2-64 所示。变频水泵控制柜接线如图 2-65 所示，输入接电源 R、S、T 三相相线，输出 U、V、W 接到电机接线柱上。传感器如远传压力表、压力变送器、液位传感器、负压传感器、温控仪等接在压力表接口。

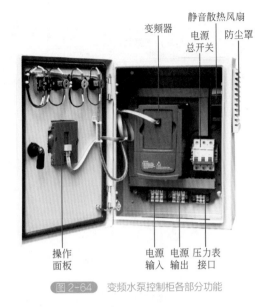

图 2-64 变频水泵控制柜各部分功能

四、带止回阀的变频恒压供水水泵控制柜接线

水泵在达到一定压力的时候还要一直保持着一定的速度运转，否则水会倒流，所以水泵要安装止回阀。

变频器实现恒压供水，一般是用变频器的 PID 功能，把远传压力表 / 压力传感器的信号分别接入变频器的控制端子，一般是三个：电源，公共地，还有一个控制量 0 ～ 10V/4 ～ 20mA。然后设定好变频器相应的参数，就可以实现恒压供水了。远传压力表外形和接线如图 2-66 所示。

恒压供水现场共一台水泵，我们通过压力表或变送器反馈值和设定压力做比较，当系统压力达到设定压力时降频、休眠、待机，当系统压力低于设定压力时或达到

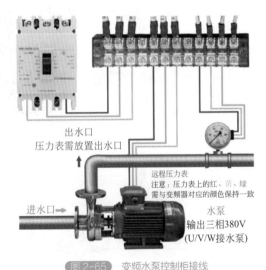

图 2-65 变频水泵控制柜接线

唤醒压力时变频器加频。带止回阀的变频恒压供水水泵控制柜接线如图 2-67 所示。

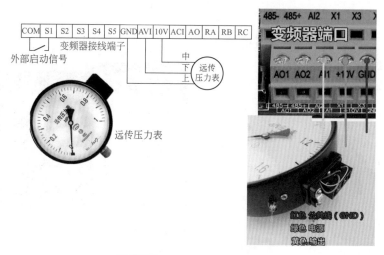

图 2-66　远传压力表外形和接线

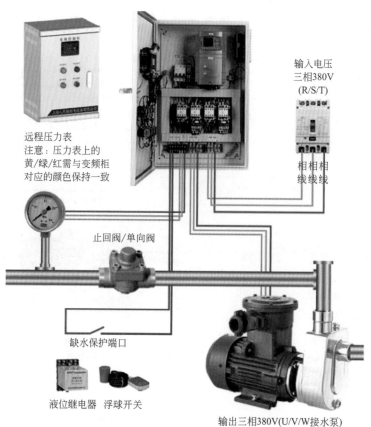

图 2-67　带止回阀的变频恒压供水水泵控制柜接线

五、DFL200N/4000H/3000M 变频器的接线、调试及问题处理

恒压供水接线示意图如图 2-68 所示。

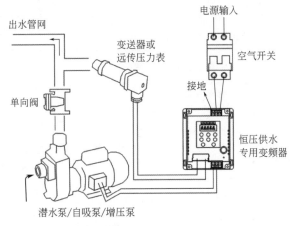

图 2-68 恒压供水接线示意图

DFL200N/4000H 恒压供水变频器操作面板（键盘）示意图如图 2-69 所示。按键功能说明如表 2-8 所示。

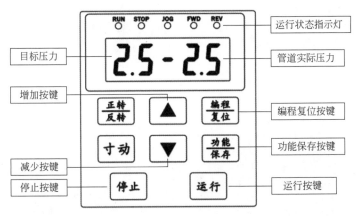

图 2-69 DFL200N/4000H 恒压供水变频器操作面板（键盘）示意图

表2-8 按键功能说明

按键	功能说明
编程复位	选择正常操作模式或编程模式（在变频器运转或停止状态，按此键均有效），修改参数时，必须按此键进入编程模式。若变频器因故障发生停机时，在排除故障后，按此键可清除故障信息
功能保存	功能数据设置键。在正常操作模式下，按此键可显示变频器状态各项信息，如频率指令，输出频率及输入电流；在编程模式下按此键，可显示参数内容，再按此键可把更改过的参数值保存到内部存储器中

续表

按键	功能说明
正转反转	选择正转或反转运转。按下此键会使电机减速至 0Hz 并改变方向，但停机后电机不会自动启动。若要利用外部端子控制正转或反转，必须将 Pr.001 设置为 "d0001" 或 "d0002"
寸动	按下此键，执行寸动运行指令
运行	启动运行键（若设置为外部端子控制时，按此键无效）
停止	停止键
▲ ▼	这两个键用来选择参数编号或修改参数数值 注：若按下此键短时间即放开，则所更改的数值会呈步阶变化。若按下此键长时间不放，则所更改的数值会快速变化

DFL3000M/DFL200N 恒压供水专用变频器参数如表 2-9 所示。

表2-9　变频器功能参数表

参数号	功能说明	设定范围	出厂值
Pr.068	参数锁定 / 恢复设置（恢复出厂值需完全断电并重新上电） 恢复出厂值会显示 5 个 8 并闪烁，此时按任意键即可（恢复时需要 5 ～ 8s 的时间） 　d0000：所有的参数可读可写 　d0001：所有的参数可读，但不可写 220V 机型 d0010：恢复成单相水泵 0 ～ 5V 出厂参数 d0017：恢复成单相水泵 4 ～ 20mA 出厂参数 d0018：恢复成单相水泵 0.5 ～ 4.5V 出厂参数 380V 机型（4 ～ 20mA 压力变送器） d0010：恢复成 380V/0.75kW 三相水泵 4 ～ 20mA 出厂参数 d0011：恢复成 380V/1.5kW 三相水泵 4 ～ 20mA 出厂参数 d0012：恢复成 380V/2.2kW 三相水泵 4 ～ 20mA 出厂参数 d0013：恢复成 380V/3.7kW 三相水泵 4 ～ 20mA 出厂参数 380V 机型（0 ～ 5V 远传压力表） d0016：恢复成 380V/1.5kW 三相水泵 0 ～ 5V 出厂参数 d0017：恢复成 380V/2.2kW 三相水泵 0 ～ 5V 出厂参数 d0018：恢复成 380V/3.7kW 三相水泵 0 ～ 5V 出厂参数 d0019：恢复成 380V/0.75kW 三相水泵 0 ～ 5V 出厂参数	d0000 ～ d0019	d0000
Pr.000	主频率来源选择 0：通过面板上下按键修改频率 1：0 ～ 5V 模拟量输入（供水常用） 2：通过 RS-485 控制主频率 3：4 ～ 20mA 输入（供水常用）	d0000 ～ d0004	d0001

续表

参数号	功能说明	设定范围	出厂值
Pr.001	运转指令来源 0：面板按键启停 1：外部端子启停	d0000 ~ d0004	d0000
Pr.034	X4 多功能端子功能选择 19：使能 PID 功能	d0001 ~ d0022	d0019
Pr.124	变频器密码设定 输入正确的密码后才能进入参数修改界面	d0000 ~ d9999	0168
Pr.126	缺水故障后自动复位时间，单位：min	d0000 ~ d9999	d0030
Pr.127	缺水保护自动复位功能（只针对缺水故障） 0：禁止自动复位启动 1：使能自动复位并启动变频器	d0000 ~ d0001	d0000
Pr.128	压力表 0MPa 对应电压 0.15：0 ~ 5V 补偿值 0.5：0.5 ~ 4.5V 补偿值 1.0：4 ~ 20mA 补偿值	d00.00 ~ d10.00V	d00.15
Pr.129	压力表满量程对应电压（可以用于校准压力值） 4.50：0.5 ~ 4.5V 压力传感器对应值 5.00：远传压力表 /4 ~ 20mA 压力变送器对应值	d00.00 ~ d10.00V	d05.00
Pr.130	远传压力表 / 压力变送器量程设定（单位：MPa）	d00.00 ~ d10.00	d00.60
Pr.131	PID 目标值（MPa） 即设定压力值 SV，在压力显示状态直接按上下按键可以修改	d00.01 ~ d01.00 MPa	d00.25
Pr.132	比例常数（P）	d0000 ~ d0999	d0055
Pr.133	积分时间（I）	d0000 ~ d0999	d0009
Pr.134	微分时间（D）	d0000 ~ d0100	d0000
Pr.135	PID 目标来源选择 d0000：由 Pr.0131 决定 d0001：由外部模拟量（0 ~ 10V）决定	d0000 ~ d0001	d0000
Pr.136	PID 上限（%） 100% 对应频率为 50Hz	d0000 ~ d0100	d0100
Pr.137	PID 下限（%） 40% 对应频率为 20Hz	d0000 ~ d0100	d0040
Pr.138	停机压力准位（%） 说明：停机压力 = 设定压力 ×Pr.138	d0000 ~ d0200	d0090
Pr.139	停机压力准位连续时间（s） 说明：在此设定时间内，实际压力一直大于等于停机压力准位，变频器开始降频到睡眠频率	d000.0 ~ d999.9s	d030.0

参数号	功能说明	设定范围	出厂值
Pr.140	唤醒准位（%）（唤醒压力 = 设定压力 × Pr.140） 说明：当实际管道压力小于唤醒压力值时，变频器自动启动	0 ~ 100%	d0080
Pr.141	睡眠频率 说明：变频器运行于此频率并在 Pr.142 设定时间内，管道实际压力一直大于等于停机压力，变频器自动停机	d000.1 ~ d060.0Hz	d025.0
Pr.142	睡眠频率连续时间（s）	d000.1 ~ d999.9s	d30.00
Pr.143	变频 50Hz 高速运转时间（s） 时间到后，变频停止输出，互锁时间到后，打开工频继电器，切换到工频状态运行	d0001 ~ d9999s	d0060
Pr.144	工频与变频切换互锁时间（s）	d000.1 ~ d600.0s	d002.0
Pr.145	工频运转时间（s） 工频运转时间到后，实际压力不大于设定压力的 110%，则一直以工频状态运行	d0060	d0060
Pr.146	工频状态 d0000：无工频接触器 d0001：有工频接触器	d0000 ~ d0001	d0000
Pr.147	暴管压力 / 压力过低（MPa） 说明：在 Pr.149 设定时间内，当管道实际压力小于此设定值时，变频器自动停机并 220V 机型显示 Er.012，380V 机型显示 Er.014	d00.00 ~ d10.00MPa	d00.05
Pr.148	暴管压力报警延时 说明：变频器检测到水压低于爆管压力并超过设定时间，将报错并停机	d0000 ~ d0600s	d0060
Pr.149	节能系数（减速增量）	d0000 ~ d0100	d0004
Pr.150	备用（启用流量开关） 0：由 X4 端子信号决定手动 / 自动切换 1：面板手动 / 自动按键也可切换	d0000 ~ d0001	d0000
Pr.151	流量阈值（流量频率 Hz） 当启用流量计时，检测到的实际流量小于此设定值时，变频器自动停机	d0000 ~ d2000	d0040
Pr.155	定时器 1（1 号泵运行时间），单位：min	d0000 ~ d9999	d0030
Pr.156	定时器 2（2 号泵运行时间），单位：min	d0000 ~ d9999	d0030

续表

参数号	功能说明	设定范围	出厂值
Pr.157 ～ Pr.164	备用	d0000 ～ d9999	d0000
Pr.165	双泵轮换功能，配合定时器 1 和定时器 2 使用	d0000 ～ d0001	d0000
Pr.166	备用	d0000 ～ d0001	d0000

1. DFL3000M/DFL200N 恒压供水专用变频器调试

（1）远传压力表接线及相关参数调整（注: 0.5 ～ 4.5V 压力传感器也适用此模式） 将参数 Pr.000 设成 1，反馈压力由外部 0 ～ 5V 模拟量输入决定（出厂默认），压力表 1 号线（红色）接变频器 ACM 端子，2 号线（绿色）接变频器 5V 端子，3 号线（黄色）接变频器 FV 端子，根据使用的远传压力表量程，调整参数 Pr.130。校准压力值调整 Pr.129。

（2）压力变送器 4 ～ 20mA 接线及相关参数调整 将参数 Pr.000 设成 3，反馈压力由外部 4 ～ 20mA 模拟量输入决定，压力变送器 1 号线（红色）接变频器 10V 端子，2 号线（黑色）接变频器 FI 端子。根据使用的压力变送器量程，调整参数 Pr.130。Pr.128 设成 1.00，Pr.129 设成 5.00。

2. DFL 恒压供水变频器设定压力的调整及系统常见问题的解决

在压力显示界面，直接按上下按键，前面两位数码管闪烁，表示可以修改设定压力了，如想调大压力，就按向上按键；如想调小压力，就按向下按键；修改完后直接按功能 / 保存键或手动 / 自动键设定压力值就保存了。

常见问题的解决:

❶ 压力显示界面，后两位实际压力值为 0.0，运行 1min 后，变频器显示 Er.012（220V 机型）或 Er.014（380V 机型），说明变频器没有检测到压力传感器反馈的信号，请检查压力传感器或连接变频器与压力传感器的线是否有问题。

❷ 水压不稳（反馈压力波动过大）: 第一步调大 Pr.138，试运行一段时间，看水压能否稳定，如不能，继续调大 Pr.139 与 Pr.142。

❸ 变频器及水泵不能自动停机或不休眠: 请确认是否有安装单向阀，假如没有安装单向阀，变频器及水泵是不能进入休眠状态的；如已安装单向阀，请调大睡眠频率 Pr.141，使之大于变频器当前运行的频率。

❹ 变频器及水泵进入休眠时间太长: 调小停机压力准位连续时间（Pr.139）与睡眠频率连续时间（Pr.142）。

❺ 220V 机型水泵不上水，变频器提示 Er.04: 拆掉与水泵连接的线缆，再次启动变频器，假如不再提示 Er.04，请检查水泵是否有问题或功率过大；假如还是提示 Er.04，说明变频器过流，变频器故障。

3. DFL 系列恒压供水变频器的故障代码及说明

当变频器检测到故障时会显示如下代码，可以通过按操作面板上的故障复位键复位到正常状态，或者通过断电后再上电也可以恢复到正常状态。

故障代码及说明表如表 2-10 所示。

表2-10　故障代码及说明表

故障代码	故障说明	
Er.00	电压太低	
Er.01	电压太高	
Er.02	电流太大	
Er.03	CPU 内部 PWM 出错	
Er.04	IPM 报警，功率模块故障	
Er.05	外部输入了故障信号	
Er.06	E²PROM 故障	
Er.07	220V 机型：使用次数错误	380V 机型：主泵联机休眠
Er.08	220V 机型：通信功能码错误	380V 机型：加减速中电流太大
Er.09	220V 机型：通信数据错误	380V 机型：运行中电流太大
Er.10	220V 机型：通信超时	380V 机型：通信功能码错误
Er.11	220V 机型：通信校验错误	380V 机型：通信数据错误
Er.12	220V 机型：压力过低、暴管	380V 机型：通信超时
Er.13	220V 机型：主泵联机休眠	380V 机型：通信校验错误
Er.14	220V 机型：超时使用，应与供应商联系	380V 机型：压力过低、暴管
Er.15	—	380V 机型：压力过高

六、通力 AE200 变频器 380V/5.5 ～ 7.5kW 高性能矢量变频器接线

通力 AE200 变频器外形和内部结构如图 2-70 所示。

图 2-70　通力 AE200 变频器外形和内部结构

通力 AE200 变频器操作面板各部分功能如图 2-71 所示。按键功能说明如图 2-72 所示。

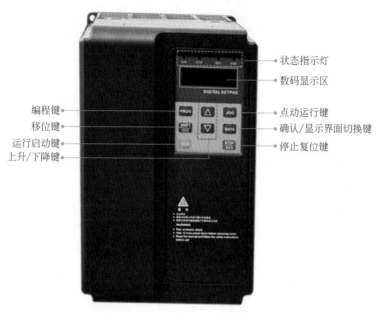

状态指示灯
数码显示区
点动运行键
确认/显示界面切换键
停止复位键

编程键
移位键
运行启动键
上升/下降键

图 2-71 通力 AE200 变频器操作面板各部分功能

按键	按键名称	按键功能说明
RUN	运行键	按此键变频器开始运行,在编程状态下,此键可作移位键,若设定为外部端子控制时,按此键无效
STOP	停机/复位键	当运行通道设置为面板时,按此键变频器停止运行,故障报警后,按此键系统复位
JOG	正反转切换/点动键	按此键为点动运行
PROG	编程键	按此键即可进入功能设置状态,修改完毕,按此键退出功能设置状态
DATA	确认键	在编程状态下按此键确认功能代码,参数内容修改后,再按此键,将修改过的数据保存,在待机状态或运行状态下按此键可依次显示工作频率、母线电压、输出电压、输出电流、转速、输出功率等 注意:在编程状态下,长按此键,放开时即可进入或退出编程
<</SHIFT	移位键	在编程状态下修改参数数据时,可进行移位
▲	增加键(UP)	在编程状态下,按此键使功能代码、参数数据数值增加,在运行或待机状态下按此键增大运行频率
▼	减少键(DOWN)	在编程状态下,按此键使功能代码、参数数据数值减少,参数在运行或待机状态下按此键减少运行频率

图 2-72 按键功能说明

控制回路端子功能如表 2-11 所示。

表2-11 控制回路端子功能

项目	端子标号	名称	端子功能说明及规格
数字输入	S1 ~ S6	多功能数字输入 1 ~ 6	输入电压规格：0 ~ 30V DC 输入频率：0 ~ 200Hz 可编程输入选择
	S5/D15	多功能输入 / 脉冲输入	多功能输入：同 S5 ~ S6 脉冲输入：0.1k ~ 50kHz
模拟输入	AI1	模拟输入 1	AI1 为电压模拟输入信号范围：0 ~ 10V
	AI2	模拟输入 2	AI2 为电流模拟信号输入范围 0 ~ 20mA
	AI3	模拟输入 3	输入电压信号：−10V ~ +10V（面板电位器）
数字输出	DO1	开路集电极输出	输出电压范围：0 ~ 30V DC 最大输出电流：50mA 可编程输出选择
	FM/DO	开路集电极 / 脉冲输出	开路集电极输出：同 Y1 脉冲输出：0.1kHz ~ 50kHz
模拟输出	AO1	模拟输出 1	输出电压 / 电流信号可选：跳线选择 输出信号范围：0 ~ 10V/0 ~ 20mA 可编程输出选择
	AO2	模拟输出 2	输出电压信号 输出信号范围：0 ~ 10V 可编程输出选择
继电器输出	A1 B1 C1 A2 B2	继电器触点输出	可编程输出：触点容量 250V AC/3A 或 30V DC C1、B1 为常闭触点 C1、A1 为常开触点 A2、C2 为常开触点
端子485	485+	485 差分信号正端	通信速率：4800 ~ 115200bps
	485−	485 差分信号负端	最长传输距离 500m（采用标准双效屏蔽性）
电源	+24V	+24V 电源	电源规格：24（±20%） 最大负载：300mA
	COM	数字地	多功能输入端子的公共端
	+10V	+10V 电源	模拟输入 +10V 电源
	GND	—	模拟地，内部与 COM 隔离

通力 AE200 变频器主回路基本接线图如图 2-73 所示。

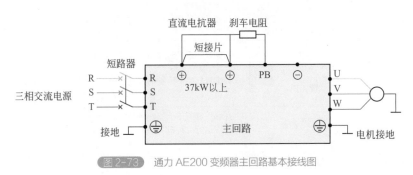

图 2-73 通力 AE200 变频器主回路基本接线图

通力 AE200 变频器控制回路基本接线图如图 2-74 所示。

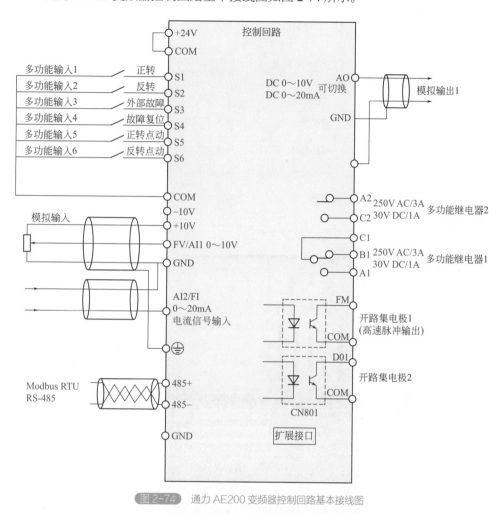

图 2-74　通力 AE200 变频器控制回路基本接线图

通力 AE200 变频器控制回路控制端子接线示意图如图 2-75 所示。

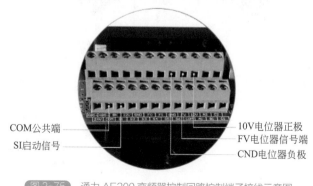

图 2-75　通力 AE200 变频器控制回路控制端子接线示意图

通力 AE200 变频器主回路端子说明如图 2-76 所示。

端子号	端子名称	说明
R、T单相 R、S、T	交流电源输入	连接交流电源 单相AC 220V 50～60Hz 三相AC 230V或380V 45～60Hz
U、V、W	变频器输出	接三相笼型电动机
DC+、PB	连接制动电阻	在DC+、PB之间连接制动电阻
DC+、DC–	连接制动单元	直流母线电源连接外部制动单元等
⏚	接地	变频器接地用，必须接地

图 2-76　通力 AE200 变频器主回路端子说明

通力 AE200 变频器主回路端子接线如图 2-77 所示。

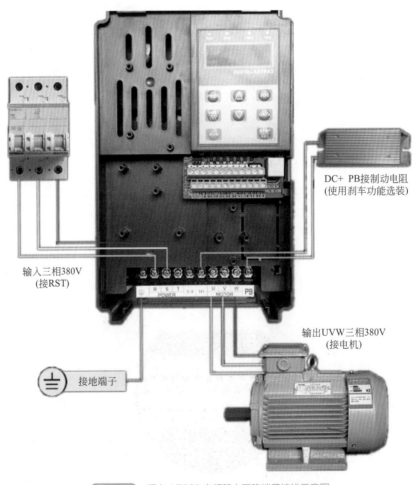

图 2-77　通力 AE200 变频器主回路端子接线示意图

七、带有自动制动功能的变频器电动机控制电路接线

带有自动制动功能的变频器电动机控制电路实际接线如图 2-78 所示。

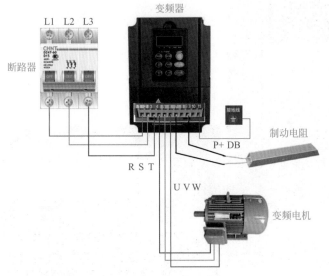

图 2-78 带有自动制动功能的变频器电动机控制电路实际接线

八、沃葆变频器 1.5 ～ 5.5kW 三相 380V 水泵风机变频器接线

沃葆变频器 1.5 ～ 5.5kW 三相 380V 水泵风机变频器基本接线图如图 2-79 所示。

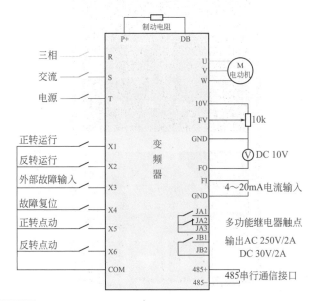

图 2-79 沃葆变频器 1.5 ～ 5.5kW 三相 380V 水泵风机变频器基本接线图

沃葆变频器 1.5 ～ 5.5kW 三相 380V 水泵风机变频器外形和接线端子如图 2-80 所示。

图 2-80　沃葆变频器 1.5 ～ 5.5kW 三相 380V 水泵风机变频器外形和接线端子

沃葆变频器控制面板功能如图 2-81 和表 2-12 所示。

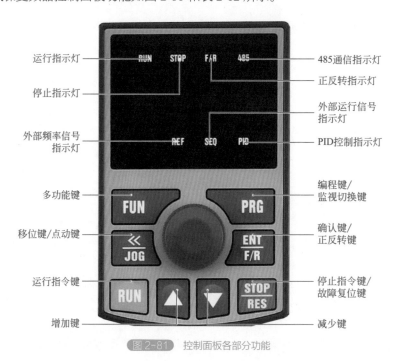

运行指示灯
停止指示灯
外部频率信号指示灯
多功能键
移位键/点动键
运行指令键
增加键

485通信指示灯
正反转指示灯
外部运行信号指示灯
PID控制指示灯
编程键/监视切换键
确认键/正反转键
停止指令键/故障复位键
减少键

图 2-81　控制面板各部分功能

表2-12　控制面板各部分功能说明

符号	按键名称	功能说明
<<　JOG	移位键 / 点动键	在编程和修改频率时，此键作移位用，在正常待机状态下，按此键作点动运行变频器功能
RUN	运行指令键	按此键变频器开始运行
▲	增加键（UP）	编程和修改频率时，按此键数值增加
▼	减少键（DOWN）	编程和修改频率时，按此键数值减少
STOP　RES	停止指令键 / 故障复位键	在正常运行状态下，按此键停止运行变频器，在故障保护模式下，按此键复位变频器
ENT　F/R	确认键 / 正反转切换键	在编程时按此键读取数据，修改数据后按此键保存数据。在运行状态下，此键可作为正反转切换功能
PRG	编程键 / 监视切换键	在正常工作状态下，按此键可切换频率、电流、电压等显示，在需要编程时，按此键1s后可进入或退出参数区

沃葆变频器 1.5 ～ 5.5kW 三相 380V 水泵风机变频器主回路接线如图 2-82 所示。

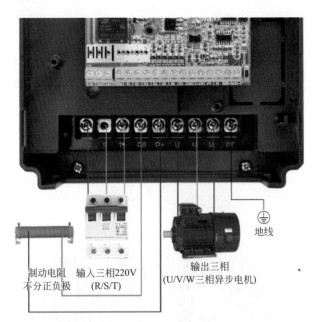

制动电阻　　输入三相220V　　　输出三相　　地线
不分正负极　　（R/S/T）　　(U/V/W三相异步电机)

图 2-82　沃葆变频器 1.5 ～ 5.5kW 三相 380V 水泵风机变频器主回路接线

沃葆变频器 1.5 ～ 5.5kW 三相 380V 水泵风机变频器控制回路按照图 2-83 所示进行正反转接线，直接接好电动机，然后用变频器轻触按键从菜单里面就可以设置正反转。对于变频器说明书里的控制端子设置，三线脉冲，两线控制，按照说明书设置控制端子即可。

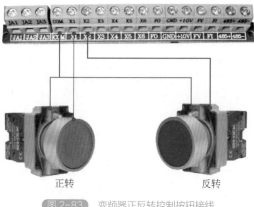

图 2-83　变频器正反转控制按钮接线

调速器和通信端子接线如图 2-84 所示。

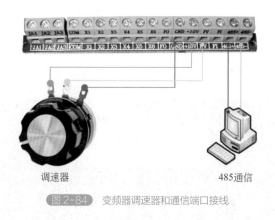

图 2-84　变频器调速器和通信端口接线

九、万川 22kW/380V 矢量变频器接线

万川 22kW/380V 矢量变频器外形如图 2-85 所示。变频器操作面板各部分功能如图 2-86 所示。

图 2-85　万川 22kW/380V 矢量变频器外形

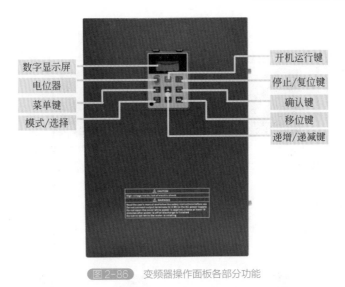

数字显示屏

电位器

菜单键

模式/选择

开机运行键

停止/复位键

确认键

移位键

递增/递减键

图 2-86　变频器操作面板各部分功能

主回路实物接线如图 2-87 所示。控制端子实物接线示意图如图 2-88 所示。

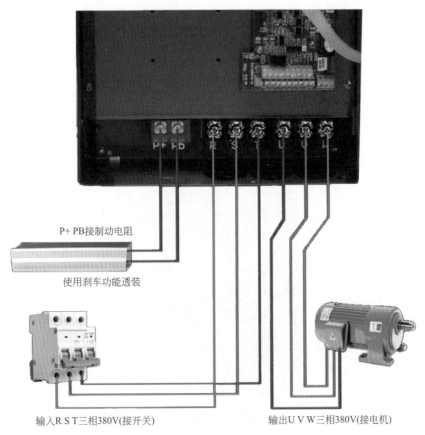

P+ PB接制动电阻

使用刹车功能透装

输入ＲＳＴ三相380V(接开关)

输出ＵＶＷ三相380V(接电机)

图 2-87　主回路接线

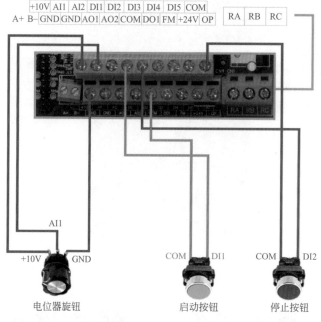

图 2-88 控制端子实物接线示意图

十、申瓯 7.5kW/380V 矢量变频器接线

申瓯 SOB-T500 系列变频器采用 DSP 控制系统，完成无速度传感器矢量控制，与 V/F 控制相比，矢量控制更具优越性，定位于中高端市场及特定要求的风机、泵类负载应用。

申瓯 7.5kW/380V 矢量变频器外形如图 2-89 所示。

图 2-89 申瓯 7.5kW/380V 矢量变频器外形

申瓯 7.5kW/380V 矢量变频器标准接线图如图 2-90 所示。主回路端子实物接线如图 2-91 所示。控制回路端子实物接线如图 2-92 所示。

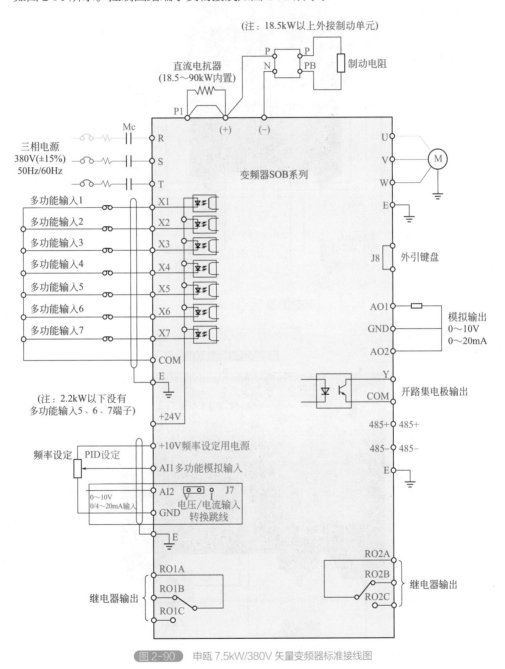

图 2-90　申瓯 7.5kW/380V 矢量变频器标准接线图

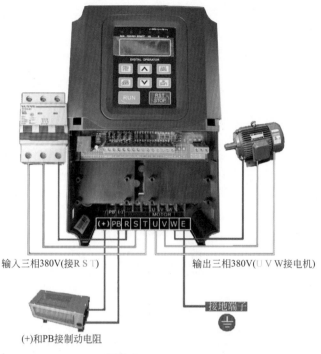

输入三相380V(接R S T)　　　　　　　输出三相380V(U V W接电机)

接地端子

(+)和PB接制动电阻

图 2-91　主回路端子接线

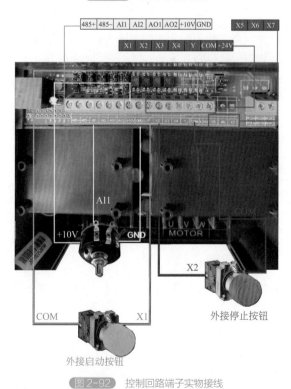

外接停止按钮

外接启动按钮

图 2-92　控制回路端子实物接线

十一、民熔通用矢量变频器接线

民熔通用矢量变频器外形和控制面板及变频器内部结构如图 2-93 所示。控制面板按键功能说明如图 2-94 所示。

图 2-93　民熔通用矢量变频器外形和控制面板及内部结构

按键	名称	功能说明
PRG 编程	编程键	用来改变操作面板的工作模式，长按3s进入或退出编程状态 *按此键可切换监控数据模式
UP 上升	递增键	数据或功能码的递增
DOWN 下降	递减键	数据或功能码的递减
ENTER 确认	确认键	进入下级菜单或数据确认 *设置F8.35＝1可实现正/反转切换功能
SHIFT 位移	移动键	在修改数据的状态下，按下此键可选择修改位数，被修改位数闪烁显示。*设置F8.5＝1可实现点动功能
MF.K 多功能	多功能键	保留
●	模拟电位器	用于频率给定，使用PID功能时可作为压力给定
RUN 运行	运行键	在操作面板下，按该键运行
STOP/RES 停止/复位	停止键/故障复位键	在操作面板下，变频器在正常运行时，按下该键变频器将按照设定的方式停机；变频器在故障状态下，按下该键，变频器将复位并消除故障代码

图 2-94

081

符号标志	名称	功能说明
485	通信指示	在RS-485通信功能权限[F6.00]设定为有效时亮
REF	模拟输入指示	在频率指令[F0.07][F0.08]设定为2/3/11:A1｜A2运算时亮
SEQ	本地/外控指示	在运行指令[F0.09][F0.10]设定为1.2.3.4(不为0值)时亮
F/R	正/反转指示	运行方向为正向时亮,反向时灭(运行中进行方向切换时闪烁)
RUN	运行指示	在电机运行时亮(零频率运行时闪烁)
STOP	停止指示	在电机停止时亮(在减速停机时闪烁)(零频率运行时亮)
PID	PID指示	在PID功能模式选择[F7.00]设定为有效时亮

图 2-94　控制面板按键功能说明

民熔通用矢量变频器标准接线如图 2-95 所示。

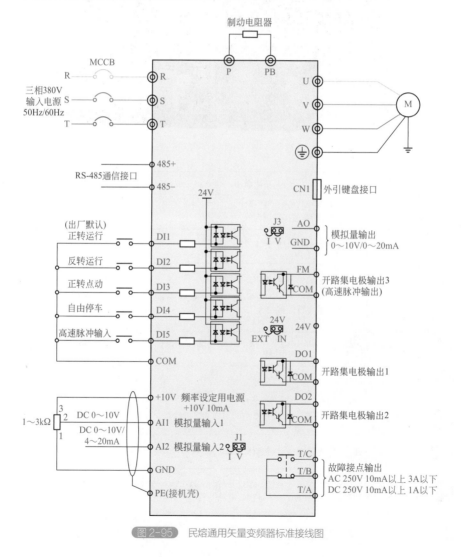

图 2-95　民熔通用矢量变频器标准接线图

民熔通用矢量变频器主电路接线如图 2-96 所示。作为变频器初学者，只要把变频器主回路正确接线，变频器就可以正常运行。这主要是因为变频器虽然有很多的控制端子，但这些控制端子是可以根据现场的实际情况以及客户的具体应用来决定是否选用的。

输入三相380V　　　　　　　　　　　输出UVM接电机
　　　　　　　　　　　　　　　　　　输出三相380V

图 2-96　民熔通用矢量变频器主电路接线

十二、虹锐正控三相 380V 通用变频器接线

虹锐正控三相 380V 通用变频器外形和操作面板按键功能如图 2-97 所示。

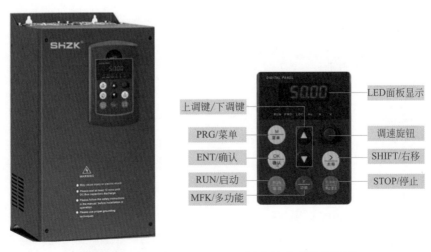

上调键/下调键　　　　　　　　　　　LED面板显示

PRG/菜单　　　　　　　　　　　　　调速旋钮

ENT/确认　　　　　　　　　　　　　SHIFT/右移

RUN/启动　　　　　　　　　　　　　STOP/停止

MFK/多功能

图 2-97　虹锐正控三相 380V 通用变频器外形和操作面板功能

虹锐正控三相 380V 通用变频器接线示意图如图 2-98 所示。

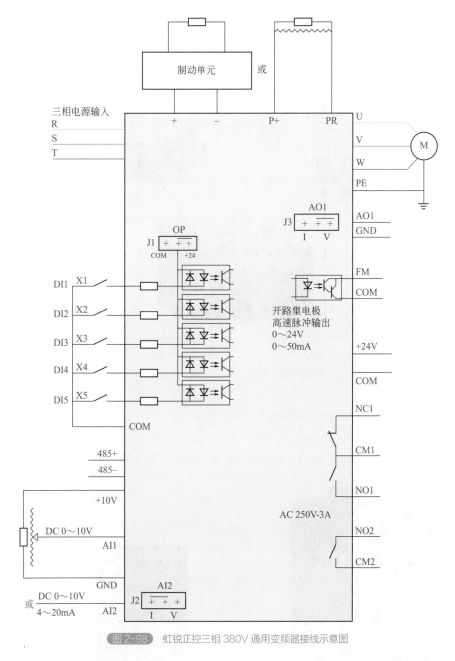

图 2-98 虹锐正控三相 380V 通用变频器接线示意图

虹锐正控三相 380V 通用变频器主回路接线图如图 2-99 所示。

虹锐正控三相 380V 通用变频器外部端子的外接电位器接线如图 2-100 所示。外部端子的外接启动停止自复位按钮接线如图 2-101 所示。外部端子的外接正反转旋钮开关接线如图 2-102 所示。外部端子的外接通断信号接线如图 2-103 所示。

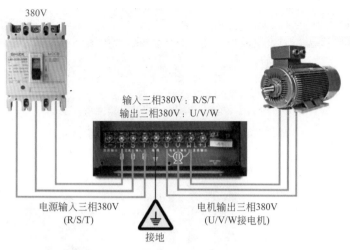

输入三相380V：R/S/T
输出三相380V：U/V/W

380V

电源输入三相380V
(R/S/T)

接地

电机输出三相380V
(U/V/W接电机)

图 2-99 虹锐正控三相 380V 通用变频器主回路接线图

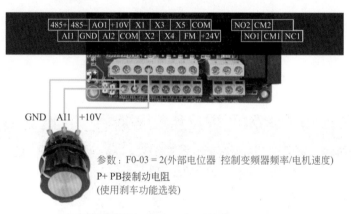

GND AI1 +10V

参数：F0-03 = 2(外部电位器 控制变频器频率/电机速度)
P+ PB接制动电阻
(使用刹车功能选装)

图 2-100 外部端子的外接电位器接线

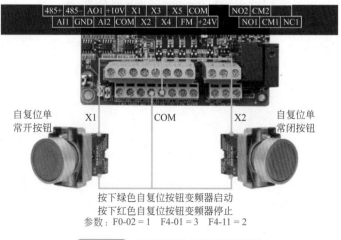

自复位单
常开按钮

X1

COM

X2

自复位单
常闭按钮

按下绿色自复位按钮变频器启动
按下红色自复位按钮变频器停止
参数：F0-02 = 1 F4-01 = 3 F4-11 = 2

图 2-101 外接启动停止自复位按钮接线

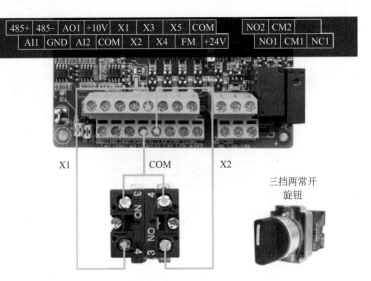

三挡两常开旋钮：打到左边电机正转
打到中间电机停止
打到右边电机反转
参数：F0-02 = 1　F4-01 = 2

图 2-102　外部端子的外接正反转旋钮开关接线

X1端子和COM端子接通变频器启动
X1端子和COM端子断开变频器停止
参数：F0-02 = 1(外部通断信号控制变频器启动停止)

图 2-103　外部端子的外接通断信号接线

十三、力控 0.75 ～ 7.5kW/380V 三进三出及二进三出变频器接线

力控 LK350 系列变频器是一款高性能通用型变频器，广泛应用于风机调速降噪、水泵恒压供水、雕刻机、传送带、木工机械、食品机械、纺织机械、印刷机等各种需要调速的设备。

力控 LK350 高性能通用型变频器外形和操作面板按键功能如图 2-104 所示。

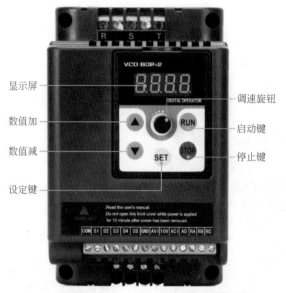

COM：信号公共端　　　　　　　　10V：频率设定电位器电源
S1～S5：数字输入(功能端子)　　　ACI：4～20mA模拟量输入
GND：信号公共端　　　　　　　　AO：模拟量输出信号
AVI：0～10V信号输入　　　　　　RA、RB、RC：继电器输出

图2-104 力控 LK350 高性能通用型变频器外形和操作面板按键功能

力控 LK350 高性能通用型变频器接线图如图 2-105 所示。

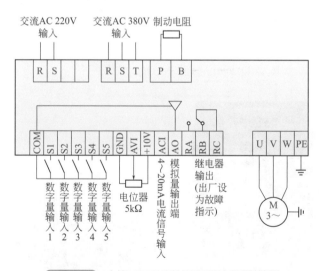

图2-105 力控 LK350 高性能通用型变频器接线图

力控 LK350 高性能通用型变频器三进三出接线示意图如图 2-106 所示。
力控 LK350 高性能通用型变频器二进三出接线示意图如图 2-107 所示。
力控 LK350 高性能通用型变频器正反转和旋钮控制接线图如图 2-108 所示。

图 2-106　力控 LK350 高性能通用型变频器三进三出接线示意图

图 2-107　力控 LK350 高性能通用型变频器二进三出接线示意图

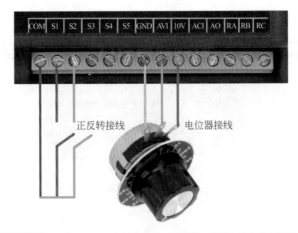

图 2-108 力控 LK350 高性能通用型变频器正反转和旋钮控制接线图

十四、台达 2.2kW/380V 变频器与打包机电机接线

台达 2.2kW/380V 变频器与打包机电机主回路接线如图 2-109 所示。

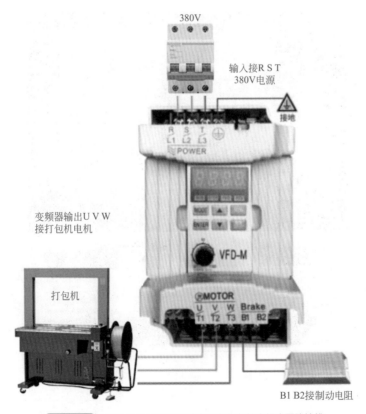

图 2-109 台达 2.2kW/380V 变频器与打包机电机主回路接线

台达 2.2kW/380V 变频器外接电位器控制电机转速接线如图 2-110 所示。

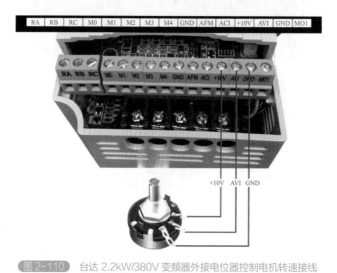

图 2-110　台达 2.2kW/380V 变频器外接电位器控制电机转速接线

台达 2.2kW/380V 变频器控制电路板结构和控制端子接线如图 2-111 所示。

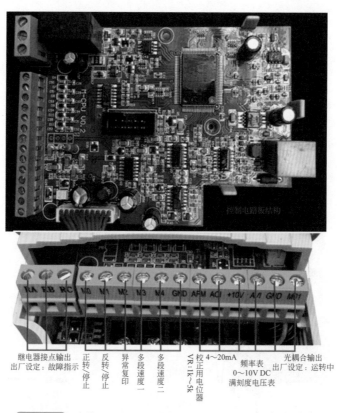

图 2-111　台达 2.2kW/380V 变频器控制电路板结构和控制端子接线

Chapter 3

第三章

安邦信系列变频器现场操作技能

第一节　安邦信G9 SPWM通用变频器现场接线与运行、操作

一、安邦信 G9 SPWM 通用变频器工程应用与接线

　　AMB-G9 系列变频器是新一代 SPWM 变频器，低速额定转矩输出，超静音稳定运行，内置 PID 功能可以方便地实现 PID 闭环控制，先进的自动转矩补偿功能，控制方式多样，多达 40 种的完善保护及报警功能，多种参数在线监视及在线调整，内置 RS-232 通信接口，RS-485 接口板可选购，能最大限度地满足用户的多种需求。节能运行可以最大限度地提高电机功率因数和电机效率。其外形和铭牌如图 3-1 所示。

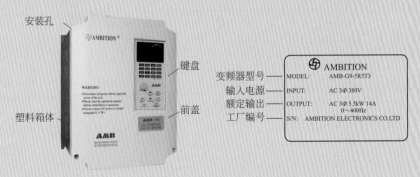

图 3-1　安邦信 G9 变频器外形和铭牌

安邦信 G9 变频器型号分类说明如表 3-1 所示。

表3-1　安邦信G9变频器型号分类

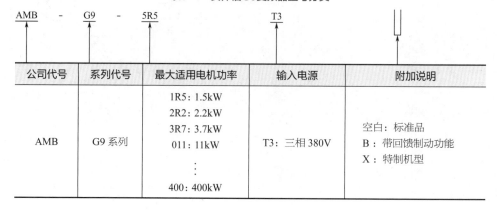

公司代号	系列代号	最大适用电机功率	输入电源	附加说明
AMB	G9 系列	1R5：1.5kW 2R2：2.2kW 3R7：3.7kW 011：11kW ⋮ 400：400kW	T3：三相 380V	空白：标准品 B：带回馈制动功能 X：特制机型

1. 安邦信 AMB-G9 控制接线端子的排列

安邦信 AMB-G9 控制回路端子的排列如图 3-2 所示。

COM	S1	S2	S3	S4	S5	S6	COM	+12	VS	GND	IS	AM	GND	M1	M2	MA	MB	MC

图3-2　安邦信 AMB-G9 控制回路端子的排列

模拟信号输入：IS、VS。

开关信号输入：S1、S2、S3、S4、S5、S6、COM。

开关信号输出：M1、M2、MA、MB、MC。

模拟信号输出：AM、GND。

电源。

安邦信 AMB-G9 控制回路端子的功能如表 3-2 所示。

表3-2　安邦信AMB-G9控制回路端子的功能（其中F040～F048为变频器参数设定）

分类	端子	信号功能	说明		信号电平
开关 输入 信号	S1	正向运转 / 停止	闭合时正向运转，打开时停止		光电耦合器隔离 输入：24V，8mA
	S2	反向运转 / 停止	闭合时反向运转，打开时停止	多功能接点输入 （F041 ～ F045）	
	S3	外部故障输入	闭合时故障，打开时正常		
	S4	故障复位	闭合时复位		
	S5	多段速度指令 1	闭合时有效		
	S6	多段速度指令 2	闭合时有效		
	COM	开关输入公共端子	—		

分类	端子	信号功能	说明		信号电平
模拟输入信号	+12V	+12V 电源输出	模拟指令 +12V 电源		+12V
	VS	频率指令输入电压	0 ～ 10V/100%	F042 = 0；VS 有效	0 ～ 10V
	IS	频率指令输入电流	4 ～ 20mA/100%	F042 = 1；IS 有效	4 ～ 20mA
	GND	信号线屏蔽外皮的连接端子	—		—
开关输出信号	M1	运转中信号（常开接点）	运行时闭合	多功能接点输出（F041）	接点容量：250V AC、1A30V DC、1A
	M2				
	MA	故障触点输出（常开 / 常闭触点）	端子 MA 和 MC 之间闭合时故障，端子 MB 和 MC 之间打开时故障	多功能接点输出（F040）	
	MB				
	MC				
模拟输出信号	AM	频率表输出	0 ～ 10V/100% 频率	多功能模拟量监视（F048）	0 ～ 10V 2mA
	GND	公共端			

2. 安邦信 AMB-G9 主回路端子的排列

安邦信 ABM-G9 主回路端子位于变频器的前下方。中、小容量机种直接放置在主回路印刷电路板上，大容量机种则安装固定在机箱上，其端子数量及排列位置因功能与容量的不同而有所变化，如图 3-3 所示。

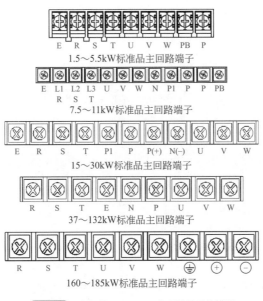

图 3-3　安邦信 AMB-G9 主回路端子的排列

主回路端子说明如下。

输入电源：R、S、T。

接地线：⏚。

直流母线：⊕、⊖。

回馈制动电阻连线：PB。

电机接线：U、V、W。

主回路端子功能如表 3-3 所示，在使用中依据对应功能需要我们正确接线。

表3-3　安邦信AMB-G9主回路端子功能

端子标号	功能说明
R、S、T	交流电源输入端子，接三相交流电源或单相交流电源
U、V、W	变频器输出端子，接三相交流电机
⊕、⊖	外接制动单元连接端子，⊕、⊖分别为直流母线的正负极
⊕、PB	制动电阻连接端子，制动电阻一端接⊕，另一端接 PB
P1、P	外接直流电抗器端子，电抗器一端接 P，另一端接 P1
⏚	接地端子，接大地

二、不同功率变频器的接线

1. 安邦信 15kW 及以下规格 G9 系列变频器连接

AMB-15kW 及以下规格 G9 系列变频器接线中，加装 MC 主要用于防止故障再启动或掉电再启动；同时故障输出的 MB 端子应接入接触器 MC 的控制回路。同时 15kW 变频器接线中一般使用制动电阻。

安邦信 AMB-G9 变频器接线注意事项如下。

❶ 拆换电机时，应先切断变频器的输入电源；

❷ 在变频器停止输出时方可切换电机或进行工频电源的切换等操作；

❸ 变频器加装外围设备（制动单元、电抗器、滤波器）时，应首先用 1000V 兆欧表测量设备对地的绝缘电阻，保证其阻值不低于 4MΩ；

❹ 输入指令信号线及频率表等连线除屏蔽外，还应单独走线，最好远离主回路接线；

❺ 为避免干扰引起的误动作，控制回路连接线应采用绞合的屏蔽线，接线距离应小于 50m；

❻ 切勿将屏蔽网线接触到其他信号线及设备外壳，可用绝缘胶带将裸露的屏蔽网线封扎；

❼ 所有引线的耐压必须与变频器的电压等级相符合；

❽ 为防止意外事故的发生，控制接地端子 E 与主回路接地端子"⏚"必须可靠

接地，接地线不可与其他设备的接地线共用；

❾ 接线完成后，请务必检查接线，检查螺钉、接线头等是否残留在设备内，螺钉是否有松动现象，端子部分的裸导线是否与其他端子短接。

AMB-15kW 及以下规格 G9 系列变频器连接图如图 3-4 所示。

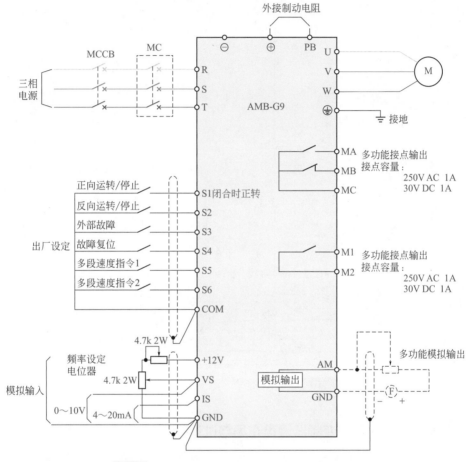

图 3-4 AMB-15kW 及以下规格 G9 系列变频器连接图

2. 安邦信 G9 AMB-18.5kW 及以上规格变频器连接

安邦信 G9 AMB-18.5kW 及以上规格变频器连接图如图 3-5 所示。接线注意事项如下所述。

❶ 加装 MC 主要用于防止故障再启动或掉电再启动，故障输出的 MB 端子应接入 MC 的控制回路。

❷ 外接制动单元的电阻过热保护亦应接入 MC 的控制回路。

❸ 18 ～ 30kW 系列变频器端子 P1、P 出厂时已用铜排短接。

❹ 大功率变频器制动需要使用制动单元，这是和小功率变频器的不同之处。

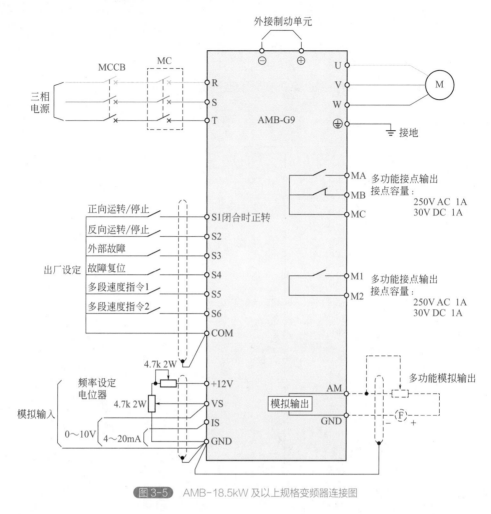

图 3-5　AMB-18.5kW 及以上规格变频器连接图

三、AMB-G9 系列变频器键盘布局与试运行

1. AMB-G9 系列变频器键盘的布局与功能

AMB-G9 系列变频器的键盘有标准键盘与全功能键盘之分，标准键盘可以用来做基本的操作与运行，全功能键盘提供 LED 显示及参数拷贝功能。

全功能键盘最上方为状态指示灯，DRIVE 灯在驱动状态和非参数设定与监视状态时点亮，FWD 灯与 REV 灯分别在正、反转时点亮，SEQ 灯在运行命令为非键盘控制时点亮，REF 灯在频率指令为非键盘控制时点亮。5 位数码管将分别显示设定运行、监视过程中的相应功能号与参数值，液晶显示器亦详细显示所有过程的参数与参数值。

AMB-G9 变频器全功能键盘布局与各部分名称如图 3-6 所示。

状态指示灯

数码管

液晶显示器

操作按键

全功能键盘

图 3-6　安邦信 -G9 变频器全功能键盘布局与各部分名称

键盘按键功能如表 3-4 所示。

表3-4　键盘按键功能

按键	按键名称	按键功能
DSPL	显示选择键	功能代码与功能代码内容切换键 参数设定时，切换参数功能代码与其内容；变频器运行时，切换运行监视功能代码与其内容；变频器故障时，切换故障显示功能代码与其内容
▲	增加键	增加功能代码或其内容 指示功能代码时，增加参数设定或故障显示功能代码 参数设定状态，若指示功能代码内容，增加参数设定功能代码内容值，同时 LED 数码管显示闪烁 变频器运行时，若键盘数字输入有效，增加参考输入给定或 PID 数字输入，即数字式键盘电位器功能
▼	减小键	减小功能代码或其内容 指示功能代码时，减小参数设定或故障显示功能代码 参数设定状态，若指示功能代码内容，减小参数设定功能代码内容值，同时 LED 数码管显示闪烁 变频器运行时，若键盘数字输入有效，减小参考输入给定或 PID 数字输入，即数字式键盘电位器功能
ENTER	输入键	参数设定时，存储参数设定功能代码内容值 变频器运行时，用于改变当前的运行监视功能代码
RUN	运行键	键盘控制方式时，启动变频器运行，发出运行指令
STOP/RESET	停止 / 复位键	键盘控制方式时，停止变频器运行，从故障状态返回参数设定状态
FUNC	拷贝键	功能参数拷贝功能，软件拷贝升级
LOCAL/REMOTE	运行模式选择键	参数设定状态，切换变频器为键盘操作或远控操作

2. AMB-G9 系列变频器运行模式的选择

AMB-G9 系列变频器有本机与远控两种操作运行方式。此两者的转换由键盘上的 LOCAL/REMOTE 键进行选择，选择方式根据表 3-5 中键盘上的状态指示灯 SEQ 与 REF 显示来确定。一般变频器出厂设定都为本机键盘控制（参数 F002 设定为 2），如需远控控制回路端子的 VS、IS 设定频率指令，则由 S1、S2 来控制运行和停止。此外与 LOCAL/REMOTE 模式无关，控制回路端子 S2 ～ S6 多功能输入有效。

LOCAL：频率指令与运行指令由键盘设定，此时 SEQ 与 REF 的指示灯不亮。

REMOTE：按表中有效的主速频率及运行指令参数来设定，此时 SEQ 与 REF 的指示灯亮。

INT/EXIT：当位于主控制板的开关 SW1 处于 INT 位置时，键盘电位器输入有效；处于 EXIT 位置时，端子输入模拟量有效。

运行模式的指令选择及状态指示灯的对应关系如表 3-5 所示。

表3-5　运行模式指令选择表

F002 设定值	运行指令选择	SEQ/灯	频率指令选择	REF/灯
0	按键盘的运行命令运行	灭	频率指令由键盘决定	灭
1	按控制端子的运行命令运行	亮	频率指令由键盘决定	灭
2	按键盘的运行命令运行	灭	频率指令由外部端子（键盘电位器）决定	亮
3	按控制回路端子的运行指令	亮	频率指令由外部端子决定	亮
4	按键盘的运行命令运行	灭	频率指令由通信传送	亮
5	按控制回路端子的运行指令	亮	频率指令由通信传送	亮
6	按通信传送指令运行	亮	频率指令由通信传送	亮
7	按通信传送指令运行	亮	频率指令由键盘决定	灭
8	按通信传送指令运行	亮	频率指令由外部端子决定	亮

3. AMB-G9 系列变频器键盘的试运行

（1）运行前的检查要点

❶ 主回路配线是否正确，端子螺钉是否拧紧，是否因配线不当或电缆线破损造成短路，负载状态是否正确。

❷ 电源电压是否匹配，380V 级 37kW 以上的机种，其电源电压等级若是需要对应时，可以改变指示板上的连接器的插入位置（提供 380V 与 415V 两种选择），

出厂时设定为 380V。

❸ 运行时要检查电机运转是否平滑，电机运转方向是否正确，电机是否有异常振动，加、减速时运转是否平滑，负载电流是否在额定值范围内，键盘显示是否正确。

（2）键盘电位器运行

❶ 操作方法：变频器上电，键盘显示 0.0，然后按 RUN 键，变频器开始运行，旋转调节键盘上的电位器，从键盘上可以读到当前的输出频率。在转速设定精度要求不太高时，此法调节很方便。

❷ 键盘电位器运行步骤如表 3-6 所示。

表3-6 键盘电位器运行步骤

操作说明	按键操作	键盘显示
a. 输入电源 显示频率指令值		0.0
b. 频率设定 旋转键盘上的模拟电位器给定参考频率		50.0
c. 运行指令 按键盘上的 RUN 键，变频器已开始运行	RUN	50.0
输出频率显示监视	DSPL	50.0
d. 停止	STOP/RESET	0.0

（3）键盘操作运行 假设某负载需先正向 20Hz 运行，然后再调整到 50Hz 运行，最后改为反转。采用键盘操作运行时，可以通过下面的操作完成，如表 3-7 所示。

表3-7 键盘操作运行步骤

操作说明	按键操作	键盘显示
a. 输入电源 显示频率指令值	DSPL	0.0
b. 频率设定 指令值的变更	▲ ▼	20.0 闪烁
设定值输入	ENTER	20.0
输出频率显示	DSPL	0.0
c. 正向运转 20Hz 运行	RUN	20.0

续表

操作说明	按键操作	键盘显示
d. 频率指令变更 20Hz → 50Hz 指令值变更	(DSPL) 按7次 (▲) (▼) 变更指令	20.0 50.0 闪烁
设定值输入	(ENTER)	50.0
e. 反向运行	(DSPL) 按3次	For
改为反转	(▲) (▼)	rEu 闪烁
设定值输入	(ENTER)	rEu
监视频率输出	(DSPL) 按5次	50.0
f. 停止	(STOP/RESET)	0.0

4. AMB-G9 系列变频器外部端子信号的测试运行

AMB-G9 系列变频器外部端子运行操作步骤如表 3-8 所示。

表3-8　AMB-G9系列变频器外部端子运行操作步骤

操作说明	按键操作	键盘显示
a. 输入电源 显示频率指令值 运行条件设定，选择端子控制	(LOCAL/REMOTE)	0.0 REMOTE 灯亮
b. 频率设定 控制回路端子 VS 或 IS 输入电压或电流信号，改变频率值的显示 输出频率显示（监视）	(DSPL)	50.0 0.0
c. 运行指令 控制回路端子 S1 与 COM 短路		50.0 RUN 灯亮
d. 停止 控制回路端子 S1 与 COM 断开，停止运行		0.0

第二节　安邦信G9 SPWM通用变频器现场参数设置操作技能

一、参数群选择（F001）

AMB-G9 系列变频器选择 F001 时可以设定或读取数据，还能设定参数的初始化，如表 3-9 所示。

表3-9　参数F001功能

设定	可以设定的参数	可以读取的参数
0（不允许参数写入）	F001	F001 ～ F111
1（出厂设定）	F001 ～ F033	F001 ～ F111
2	F001 ～ F050	F001 ～ F111
3	F001 ～ F111	F001 ～ F111
4, 5	未用	
6（参数初始化：二线式）	出厂时设定	
7（参数初始化：三线式）	出厂时设定，但是 F041 须设定为 1（三线式）	

二、运转方式参数选择（F002）

AMB-G9 系列变频器运转方式参数 F002 功能如表 3-10 所示。

表3-10　变频器运转方式参数F002功能

设定	运行指令	频率指令
0	键盘	键盘
1	外部端子	键盘
2	键盘	外部端子（键盘电位器）
3	外部端子	外部端子
4	键盘	串行通信
5	外部端子	串行通信
6	串行通信	串行通信
7	串行通信	键盘
8	串行通信	外部端子

三、减速停车和自由停车的停止方式参数选择（F004）

AMB-G9 系列变频器停止方式参数选择（F004），在实际应用中我们可以通过该参数选择合适的变频器停止方式，如表 3-11 所示。

表3-11　变频器停止方式参数选择

设定	说明
0	减速停车（出厂设定）
1	自由停车
2	随定时器 1 自由停车
3	随定时器 2 自由停车

（1）减速停车　正向 / 反向运行命令撤销时，电动机以减速时间 1（F006）的设定时间减速，而且在停止前立即施加直流制动。如果减速时间短或负载惯性大，在减速时可能会产生过压（OV）故障，在这种情况下，可以增加减速时间或安装一个可选的制动电阻器。减速停车运行曲线如图 3-7 所示。

在减速停车时制动转矩：无制动电阻时，约 20％ 的电动机额定转矩；有制动电阻时，约 150％ 的电动机额定转矩。

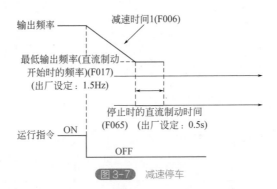

图 3-7　减速停车

（2）自由停车（F004 = 1）　变频器在运行过程中，接收到停车命令后，立即封锁 PWM 输出，电机实现自由停车。

撤销正向（反向）运行命令时电动机开始自由停车，如图 3-8 所示。

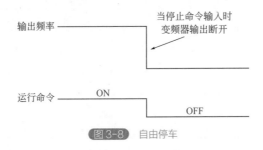

图 3-8　自由停车

四、加减速时间设定（F005 ~ F008）

使用多功能端子输入选择（F041、F042、F043、F044 或 F045）设定为 12（加减速时间的切换），并通过加速 / 减速时间切换（端子 S2、S3、S4、S5 或 S6）的 ON/OFF 来选择加速 / 减速时间。

OFF：F005（加速时间 1），F006（减速时间 1）。

ON：F007（加速时间 2），F008（减速时间 2）。

加速时间：设定输出频率由 0 达到 100% 所需的时间。

减速时间：设定输出频率由 100% 达到 0 所需的时间。

表 3-12 为参数 F005 ～ F008 的功能介绍。

表3-12　参数F005~F008的功能介绍

参数号	名称	单位	设定范围	出厂设定
F005	加速时间 1	0.1s（1000s 以上时为 1s）	0.0 ～ 3600s	10.0
F006	减速时间 1	0.1s（1000s 以上时为 1s）	0.0 ～ 3600s	10.0
F007	加速时间 2	0.1s（1000s 以上时为 1s）	0.0 ～ 3600s	10.0
F008	减速时间 2	0.1s（1000s 以上时为 1s）	0.0 ～ 3600s	10.0

加减速时间设定如图 3-9 所示。

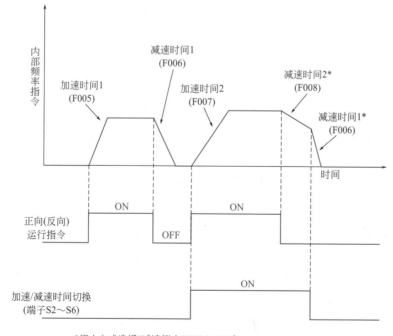

图 3-9　加减速时间设定

五、S 曲线时间选择（F009）

S 曲线特性时间是由加速 / 减速速率为 0 至达到设定的加速 / 减速速率的时间。参数 F009 的设定如表 3-13 所示。

表3-13　参数F009的设定

F009 的设定	S 曲线特性时间
0	不提供 S 曲线
1	0.2s（出厂设定）
2	0.5s
3	1.0s

图 3-10 展示了减速停止时正向 / 反向运行的转换。

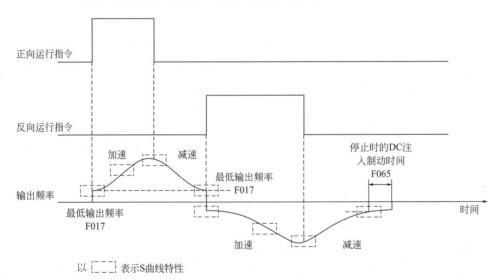

图 3-10　减速停止时正向 / 反向运行的转换

六、V/F 曲线设定（F010 ～ F018）

参数 F010 设定 V/F 模式。安邦信 G9 变频器输出频率范围为 0 ～ 400Hz，基频为 0.2 ～ 400Hz，覆盖整个频率范围，可与各种特性的电机相匹配。

其中，F010 = 0 ～ E：可选择固定的 V/F 模式。

F010 = F：可设定任意的 V/F 模式。

V/F 曲线设定（F010 ～ F018）参数说明如表 3-14 所示。

1. 固定的 V/F 模式

固定的 V/F 模式见表 3-15，分别对应于 F010 = 0 ～ E。其中，压频模式④～⑦较适用于风机、泵类负载，其余模式适用于通用负载；而压频模式⑧～Ⓑ较适用于线路压降较大或电机额定容量远小于变频器容量的场合。使用时可根据电动机的电压频率特性按额定输出电压 U_N 对应的频率及电机最高转速选取。

表3-14 V/F曲线设定

功能	功能代码	功能名称及液晶显示	功能参数说明	参数范围	出厂值
V/F 曲线设定	F010	V/F 曲线选择 V/F Selection	0 ～ E：15 种固定 V/F 曲线选择 F：任意 V/F 曲线（输出电压限制有效） FF：任意 V/F 曲线（输出电压限制无效） （F，FF 选择时，参数 F012 ～ F018 可设定）	0 ～ FF	2
	F011	电机额定电压 Motor Rated Volt	电机额定电压的设定	150.0 ～ 510.0V	400.0
	F012	最高输出频率 Max Frequency	最高输出频率值	50.0 ～ 400.0Hz	60.0
	F013	最大电压 Max Voltage	最大电压值	0.1 ～ 400.0V	400.0
	F014	基频 Base Frequency	最大电压的输出频率值	0.2 ～ 400.0Hz	50.0
	F015	中间输出频率 Mid Frequency	中间输出频率值	0.1 ～ 399.9Hz	3.0
	F016	中间频率电压 Mid Voltage	中间频率电压值	0.1 ～ 510.0V	30.0
	F017	最低输出频率 Min Frequency	最低输出频率值	0.1 ～ 10.0Hz	1.5
	F018	最低输出频率电压 Min Voltage	最小电压值	0.1 ～ 100.0V	20.0

表3-15　固定的V/F模式

F010	种类	特征	V/F模式	F010	种类	特征	V/F模式
0	基频以下恒转矩	最大频率50Hz 基频50Hz	⓪ 图	8	转矩提升	最大频率50Hz 基频50Hz / 启动转矩小	⑧ 图
1		最大频率60Hz 基频60Hz	① 图	9		启动转矩大	⑨ 图
2		最大频率60Hz 基频50Hz	② 图	A		最大频率60Hz 基频60Hz / 启动转矩小	Ⓐ 图
				B		启动转矩大	Ⓑ 图

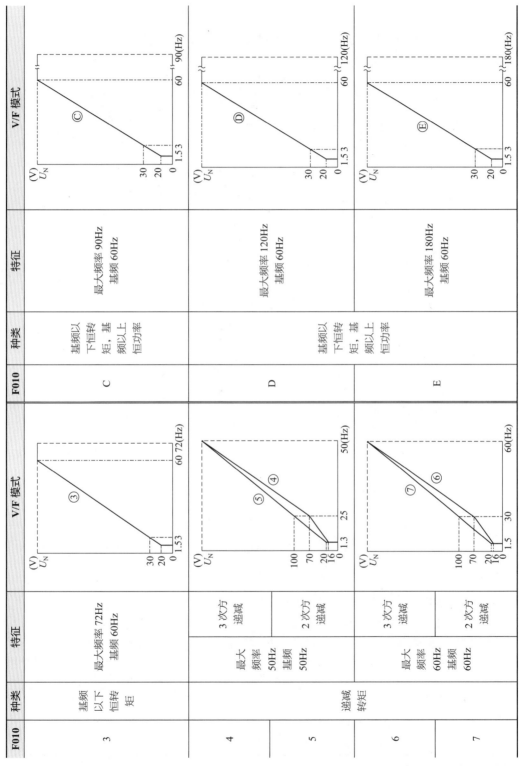

2. 任意 V/F 模式

当用于高速电动机、注塑机等场合或机械设备需要专门的转矩调节时，则需按要求设定专用的 V/F 模式。

设定参数 F012 ～ F018 时一定要满足下列条件：

$$F017 \leqslant F015 \leqslant F014 \leqslant F012$$

参数 F012 ～ F018 设定曲线如图 3-11 所示。

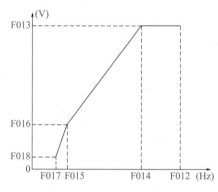

图 3-11 参数 F012 ～ F018 设定曲线

在设置中需要注意，V/F 模式下，电压的增加会使电动机转矩增加，过多增加会引起下列情况：

❶ 电动机过励磁而使变频器工作不正常。

❷ 电动机过热或振动幅度过大。

所以在实际使用中增加电压时，要一边检测电机电流，一边渐进增加电压。

七、电机旋转方向选择（F019 ～ F020）

1. 正转指令的方向选择（F019）

F019 设定为 0：正转指令时，电机的转向从负载侧看为逆时针方向。

F019 设定为 1：正转指令时，电机的转向从负载侧看为顺时针方向。

2. 反转禁止选择（F020）

"反转禁止选择"的设定是指不接收控制电路端子或键盘发出的反向运行指令，该设定用于反向运行指令会产生问题的应用场合。设定如表 3-16 所示。

表3-16　参数F020的设定

F020 的设定	说明
0	可以反向运行
1	不可以反向运行

八、键盘功能选择（F021 ~ F023）

1. LOCAL/REMOTE 键功能选择（F021）

F021 设定为 0：本机 / 远控切换功能无效。

F021 设定为 1：本机 / 远控切换功能有效。

2. STOP 键功能选择（F022）

F022 设定为 0：由键盘操作运转时 STOP 键在运转中有效。

F022 设定为 1：STOP 键长时有效。

3. 频率指令设定方法选择（F023）

F023 设定为 0：由键盘设定频率时，ENTER 键不必输入。

F023 设定为 1：由键盘设定频率时，ENTER 键需输入。

九、频率指令选择（F024 ~ F029）

F024——频率指令单位选择，F025——频率指令 1，F026——频率指令 2，F027——频率指令 3，F028——频率指令 4，F029——点动频率指令。

1. 频率指令单位选择（F024）

F024 设定为 0：以 0.1Hz 为单位。

F024 设定为 1：以 0.1% Hz 为单位。

F024 设定为 2 ~ 39：以 r/min 为单位，1r/min=120× 频率指令（Hz）/F024，F024 为电机极数。

2. 多段速的选择（F025 ~ F028）

通过频率指令和多功能接点输入的组合，最多可设定 4 段速度。

4 段速度变化设定举例：

F002=1（运行方式选择）

F025=20.0Hz

F026=30.0Hz

F027=40.0Hz

F028=50.0Hz

F044=9（多功能接点输入端子 S5）

F045=10（多功能接点输入端子 S6）

多段速选择如图 3-12 所示。

多功能接点输入端子出厂值设定如图 3-13 所示。

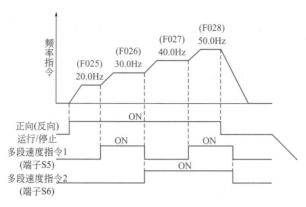

图3-12 多段速的选择

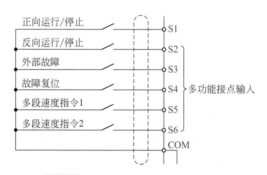

图3-13 多功能接点输入端子出厂值设定

3. 点动频率指令（F029）

设定多功能输入端子（S2～S6）中的点动频率指令选择，然后输入一个正向（反向）运行指令，变频器以F029中所设定的点动频率进行点动运转。当多段速度给定1或2和点动指令同时输入时，点动指令具有优先权。点动频率指令设定如表3-17所示。

表3-17 点动频率指令设定

名称	参数号	设定
点动频率指令	F029	出厂设定：6.0Hz
多功能端子输入选择（S2～S6）	F041，F042，F043，F044，F045	任一参数设定成"11"（点动频率选择）

十、电机保护功能选择（F030～F031）

变频器基本采用内部的电子热过载继电器保护电动机过载，正确设定变频器过载保护参数非常重要。

1. 电动机额定电流（F030）

设定成电动机铭牌上的额定电流值。

2. 电动机过载保护的选择（F031）

参数 F031 的设定如表 3-18 所示。

表3-18 参数F031的设定

设定	电子热过载特性
0	不保护
1	标准电机（时间常数 8min）（出厂设定）
2	标准电机（时间常数 5min）
3	专用电机（时间常数 8min）
4	专用电机（时间常数 5min）

电子热过载功能依据变频器输出电流／频率和时间的模拟来监视电动机温度，保护电动机免遭过热。当电子热过载继电器动作时，发出一个"OL1"错误，关断变频器输出，防止电动机过热。当一台变频器带动一台电动机运转时，不需要外部热继电器，当一台变频器带动几台电动机运转时，应在每个电动机上安装一个热继电器。这种情况下，设定参数 F031 为 0。

注意

感应电动机依据其冷却能力分类成标准电动机和变频器专用电动机，也就是说，变频器的热过载保护温度的模拟特性是不同的。

十一、模拟频率指令功能选择（F035 ～ F040）

1. 主频率指令输入信号选择（F035）

为了从控制电路端子输入主频给定，可通过设定参数 F035 选择电压给定（0 ～ 10V）或电流给定（4 ～ 20mA），如表 3-19 所示。

表3-19 参数F035的设定

设定	主频给定端子	输入电平
0	VS	0 ～ 10V 输入
1	IS	4 ～ 20mA 输入

> **说明**
>
> 输入电平为 0 ～ 10V 时，需选择控制板上转换开关 SW1 的位置。当 SW1 拨到 INT 位时为键盘电位器给定；当 SW1 拨到 EXIT 位时为外部端子电位器给定。

2. 控制回路端子 IS 的输入信号选择（F036）

为了改变控制电路端子 IS 的输入电平，设定参数 F036，如表 3-20 所示。

表3-20 参数F036的设定

设定	IS 端子输入电平
0	0 ～ 10V 输入
1	4 ～ 20mA 输入

当 F036 设为"0"时，必须切断变频器控制板上的跳线 JP3。

3. 主频指令的记忆选择（F037）

当多功能端子输入选择 UP/DOWN 或取样 / 保持指令时该功能有效，为在断电后保持主频指令，设定参数 F037 为"0"，如表 3-21 所示。

表3-21 参数F037的设定

设定	说明
0	记忆参数 F025 的频率指令
1	不记忆频率指令

4. 频率指令丢失时处理方法（F038）

来自控制电路的端子频率指令丢失情况下的方法选择如表 3-22 所示。

表3-22 参数F038的设定

设定	说明
0	频率指令丢失时处理无效
1	频率指令丢失时处理有效

当 F038 设为"1"时，如果频率指令在 400ms 以内丢失 90％时，变频器以原设定频率值的 80％继续运行。

5. 频率指令增益（F039）和频率指令偏置（F040）

当频率给定是通过控制电路端子 VS 和 IS 的模拟量输入时，可以设定对于模拟量输入的频率指令的偏置和增益，以调整频率设定信号。调整频率设定信号如图 3-14 所示。

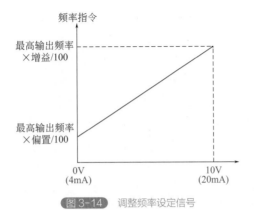

图 3-14 调整频率设定信号

给定频率指令增益 F039 能以 1％ Hz 为单位设定模拟量输入值为 10V（20mA）时的频率指令，最高输出频率 F012 为 100％。

偏置频率 F040 能以 1％ Hz 为单位设定模拟量输入值为 10V（4mA）时的频率指令，最高输出频率 F012 为 100％。

设定举例 1：为了在 0 ～ 5V 输入时使变频器以频率指令 0 ～ 100％ 运转，频率增益设定如图 3-15 所示。

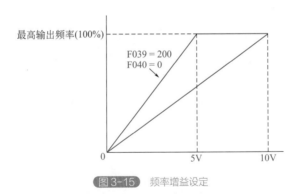

图 3-15 频率增益设定

设定举例 2：为了在 0 ～ 10V 输入时使变频器以频率指令 50％ ～ 100％ 运转，偏置频率设定如图 3-16 所示。

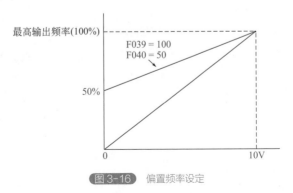

图 3-16 偏置频率设定

113

十二、外部端子控制多功能输入选择（F041 ～ F045）

多功能输入端子 S2 ～ S6 的功能可以按各自需要通过设定参数 F041 ～ F045 来改变，对不同的参数不能设定相同的值。

F041 设定端子 S2 功能；

F042 设定端子 S3 功能；

F043 设定端子 S4 功能；

F044 设定端子 S5 功能；

F045 设定端子 S6 功能。

其中 AMB-G9 系列变频器出厂设定：F041=0；F042=2；F043=4；F044=9；F045=10。F041 ～ F045 参数设定如表 3-23 所示。

表3-23　F041~F045参数设定

功能	功能代码	功能名称及液晶显示	功能参数说明	参数范围	出厂值
外部端子控制多功能输入选择	F041	端子 S2 输入功能选择 Terminal S2 Sel	0：反转指令（二线式） 1：正反转指令选择（三线式） 2：外部故障（常开接点输入） 3：外部故障（常闭接点输入） 4：异常复位 5：LOCAL/REMOTE 切换（运转及频率指令） 6：串行通信 / 控制回路端子切换（运转及频率指令） 7：紧急停车 8：主频率指令的输入电平选择（电压、电流输入） 9：多段速度指令 1 10：多段速度指令 2 11：点动频率选择 12：加速 / 减速时间选择 13：自由停车，常开接点闭合有效 14：自由停车，常闭接点闭合有效 15：自由停车再启动，从最高频率开始搜寻 16：自由停车再启动，从设定频率开始搜寻 17：参数的设定许可 / 禁止 18：PID 控制的积分值复位 19：取消 PID 控制 20：定时器功能	0 ～ 24	0

续表

功能	功能代码	功能名称及液晶显示	功能参数说明	参数范围	出厂值
外部端子控制多功能输入选择	F041	端子 S2 输入功能选择 Terminal S2 Sel	21：变频器过热报警（OH3） 22：模拟量指令的取样 / 保持 23：运行状态给定中断指令，常开接点闭合有效 24：运行状态给定中断指令，常闭接点闭合有效	0～24	0
	F042	端子 S3 输入功能选择 Terminal S3 Sel	参数同 F041	2～24	2
	F043	端子 S4 输入功能选择 Terminal S4 Sel	参数同 F041	2～24	4
	F044	端子 S5 输入功能选择 Terminal S5 Sel	参数同 F041	2～24	9
	F045	端子 S6 输入功能选择 Terminal S6 Sel	参数同 F041 相同。且追加： 25：UP/DOWN 指令时（端子 S5 为 UP 指令，参数 F044 的设定无效） 26：串行通信回路测试	2～26	10

（1）二线式接线（二线式顺序控制）的应用举例（F041=0） 如图 3-17 所示。

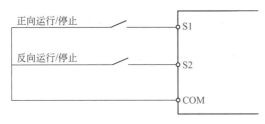

图 3-17　二线式顺序控制

（2）三线式接线（三线式顺序控制）的应用举例（F041=1） 如图 3-18 所示。

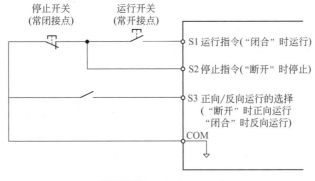

图 3-18　三线式顺序控制

（3）LOCAL（本机）/REMOTE（远控）选择（F041 = 5） 选择由键盘还是由控制电路端子进行操作的给定。本机 / 远控选择仅在变频器停止时有效。

断开：按照操作方法选择（F002）的设定运行。

闭合：按照来自键盘的频率指令和运行指令运行。

［例］设定 F002 为 3。

断开：按照来自控制电路端子 VS、IS 的频率指令和来自控制电路端子 S1、S2 的运行指令运行。

闭合：按照来自键盘的频率指令和运行指令运行。

（4）传送 / 控制电路端子的选择（F041 = 6） 选择由串行通信还是由控制电路端子的指令运行。该选择切换仅在变频器停止时有效。

断开：按照运行方式选择（F002）的设定运行。

闭合：按照来自串行通信的频率指令和运行指令运行。

［例］设定 F002 为 3。

断开：按照来自控制电路端子 VS、IS 的频率指令和来自控制电路端子 S1、S2 的运行指令运行。

闭合：按照来自串行通信的频率指令和运行指令运行。

（5）UP/DOWN（上升 / 下降）指令（F045 = 25） 当正向（反向）运行指令输入时，在不改变频率指令情况下给控制电路端子 S5 和 S6 输入 UP 或 DOWN 信号就可进行加速 / 减速，使其能在期望速度下运转。

当由 F045 指定 UP/DOWN 指令时，参数 F044 设定的任何功能都将被禁止，而端子 S5 变成 UP 指令的输入端子，端子 S6 用于 DOWN 指令的输入。

控制电路端子 S5、S6 上升 / 下降指令如表 3-24 所示。

表3-24 上升/下降指令

控制电路端子 S5（UP 指令）	闭合	断开	断开	闭合
控制电路端子 S6（DOWN 指令）	断开	闭合	断开	闭合
运行状态	加速	减速	保持	保持

（6）串行通信控制回路测试（F045=26） 检查串行工作电路内的工作情况，如果产生故障，键盘上显示出 "CE"。

步骤如下：

❶ 接通变频器电源后，设定多功能端子 S6 输入的选择（F045）为 26，然后断开变频器电源。

❷ 短接端子 S6 和 COM，短路连接器 CN3 的引脚 1 和 2（当连接通信接口卡时不要短接）。

❸ 接通变频器电源，开始回路测试。

当回路测试顺利通过后，键盘显示出频率给定值。

十三、多功能输出选择（F046、F047）

多功能接点输出端子 MA、MB 和 M1 的功能可以按照需要通过设定参数 F046、F047 来改变。

参数 F046 设定端子 MA 和 MB 的功能；参数 F047 设定端子 M1 的功能。如表 3-25 所示。

表3-25 多功能输出选择

功能	功能代码	功能名称及液晶显示	功能参数说明	参数范围	出厂值
多功能输出选择	F046	端子 MA-MB 输入功能选择 Terminal MA-MB	0：异常 1：运行中 2：频率一致 3：任意频率一致 4：频率检测 1（输出频率≤频率检测基准） 5：频率检测 2（输出频率≥频率检测基准） 6：过转矩检测（a 接点） 7：过转矩检测（b 接点） 8：自由停车 9：运转方式 10：变频器运转准备 11：定时器功能 12：自动重新启动 13："OL"（过载）预报警 14：频率指令丢失 15：来自串行通信的数据输出 16：PID 反馈信号丢失 17：OH1 报警	0～17	0
	F047	端子 M1-M2 输入功能选择 Terminal M1-M2	参数同 F046	0～17	1

十四、模拟量输出（F048、F049）参数设置

1. 端子 AM-GND 输出选择（F048）

为选择监视的输出模拟量，参数 F048 按表 3-26 设定。

表3-26　参数F048、F049说明

功能	功能代码	功能名称及液晶显示	功能参数说明	参数范围	出厂值
模拟量输出	F048	端子 AM – GND 输出选择 Terminal AM-Sel	0：输出频率（10V/F012） 1：输出电流（10V/ 额定电流） 2：输出功能（10V/ 额定功率） 3：直流电压 10V/800V	0～3	0
	F049	模拟量输出增益 Terminal AM-Gain	模拟量的输出电压调整	0.01～2.00	1.00

2. 模拟量输出增益（F049）

F049 用来调整模拟量输出增益，如图 3-19 所示。

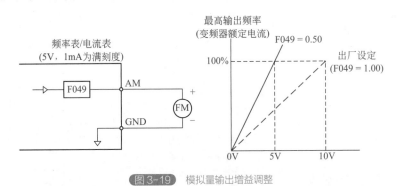

图 3-19　模拟量输出增益调整

十五、过转矩检测（F061 ～ F063）

如果过重的负载加于机械设备上，可以通过多功能输出端子 MA、MB 和 M1 的报警信号输出来检测输出电流的增加。为了输出过转矩检测信号，可设定多功能端子输出选择 F046 或 F047 以对转矩进行检测，以常开或常闭接点的形式输出。

设定：6［常开（a）接点］或 7［常闭（b）接点］。

1. 过转矩检测功能的选择（F061）

参数 F061 的设定如表 3-27 所示。

表3-27　参数F061的设定

设定	说明
0	不检测（出厂设定）
1	恒速运行期间检测，而且在检测后继续运转
2	运行期间检测，而且在检测后继续运转
3	恒速运行期间检测，而且在检测时变频器输出断开
4	运行期间检测，而且在检测时变频器输出断开

❶ 为了在加速或减速期间检测过转矩，设定成 2 或 4。

❷ 为了在过转矩检测后继续运转，设定成 1 或 2。在检测期间，键盘闪烁显示 "OL3" 报警。

❸ 为了过转矩检测时由故障暂停变频器，设定成 3 或 4。在检测时键盘闪烁显示 "OL3" 报警。

2. 转矩检测基准（F062）

以 1% 为单位设定过转矩检测的电流基准，变频器额定电流为 100%。

3. 过转矩检测时间（F063）

如果电动机电流超出过转矩检测基准（F062）的时间大于过转矩检测时间（F063），则过转矩检测功能动作。

十六、制动电阻过热保护选择和输入输出缺相检测参数设定

AMB-G9 变频器制动电阻过热保护选择和输入输出缺相检测参数如表 3-28 所示。

表 3-28　制动电阻过热保护选择和输入输出缺相检测参数

功能	功能代码	功能名称及液晶显示	功能参数说明	参数范围	出厂值
制动电阻过热保护	F079	制动电阻过热保护选择 DB Resistor Prot	0：制动电阻过热保护无效 1：制动电阻过热保护有效	0，1	0
输入输出缺相检测	F080	输入缺相检测基准 In Ph Loss Lvl	输入缺相电压基准设定，100% 对应 800V	1%～100%	7
	F081	输入缺相检测时间 In Ph Loss d-Time	输入缺相检测时间设定 检测时间 = 1.25s×F081 值	2～255	8
	F082	输出缺相检测基准 Out Ph Loss Lvl	输出电流缺相基准设定，100% 对应额定电流	0～100%	0
	F083	输出缺相检测时间 Out Ph Loss dTime	输出缺相检测时间设定	0.0～2.0s	0.2

1. 制动电阻过热保护选择（F079）

F079 设定 0：制动电阻过热保护无效。

F079 设定 1：制动电阻过热保护有效，本功能未使用。

2. 输入输出缺相检测（F080～F083）

（1）输入缺相检测基准（F080）　输入缺相电压基准设定，100% 对应 800V，当设定为 100% 时本功能无效。

（2）输入缺相检测时间（F081）　输入缺相检测时间设定，检测时间 =

1.25s×F081值。

当输入电压低于F080的设定且时间长于F081的设定时，则显示故障。

（3）输出缺相检测基准（F082） 输出电流缺相基准设定，100％对应额定电流，若设定为100％，本功能无效。

（4）输出缺相检测时间（F083） 输出缺相检测出的时间设定。

当变频器电流低于F082的设定基准且时间长于F083的设定时，则显示故障。

十七、异常诊断和纠正措施

当AMB-G9检测出一个故障时，在键盘上显示该故障，同时故障接点输出和电动机自由停车。此时须检查表3-29内的故障原因并采取对策解决。为了重新启动，接通复位输入信号或按STOP/RESET键，或者使主回路电源断开一次，使该故障停止或复位。当输入正向（反向）运行命令时，变频器是不能接收故障复位信号的，一定要在断开正向（反向）运行命令后复位。在故障显示中若要改变监视参数，首先按DSPL进入监视状态，再按▲或▼键选择监视参数代码，后按ENTER键，查看故障时的参数值。

表3-29 异常诊断及纠正措施

故障 显示	内容	说明	对策
UV1	主回路欠电压	运转中直流主回路电压不足检测电平：$U ⩽ 320V$	检查电源电压并改正
UV2	控制电路欠电压	运行期间控制电路的电压不足	
UV3	充电回路不良	晶闸管未全开启	检查充电回路
OC	过电流	输出超过OC的检测标准	• 检查电机 • 加长加减速时间
OV	过电压	主回路直流电压超过OV标准	加长减速时间
GF	接地	输出侧接地电流超过额定的50％	• 检查电动绝缘有无损坏 • 检查变频器和电机之间连线有无损坏
PUF	主回路故障	晶体管故障或者快速熔断器烧断	检查是否输出短路、接地
OH1*	散热器过热	散热器温度超过允许值 （散热器温度 ⩾ OH1检测值）	检查风机和周围温度
OH2	散热器过热	散热器温度超过允许值 （散热器温度 ⩾ OH2检测值）	检查风机和周围温度
OL1	电机过载	变频器输出超过电机过载值	减少负载
OL2	变频器过载	变频器输出超过变频器过载值	减少负载，延长加速时间

续表

故障显示	内容	说明	对策
OL3*	过转矩检测	变频器输出电流超过转矩检测值（参数 F062：过转矩检测基准）	减少负载，延长加速时间
SC	负载短路	变频器输出负载短路	• 检查电机线圈电阻 • 检查电机绝缘
EF0	来自串行通信的外部故障	外部控制电路内产生故障	• 检查外部控制电路 • 检查输入端子的情况，如果未使用此端子而仍然有故障时，更换变频器
EF2	端子 S2 上的外部故障		
EF3	端子 S3 上的外部故障		
EF4	端子 S4 上的外部故障		
EF5	端子 S5 上的外部故障		
EF6	端子 S6 上的外部故障		
SP1	主回路电流波动过大	变频器输入缺相或输入电压不平衡	检查电源电压和输入端子线螺钉
SPO	输出缺相	变频器输出缺相	检查输出接线、电机绝缘和输出侧螺钉
CE*	MODBUS 传送故障	未收到正常控制信号	检查传输设备或信号
CPF0	控制回路故障 1	通电 5s 后变频器和键盘之间传输仍不能建立 MPU 外部元件检查故障（刚送电时）	• 再次插入键盘 • 检查控制电路的接线 • 更换插件板
CPF1	控制回路故障 2	通电后变频器和键盘之间的传输连通了一次，但以后的传输故障连续了 2s 以上 MPU 外部元件检查故障（在操作时）	• 再次插入键盘 • 检查控制电路的接线 • 更换插件板
CPF4	E²PROM 故障	变频器的控制部分故障	更换控制板
CPF5	A/D 转换器故障		

注："*" 为停止方式可选。

十八、报警显示和说明

报警功能动作后，报警显示代码闪烁显示，但报警不使故障接点输出动作，并且在故障原因去除后变频器自动返回至以前的运转状态。如表 3-30 所示，说明了各种不同的报警。

表3-30　报警显示和说明

报警显示	显示内容	说明
UV	欠压检测	检测出欠电压
OV	停止过程中过电压	变频器未输出时检测出过电压现象
OH1	散热器过热	散热器温度≥OH1 检测基准，检出时继续运转
OL3	过转矩检测	变频器输出电流＞过转矩检测基准（参数 F062）
Bb	外部输出中断	过转矩检出时继续运转
EF	正（反）转指令不良	正（反）转指令同时输入超过 500ms
CALL	MODBUS 传输等待	通电后，参数设定 F002 ≥ 4，变频器接收不到来自 PLC 的正常数据
OH3	变频器过热报警	由控制端子输入变频器过热警报
CE	MODBUS 传输错误	按 MODBUS 传输错误的处理设定动作
OPE1	变频器设定异常	变频器容量设定错误
OPE3	多功能输入设定错误	多功能接点输入选择（F041～F045）设定错误： • 设定了 2 个或更多的相同值 • 15 和 16 在同一时间被设定 • 22 和 25 在同一时间被设定 参数 F045 以外的参数设定值设定为 25、26
OPE5	V/F 特性设定错误	参数 F012～F018 设定错误
OPE6	参数设定错误	产生了下列任何一个设定错误： • 变频器额定电流 ×10%＞电机额定电流。 • 电机额定电流＞变频器额定电流 ×200%

第三节　安邦信AMB300开环矢量、转矩控制变频器接线设置现场操作技能

一、变频器外形和接线端子

AMB300 系列变频器是基于高性能矢量控制 / 转矩控制核心技术平台的变频器，它的控制方式有开环矢量控制（SVC）、V/F 控制、开环转矩控制。AMB300 系列

变频器有 380V、690V、1140V 电压等级，适用电机功率范围为 0.75 ～ 800kW。在 AVR 功能有效时，输入电压变化，输出电压基本保持不变。AMB300 系列变频器外形和各部分名称如图 3-20 所示。

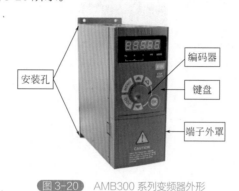

图 3-20　AMB300 系列变频器外形

打开端子外罩，控制回路端子和主回路端子如图 3-21 所示。

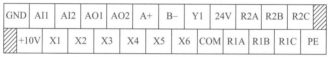

GND	AI1	AI2	AO1	AO2	A+	B−	Y1	24V	R2A	R2B	R2C	
	+10V	X1	X2	X3	X4	X5	X6	COM	R1A	R1B	R1C	PE

(a) 7.5kW 以下控制回路端子排列

GND	AI1	AI2	A1V	A1I	A2V	A2I	GND	PGA	R1A	R1B	R1C	R2A	R2B	R2C	
	+10V	COM	X1	X2	X3	X4	X5	X6	A+	B−	Y1	Y2	COM	24V	PGB

(b) 11kW 以上控制回路端子排列

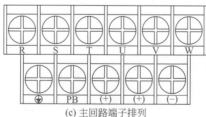

(c) 主回路端子排列

图 3-21　控制回路端子和主回路端子配置

二、变频器键盘功能

AMB300 系列变频器的键盘由 5 位 LED 数码管监视器、发光二极管指示灯、操作按键等组成，如图 3-22 所示。

（1）LED 监视器　由 5 位 LED 数码管组成。

❶ 设定状态：显示功能代码及设定参数。

❷ 运行状态：显示运行参数及监视参数。

❸ 故障状态：显示故障信息。

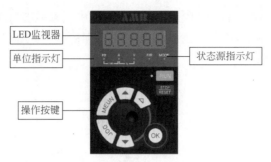

LED监视器

单位指示灯

状态源指示灯

操作按键

图3-22 AMB300 系列变频器键盘各部分名称

（2）单位指示灯 指示当前参数的单位，Hz——赫兹，V——伏，A——安，r/min——转每分，%——百分比。

（3）状态指示灯

❶ 指示运行状态。RUN指示灯：ON/OFF，运行/停止；MODE指示灯：灯灭——键盘控制，灯闪烁——端子控制，灯亮——通信控制。

❷ 指示运行方向。F/R指示灯：ON/OFF，反转/正转，灯灭——正转运行，灯亮——反转运行。

（4）操作按键

❶ RUN 键：运行键 键盘控制时，按下该键再松开后，启动变频器运行。

❷ STOP/RESET 键：停止/复位键 运行状态：键盘控制时，按下此键即停止变频器的运行。故障状态：故障复位。

❸ 》键：移位键 在编辑状态下，可以选择设定数据的修改位；在其他状态下，可以切换显示状态参数。

❹ MENU 键：编程键 进入或退出编程状态。

❺ 〈键：增加键 数据或功能代码的递增。

❻ 〉键：减小键 数据或功能代码的递减。

❼ OK 键：存储键 进入下一级菜单或数据确认。

❽ JOG 键：点动键 在键盘指令运行方式下，按住该键点动运行。

键盘按键的功能如表3-31 所示。

表3-31 键盘按键的功能

按键	按键名称	按键功能
》	移位键	参数设定时，切换参数功能代码与其内容 变频器运行时，切换运行监视功能代码与其内容 变频器故障时，切换故障监视功能代码与其内容
〈	增加键	参数设定状态，若指示功能代码内容，增加参数设定功能代码内容值，同时LED 数码管显示闪烁 变频器运行时，若键盘数字输入有效，增加参考输入给定或PID 数字输入，即数字式键盘电位器功能

按键	按键名称	按键功能
∨∨	减小键	参数设定状态，若指示功能代码内容，减小参数设定功能代码内容值，同时 LED 数码管显示闪烁 变频器运行时，若键盘数字输入有效，减小参考输入给定或 PID 数字输入，即数字式键盘电位器功能
OK	存储键	参数设定时，逐级进入菜单，存储设定参数
MENU	编程键	进入或退出编程状态
RUN	运行键	键盘控制方式时，启动变频器运行
STOP/RESET	停止 / 复位键	键盘控制方式时，停止变频器运行 从故障状态返回参数设定状态
JOG	点动键	键盘控制方式时，按住该键点动运行，此按键为多功能按键

键盘显示单元指示灯说明如表 3-32 所示。

表3-32　键盘显示单元指示灯说明

指示灯	含义	指示灯颜色	标志
频率指示灯	该灯亮，表明当前 LED 显示参数为频率	红	Hz
电流指示灯	该灯亮，表明当前 LED 显示参数为电流	红	A
电压指示灯	该灯亮，表明当前 LED 显示参数为电压	红	V
运行状态指示灯	表明变频器正在运行	绿	RUN
运行方向指示灯	该灯亮，表明反转指令	红	F/R
MODE 指示灯	灯灭——键盘控制，灯闪烁——端子控制，灯亮——通信控制	红	MODE

键盘显示单元指示灯的组合如表 3-33 所示。组合灯常亮表示转速、线速度、百分比的设定值，闪烁表示其实际值，Hz、A、V 全灭表示无单位。

表3-33　键盘显示单元指示灯的组合

指示灯组合方式	含义
Hz+A	转速（r/min）
A+V（STOP）	PID 反馈值
A+V（RUN）	输出转矩 / 功率
A+V（闪烁）	PID 给定值

三、键盘和端子外罩的安装及拆卸

当变频器的安装场所与操作场所不在一起时，可采用远控键盘及其延长电缆实现变频器控制。

远控键盘和端子连线的步骤如下：按照箭头所示的方向用力向后推动端子外罩，远控键盘和端子接线作业结束时，按取下端子外罩的逆顺序安装好，即将端子外罩的卡口嵌入箱体的卡槽内，并用力推端子外罩的底部，直到听到"咔嚓"一声，如图3-23所示。

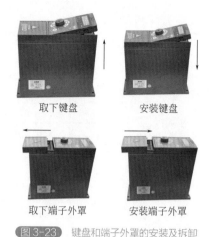

取下键盘　　　　　安装键盘

取下端子外罩　　　安装端子外罩

图 3-23　键盘和端子外罩的安装及拆卸

四、7.5kW 以下变频器连接图

7.5kW 以下的 AMB300 变频器连接图如图 3-24 所示。用键盘操作变频器时，只连接主回路即可运转电动机。其中 0.73 ～ 22kW 机型已内置制动单元。

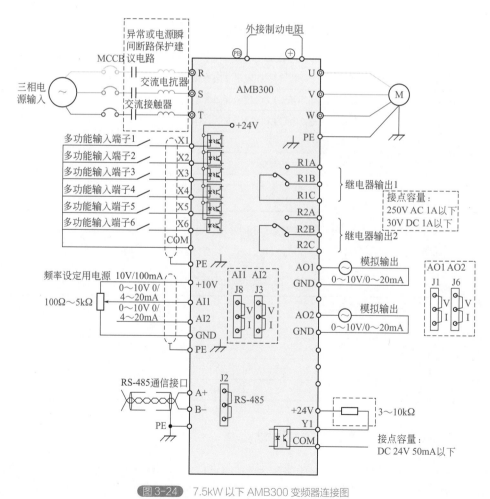

图 3-24　7.5kW 以下 AMB300 变频器连接图

五、11kW 以上变频器连接图

11kW 以上的 AMB300 变频器连接图如图 3-25 所示。用键盘操作变频器时，只连接主回路即可运转电动机。大家在实际使用中需要注意安邦信 AMB300 系列变频器安装接线前的一些注意事项（这也是很多其他型号变频器安装接线前需要注意的事项）：

0.73 ～ 22kW 机型已内置制动单元。

30 ～ 37kW 机型预留制动单元端子，可选配内置制动单元。

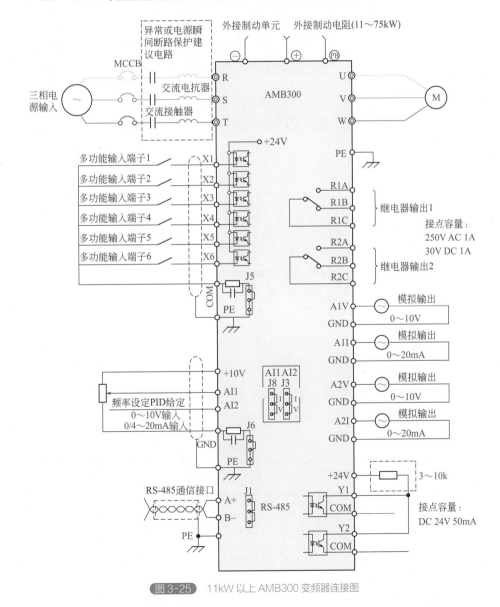

图 3-25 11kW 以上 AMB300 变频器连接图

43～75kW 机型可选配内置制动单元，（−）端子内部连线更改为 PB 端子。

11～37kW 无外接直流电抗器端子，43～800kW 机型预留（P1、+）端子（出厂时已用铜排短接），外接直流电抗器时，需要拆除短接铜排。

六、变频器主回路端子功能

（1）安邦信 **AMB300** 系列变频器主回路端子的排列如图 **3-26** 所示。

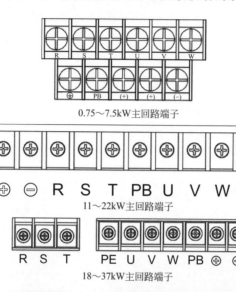

图 3-26　安邦信 AMB300 系列变频器主回路端子的排列

（2）主回路端子功能如表 **3-34** 所示，我们在使用中要根据对应功能正确接线，避免出现设备事故。

表3-34　主回路端子功能

端子标号	功能说明
R、S、T	交流电源输入端子，接三相交流电源
U、V、W	变频器输出端子，接三相交流电机
+、−	直流母线的正负极
+、PB	制动电阻连接端子，制动电阻一端接 +，另一端接 PB
⏚、PE	接地端子，接大地

七、变频器主回路输入侧接线

（1）**断路器的安装** 在电源与输入端子之间，需要安装适合变频器功率的空气断路器（MCCB）。

❶ MCCB 的容量应为变频器额定电流的 1.5 ~ 2 倍。

❷ MCCB 的时间特性要满足变频器的过载保护（150% 的额定电流 /1min、200% 的额定电流 /1s）特性。

❸ MCCB 与两台以上变频器或其他设备共用时，可按图 3-27 连接，将变频器故障输出继电器触点接入电源接触器将输入电源断开。

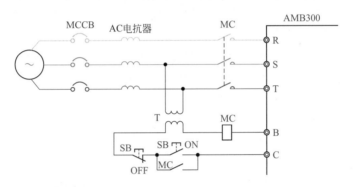

图 3-27 MCCB 与两台以上变频器或其他设备共用接线

由于变频器、电机内部及输入输出电缆均存在对地静电电容，又因变频器输出为高频 PWM 信号，因此变频器的对地漏电流较大，大功率的机型更为明显，有时会引起断路器的误动作。

漏电断路器应安装在输入侧且动作电流应大于该线路在工频电源下不使用变频器时的漏电流（线路、噪声滤波器、电机漏电流的总和）10 倍左右。

（2）**与端子排的连接** 输入电源的相序与端子排的相序 R、S、T 无关，在实际安装中可任意连接。

（3）**AC 电抗器或 DC 电抗器的设置** 当变频器所应用现场的电源容量与变频器容量之比在 10 : 1 以上，同一线路上接有晶闸管负载或带有开关控制的功率因数补偿设备及三相电源的不平衡度较大（≥ 3%）时，为防止电网尖峰脉冲输入及大电流流入变频器整流回路，导致变频器的整流器等功率模块损坏，这时候可在变频器的电源输入侧接入三相交流电抗器（可选项），或在主回路 P1、+ 直流母线端子上安装 DC 电抗器，这样，不仅可以抑制尖峰电流，而且还能改善输入侧的功率因数。

（4）**浪涌抑制器的设置** 当变频器的附近连接有感性负载（电磁接触器、电磁阀、电磁线圈、电磁断路器等）时，需要安装浪涌抑制器。

八、变频器主回路输出侧接线

（1）**变频器与电机接线**　变频器的输出端子 U、V、W 与电机的输入端子 R、S、T 连接。在变频器试运行，我们首先确认在正转指令时，电机是否正转。如果电机为反转，将变频器的输出端子 U、V、W 的任意 2 根连线互换即可改变电机的转向。也可以使用键盘 JOG 按键确定电机运转方向。

（2）**在变频器安装主回路接线中严禁将电源线接入输出端子**　在实际安装接线中切勿将输入电源线连接至输出端子。在输出端子上接输入电源，变频器内部的器件将会损坏。这是很多初学者容易犯的错误。

（3）**在变频器安装主回路接线中严禁将输出端子短路或接地**　初学者在接线中切勿直接触摸输出端子，或将输出连线与变频器外壳短接。否则会有触电和短路的危险。另外，切勿将输出线短接。

（4）**在变频器安装主回路接线中严禁使用移相电容**　变频器输出线路接线要禁止在输出回路连接移相超前电解电容或 LC/RC 滤波器，否则将会造成变频器的损坏。

（5）**在变频器安装中严禁使用电磁开关**　切勿在输出回路中连接电磁开关、电磁接触器。否则变频器的浪涌电流会使过电流保护动作，严重时，甚至会使变频器内部器件损坏。

（6）**变频器安装中输出侧噪声滤波器的安装**　在变频器的输出侧连接噪声滤波器，可降低传导干扰和射频干扰。

传导干扰：电磁感应使信号线上传导噪声，而导致同一电网上的其他控制设备误动作。

射频干扰：变频器本身及电缆发射的高频电磁波，会对附近的无线电设备产生干扰，使其在接收信号过程中发出噪声。

输出侧安装噪声滤波器，如图 3-28 所示。

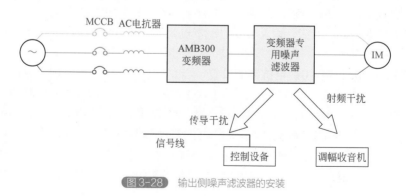

图 3-28　输出侧噪声滤波器的安装

抑制输出侧发生的传导干扰，除前面叙述的设置噪声滤波器的方法外，还可采用将输出连线全部导入接地金属管内的方法。输出连线与信号线的间隔距离大于30cm，传导干扰的影响也会明显减小，如图 3-29 所示。

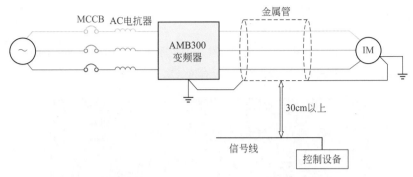

图 3-29 输出连线全部导入接地金属管内示意图

（**7**）**变频器与电机的接线距离** 变频器与电机间的接线距离越长，载波频率越高，其电缆上的高次谐波漏电流越大。漏电流会对变频器及其附近的设备产生不利影响，因此应尽量减小漏电流。变频器产生的干扰对周围机器有影响时，降低载波频率；变频器产生的漏电流较大时，降低载波频率；电机产生的金属声音较大时，适当提高载波频率。

变频器和电机间的接线距离与载波频率的关系如表 3-35 所示。

表3-35 变频器和电机间的接线距离与载波频率

变频器和电机间的接线距离	≤ 50m	50 ～ 100m	≥ 100m
载波频率	15kHz 以下	10kHz 以下	5kHz 以下
F0.10 功能代码	15.0	10.0	5.0

（**8**）**交流输出电抗器的设置** 变频器输出侧一般含有较多的高次谐波，当电机与变频器的接线距离较远时，电缆对地寄生电容效应会导致漏电流过大，破坏电机的绝缘性能。长时间使用会损坏电机，容易使变频器频繁地发生过流保护及影响其他外部设备稳定运行。所以在接线中，当电缆长度超过 50m 时，需要加装交流输出电抗器。

（**9**）**接地设置** 变频器与电机接线时接地端子 PE 务必接地且接地电阻在 10Ω 以下。

（**10**）**变频器与电机接线时制动电阻的安装** 为实现电动机的快速制动，可在 AMB300 系列变频器上安装制动电阻。+、PB 为接制动电阻的端子，请勿连接到其他端子上，这点初学者需要注意。制动电阻的安装如图 3-30 所示。

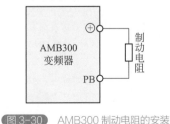

图 3-30 AMB300 制动电阻的安装

131

九、变频器控制回路端子功能

安邦信 AMB300 系列变频器控制回路端子位于控制印刷电路板的前下方。其端子的排列如图 3-31 所示。控制回路端子功能如表 3-36 所示。

GND	AI1	AI2	AO1	AO2	A+	B–	Y1	24V	R2A	R2B	R2C	
	+10V	X1	X2	X3	X4	X5	X6	COM	R1A	R1B	R1C	PE

7.5kW以下控制回路端子的排列

GND	AI1	AI2	A1V	A1I	A2V	A2I	GND	PGA	R1A	R1B	R1C	R2A	R2B	R2C	
	+10V	COM	X1	X2	X3	X4	X5	X6	A+	B–	Y1	Y2	COM	24V	PGB

11kW以上控制回路端子的排列

图 3-31　控制回路端子的排列

表3-36　控制回路端子功能

类别	端子标号	名称	端子功能说明	规格
模拟输入	AI1/AI2	模拟输入 AI1/AI2	接受模拟电压/电流量输入电压、电流由跳线 J8、J3 选择（参考地：GND）	输入电压范围：0～10V（输入阻抗：20kΩ） 输入电流范围：0～20mA（输入阻抗：500Ω） 分辨率：1/2000
模拟输出	AO1（A1V、A1I）AO2（A2V、A2I）	模拟输出	提供模拟电压/电流输出电压、电流由跳线 J1、J6 选择（参考地：GND）	输出范围：0/2～10V 0/4～20mA
数字输入	X1～X6	多功能输入端子 X1～X6	可编程定义为多种功能的开关量输入端子	光耦隔离双向输入 最高输入频率：200Hz 输入电压范围：9～30V DC 输入阻抗：2kΩ

续表

类别	端子标号	名称	端子功能说明	规格
数字输入	24V	+24V 电源	提供 +24V 电源	输出电压：+24V 稳压精度：± 10% 最大输出电流：100mA
	COM	参考地	控制指令参考地，内部与 GND 隔离	内部与 GND 隔离
数字输出	Y1	开路集电极输出	可编程端子：可定义为多种功能的开关量输出（F2 组功能代码）输出端子介绍	光耦隔离输出 24V DC/ 集电极最大电流 50mA
电源	10V	+10V 电源	对外提供 +10V 参考电源（频率设定用电源）	输出电压：+10V 稳压精度：± 10% 最大允许输出电流：100mA
	GND	参考地	模拟信号和 +10V 电源的参考地	内部与 COM 隔离
数据通信	A+/B-	RS-485 通信接口	—	—
其他	R1A、R1B、R1C、R2A、R2B、R2C	继电器输出	可编程定义为多种功能的开关量输出可编程端子（F2 组功能代码），输出端子介绍	C-B：常闭 C-A；常开容量：250V AC/1A 30V DC/1A

十、变频器控制回路接线

AMB300 系列变频器的控制回路端子的连接图如图 3-32 所示。

为避免干扰引起的误动作，控制回路连接线应采用绞合的屏蔽线，且控制回路连接线应与主回路连接线、其他动力线或电源线分开，独立布线。

❶ 变频器电路接线的模拟电压信号特别容易受到外部干扰，所以一般需要用屏蔽电缆，而且接线距离要尽量短，应小于 20m，如图 3-33 所示。如果某些场合，模拟信号受到严重干扰，无法正常使用时，可以在模拟信号源侧加装滤波电容器或者铁氧体磁环，如图 3-34 所示。

❷ 切勿将屏蔽网线接触到其他信号线及设备外壳，可用绝缘胶带将裸露的屏蔽网线封扎。

❸ 注意，当完成 AMB300 变频器接线后，要按照接线图对接线进行检查。

• 检查 AMB300 变频器控制线接线是否有误。

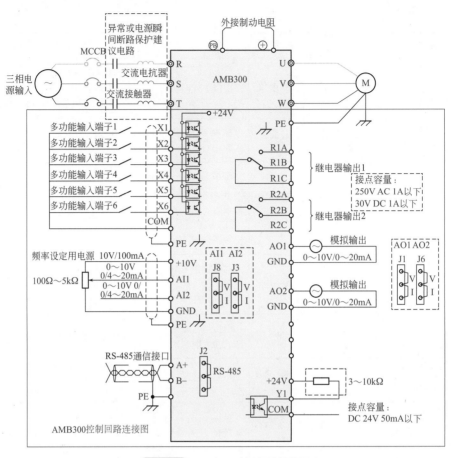

图 3-32　AMB300 控制回路接线图

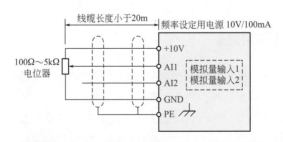

图 3-33　AMB300 变频器模拟量输入端子接线示意图

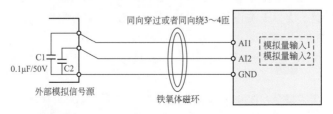

图 3-34　AMB300 变频器模拟量输入端子处理接线示意图

• 检查 AMB300 变频器接线现场是否有螺钉、接线头等残留在设备内。这一点很多初学者会忽视。

• 检查 AMB300 变频器接线螺钉是否松动。

• 检查 AMB300 变频器端子部分的裸导线是否与其他端子短接。

十一、变频器键盘操作方式

AMB300 系列变频器共有三种键盘操作方式，即参数设定操作方式、运行监视操作方式和故障监视操作方式。下面对键盘操作方式进行介绍。

（1）参数设定 AMB300 系列变频器共有 15 组功能代码：F0 ～ F9、FA、Fb、FC、Fd、FE。每个功能组内包括若干功能代码。功能代码采用功能代码组号 + 功能代码号的方式标识，如"F2.01"表示为第 2 组功能的第 1 号功能代码。通过 LED 键盘显示单元设定功能代码时，功能代码组号对应一级菜单，功能代码号对应二级菜单，功能代码参数对应三级菜单。

（2）功能代码设定实例 参数设定值分为十进制（DEC）和十六进制（HEX）两种，若参数采用十六进制表示，编辑时各位彼此独立，部分位的取值范围可以是十六进制的 0 ～ F。参数值有个、十、百、千位，使用▶▶键，选定要修改的位，使用▲、▼键增加或减少数值。

[**例**] 将上限频率由 50Hz 调到 40Hz（F0.07 由 50.00 改为 40.00）。

❶ 按 MENU 键，进入编程状态，LED 键盘显示单元的数码显示管将显示当前功能代码 F0。

❷ 按 OK 键，显示功能代码 F0.00，按▲键，直到显示 F0.07。

❸ 按 OK 键，将会看到 F0.07 对应的参数值（50.00）。

❹ 按▶▶键，将闪烁位移到改动位（"5"闪烁）。

❺ 按▼键一次，将"5"改为"4"。

❻ 按 OK 键，保存 F0.07 的值并自动显示下一个功能代码（显示 F0.08）。

❼ 按 MENU 键，退出编程状态。

操作如图 3-35 所示。

状态参数显示切换如图 3-36 所示。

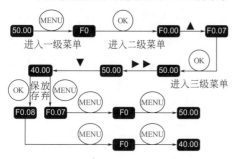

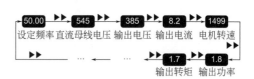

图 3-35 将上限频率由 50Hz 调到 40Hz 操作　　图 3-36 状态参数显示切换

第四节 安邦信AMB600变频器接线设置现场操作技能

一、11～37kW 变频器连接图

11～37kW AMB600 变频器连接图如图 3-37 所示。用键盘操作变频器时,只连接主回路即可运转电动机。

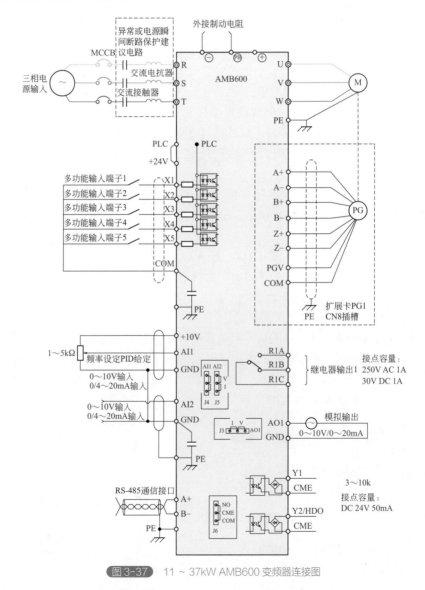

图 3-37　11～37kW AMB600 变频器连接图

二、45kW 以上规格变频器连接图

安邦信 AMB600 45 ～ 75kW 机型可选配内置制动单元,(－)端子内部连线更改为 PB 端子。11 ～ 37kW 无外接直流电抗器端子,45 ～ 800kW 机型预留(P1、+)端子(出厂时已用铜排短接),外接直流电抗器时,应拆除短接铜排,如图 3-38 所示。

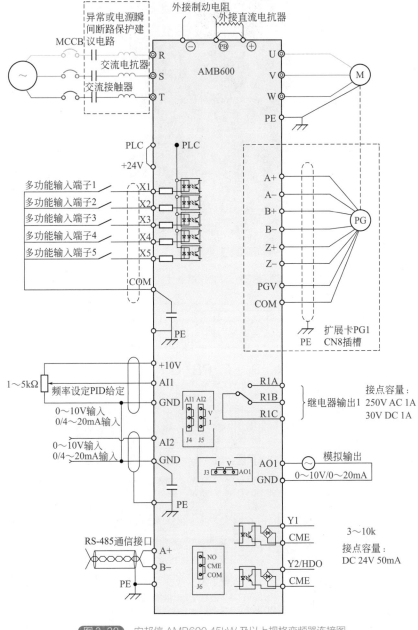

图 3-38　安邦信 AMB600 45kW 及以上规格变频器连接图

三、变频器主回路端子的功能

AMB600 变频器外形如图 3-39 所示。主回路端子的排列如图 3-40 所示。主回路接线端子作用如表 3-37 所示。

图 3-39　AMB600 变频器外形

⊕ ⊖ R S T PB U V W PE

三相220V(7.5kW)主回路端子
三相380V(11～15kW)主回路端子

R S T 　　 PE U V W PB ⊕ ⊖

三相220V(11～18.5kW)主回路端子
三相380V(18.5～37kW)主回路端子

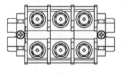
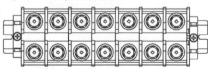

R S T 　　 P1 ⊕ ⊖ U V W ⏚

三相220V(22kW及以上)主回路端子
三相380V(45kW及以上)主回路端子

图 3-40　主回路端子的排列

表3-37　主回路接线端子作用

端子标号	功能说明
R、S、T	交流电源输入端子，接三相交流电源
U、V、W	变频器输出端子，接三相交流电机
+、−	直流母线的正负极
+、PB	制动电阻连接端子，制动电阻一端接 +，另一端接 PB
⏚、PE	接地端子，接大地

四、变频器控制回路端子的功能

控制回路端子位于控制印刷电路板的前下方，其端子的排列如图 3-41 所示，控制回路端子的功能如表 3-38 所示。

AI1	AI2	AO1	GND	X1	X2	X3	X4	X5	COM

10V	GND	A+	B−	CME	Y1	Y2	COM	PLC	24V		R1A	R1B	R1C

11kW及以上

+10	AI1	AI2	GND	AO	A+	B−	X1	X2	X3	X4	COM	+24	C	A	B

7.5kW及以下

图 3-41　控制回路端子的排列

表3-38　控制回路端子的功能

类别	端子标号	名称	端子功能说明	规格
模拟输入	AI1/AI2	模拟输入 AI1/AI2	模拟电压 / 电流量输入 电压、电流由跳线 J4、J5 选择 （参考地：GND）	输入电压范围：0 ～ 10V （输入阻抗：100kΩ） 输入电流范围：0 ～ 20mA （输入阻抗：500Ω） 分辨率：1/2000
模拟输出	AO1	模拟输出	提供模拟电压 / 电流输出电压、电流由跳线 J3 选择 （参考地：GND）	输出范围：0/2 ～ 10V 0/4 ～ 20mA
数字输入	X1 ～ X5	多功能输入端子	可编程定义为多种功能的开关量输入端子	光耦隔离双向输入 最高输入频率：200Hz 输入电压范围：9 ～ 30V DC 输入阻抗：2kΩ
	HDI/X4	高速脉冲输入 / 多功能输入端子	可编程定义为多种功能的开关量输入端子 同时也可作为高速脉冲输入端子	光耦隔离双向输入 最高输入频率：100kHz 输入电压范围：9 ～ 30V DC 输入阻抗：2kΩ

续表

类别	端子标号	名称	端子功能说明	规格
数字输入	24V	+24V 电源	提供 +24V 电源（通常用作数字输入端子工作电源或外接远传压力表电源）	输出电压：+24V 稳压精度：±10% 最大输出电流：100mA
	PLC	X1 ～ X5 端子输入方式选择	可选择与 24V 或 COM 端子连接，出厂默认与 24V 短接，当需要使用外部电源驱动 X1 ～ X5 时，PLC 端子需与外部电源连接，同时将 PLC 端子与内部电源端子断开	—
	COM	参考地	数字输入参考地，内部与 GND 隔离	内部与 GND 隔离
数字输出	Y1	数字输出 1	可编程端子：可定义为多种功能的开关量输出	光耦隔离输出 24V DC（开集电极） 集电极最大电流 50mA
	Y2/HDO	数字输出 2 或高速脉冲输出	可编程端子：可定义为多种功能的开关量输出或高速脉冲输出（0 ～ 100kHz）	光耦隔离输出 24V DC（开集电极） 高速脉冲输出（0 ～ 100kHz）
	CME	参考地	可选择与 COM 端子连接，出厂时默认与 COM 短接（J6），当需要使用外部电源驱动 Y1、Y2 时，CME 需要与 COM 断开	内部与 COM 隔离
电源	+10V	+10V 电源	对外提供 +10V 参考电源 通常用作外接电位器工作电源，电位器阻值选择范围：1 ～ 5kΩ	输出电压：+10V 稳压精度：±10% 最大允许输出电流 100mA
	GND	参考地	模拟信号和 +10V 电源的参考地	内部与 COM 隔离
数据通信	A+/B−	RS-485 通信接口	—	—
其他	R1A R1B R1C	继电器输出	可编程定义为多种功能的开关量输出可编程端子	C-B：常闭 C-A：常开 容量：250V AC/1A,30V DC/1A

第五节　安邦信AMB160变频器接线设置现场操作技能

一、AMB160 变频器连接图

AMB160 变频器外形如图 3-42 所示。AMB160 变频器连接图如图 3-43 所示。用键盘操作变频器时，只连接主回路即可运转电动机。

图 3-42 AMB160 变频器外形

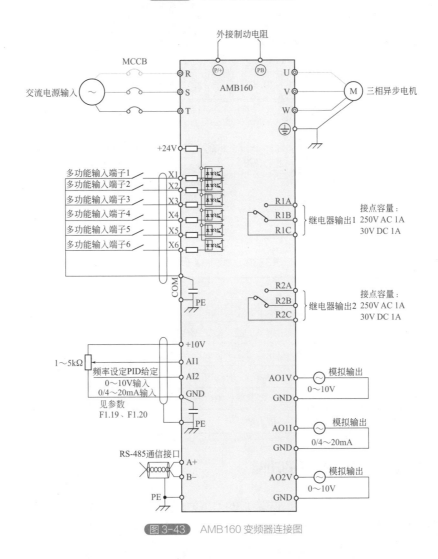

图 3-43 AMB160 变频器连接图

二、变频器主回路端子排的外形和功能

AMB160 系列变频器的主回路端子排外形和功能如图 3-44 和表 3-39 所示。在实际应用中根据对应功能正确接线即可。

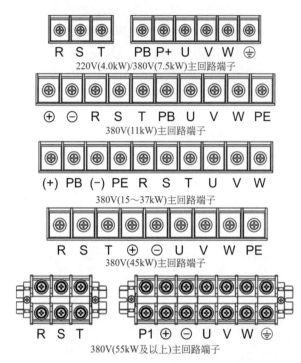

R S T   PB P+ U V W ⏚
220V(4.0kW)/380V(7.5kW)主回路端子

⊕ ⊖ R S T PB U V W PE
380V(11kW)主回路端子

(+) PB (−) PE R S T U V W
380V(15～37kW)主回路端子

R S T ⊕ ⊖ U V W PE
380V(45kW)主回路端子

R S T   P1 ⊕ ⊖ U V W ⏚
380V(55kW及以上)主回路端子

图 3-44　AMB160 系列变频器的主回路端子排外形

表3-39　主回路端子功能

端子标号	功能说明
R/L1、S/L2、T/L3	变频器输入端子，接三相交流电源或单相交流电源
U、V、W	变频器输出端子，接三相交流电机
+、−	外接制动单元连接端子，+、− 分别为直流母线的正负极
P/+、PB	制动电阻连接端子，制动电阻一端接 P/+，另一端接 PB
+、P1	外接直流电抗器端子，电抗器一端接 +，另一端接 P1
⏚、PE	接地端子，接大地

三、变频器控制回路端子的功能

控制回路端子位于控制印刷电路板的前下方，其端子的排列如图 3-45 所示。控制回路端子的功能如表 3-40 所示。

10V	AI1	AI2	GND	X1	X2	X3	X4	X5	X6	COM

R1A	R1C	R2A	R2C	AO1I	AO1V	AO2V	GND	A+	B−	24V

7.5kW 及以下控制回路端子

10V	AI1	AI2	A+	B−	X1	X3	X5	24V	R1A	R1B	R1C

GND	AO1I	AO1V	AO2V	GND	X2	X4	X6	COM	R2A	R2B	R2C

11kW 及以上控制回路端子

图 3-45　AMB160 系列变频器控制回路端子的排列

表3-40　AMB160系列变频器控制回路端子的功能

类别	端子标号	名称	端子功能说明	规格
模拟输入	AI1/AI2	模拟输入 AI1/AI2	F1.19 AI1 输入选择 0：电压输入有效 1：电流输入有效 F1.20 AI2 输入选择 0：电压输入有效 1：电流输入有效	输入电压范围：0 ~ 10V（输入阻抗：20kΩ） 输入电流范围：0 ~ 20mA（输入阻抗：500Ω） 分辨率：1/2000
模拟输出	AO1I/AO1V	模拟输出	AO1 通道：提供模拟电流 / 电压输出	输出范围：0/4 ~ 20mA 0 ~ 10V
	AO2V	模拟输出	AO2 通道：提供模拟电压输出	输出范围：0 ~ 10V
数字输入	X1 ~ X6	多功能输入端子	可编程定义为多种功能的开关量输入	最高输入频率：200Hz
电源	10V	+10V 电源	对外提供 +10V 参考电源，通常用作外接电位器工作电源，电位器阻值选择范围：1 ~ 5kΩ	输出电压：+10V 稳压精度：±5% 最大允许输出电流：50mA
	GND	参考地	模拟信号 /+10V 电源的参考地	—
	24V	+24V 电源	提供 +24V 电源，通常用作数字输入端子工作电源或外接远传压力表电源	输出电压：+24V 稳压精度：±10% 最大允许输出电流：50mA
	COM	参考地	数字输入参考地，24V 电源参考地，7.5kW 以下内部与 GND 非隔离，11kW 以上内部与 GND 隔离	—
数据通信	A+/B−	RS-485 通信接口	—	—
其他	R1A、R1B、R1C R2A、R2B、R2C	继电器输出	可编程定义为多种功能的开关量输出端子	C-A：常开　C-B：常闭 容量：250V AC/1A 30V DC/1A

四、变频器键盘功能

AMB160 系列变频器的键盘由 5 位 LED 数码管监视器、发光二极管指示灯、操作按键等组成，如图 3-46 所示。

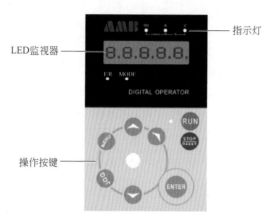

LED监视器

指示灯

操作按键

图 3-46 本机键盘各部分名称

（1）LED 监视器　由 5 位 LED 数码管组成。

❶ 设定状态：显示功能代码及设定参数。

❷ 运行状态：显示运行参数及监视参数。

❸ 故障状态：显示故障信息。

（2）单位指示灯　指示当前参数的单位，Hz——赫兹，V——伏，A——安，r/min——转每分，%——百分比。

（3）状态指示灯

❶ 指示运行状态　RUN指示灯：灯亮——运行；灯灭——停止。MODE指示灯：灯灭——键盘控制；灯闪烁——端子控制；灯亮——通信控制。

❷ 指示运行方向　F/R指示灯：灯灭——正转运行；灯亮——反转运行。

（4）操作按键

❶ RUN 键：运行键　键盘控制时，按下该键再松开后，启动变频器运行。

❷ STOP/RESET 键：停止 / 复位键　运行状态：键盘控制时，按下此键即停止变频器的运行。故障状态：故障复位。

❸ ◥键：移位键　在编辑状态时，可以选择设定数据的修改位；在其他状态下，可以切换显示状态参数。

❹ MENU 键：编程 / 退出键　进入或退出编程状态。

❺ ▲键：增加键　数据或功能代码的递增。

❻ ▼键：减小键　数据或功能代码的递减。

❼ ENTER 键：确认键　进入下一级菜单或数据确认。

❽ JOG 键：点动键　在键盘指令运行方式下，按住该键点动运行。

键盘按键的功能如表 3-41 所示。键盘显示单元指示灯说明如表 3-42 所示。键盘显示单元指示灯的组合如表 3-43 所示。组合灯常亮表示转速、线速度、百分比的设定值，闪烁表示其实际值，Hz、A、V 全灭表示无单位。

表3-41　键盘按键的功能

按键	按键名称	按键功能
◥	移位键	参数设定时，切换参数功能代码与其内容 变频器运行时，切换运行监视功能代码与其内容 变频器故障时，切换故障监视功能代码与其内容
▲	增加键	参数设定状态，若指示功能代码内容，增加参数设定功能代码内容值，同时 LED 数码管显示闪烁 变频器运行时，若键盘数字输入有效，增加参考输入给定或 PID 数字输入，即数字式键盘电位器功能
▼	减小键	参数设定状态，若指示功能代码内容，减小参数设定功能代码内容值，同时 LED 数码管显示闪烁 变频器运行时，若键盘数字输入有效，减小参考输入给定或 PID 数字输入，即数字式键盘电位器功能
ENTER	确认键	参数设定时，逐级进入菜单，存储设定参数
MENU	编程 / 退出键	进入或退出编程状态
RUN	运行键	键盘控制方式时，启动变频器运行
STOP/ RESET	停止 / 复位键	键盘控制方式时，停止变频器运行 从故障状态返回参数设定状态
JOG	点动键	键盘控制方式时，按住该键点动运行，此按键为多功能按键
(旋钮)	旋钮键	设定状态下，可以修改数值大小；运行状态下，可以修改给定频率

表3-42　键盘显示单元指示灯说明

指示灯	含义	指示灯颜色	标志
频率指示灯	该灯亮，表时当前 LED 显示参数为频率	红	Hz
电流指示灯	该灯亮，表时当前 LED 显示参数为电流	红	A
电压指示灯	该灯亮，表时当前 LED 显示参数为电压	红	V
运行状态指示灯	表明变频器正在运行	绿	RUN
运行方向指示灯	该灯亮，表明反转指令	红	F/R
MODE 指示灯	灯灭——键盘控制，灯闪烁——端子控制，灯亮——通信控制	红	MODE

表3-43　键盘显示单元指示灯的组合

指示灯组合方式	含义
Hz+A	转速（r/min）
A+V（STOP）	PID 反馈值
A+V（RUN）	输出转矩 / 功率
A+V（闪烁）	PID 给定值

五、键盘参数设定操作方式

　　AMB160 系列变频器共有三种键盘操作方式，即参数设定操作方式、运行监视操作方式和故障监视操作方式。下面以参数设定方式为例进行介绍。

　　AMB160 系列变频器共有 15 组功能代码：F0 ～ F9、FA、Fb、FC、Fd、FE。每个功能组内包括若干功能代码。功能代码采用功能代码组号 + 功能代码号的方式标识，如"F2.01"表示为第 2 组功能的第 1 号功能代码。通过 LED 键盘显示单元设定功能代码时，功能代码组号对应一级菜单，功能代码号对应二级菜单，功能代码参数对应三级菜单。

　　[例] 将上限频率由 50Hz 调到 40Hz（F0.07 由 50.00 改为 40.00），如图 3-47 所示。

　　• 按 MENU 键，进入编程状态，LED 数码显示管将显示当前功能代码 F0。

　　• 按 ENTER 键，显示功能代码 F0.00，按 ▲ 键，直到显示 F0.07。

　　• 按 ENTER 键，将会看到 F0.07 对应的参数值（50.00）。

　　• 按 ▼ 键，将闪烁位移到改动位（"5"闪烁）。

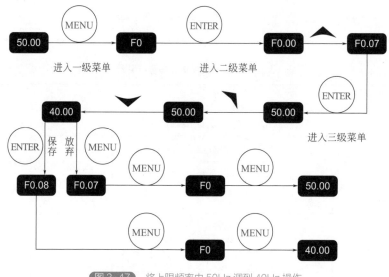

图 3-47　将上限频率由 50Hz 调到 40Hz 操作

- 按 ▼ 键一次，将"5"改为"4"。
- 按 ENTER 键，保存 F0.07 的值并自动显示下一个功能代码（显示 F0.08）。
- 按 MENU 键，退出编程状态。

状态参数显示切换如图 3-48 所示。显示顺序可以通过 F7.06、F7.07 选择。

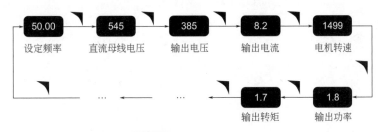

| 50.00 | 545 | 385 | 8.2 | 1499 |
| 设定频率 | 直流母线电压 | 输出电压 | 输出电流 | 电机转速 |

| | | 1.7 | 1.8 |
| | | 输出转矩 | 输出功率 |

图 3-48　状态参数显示切换

第六节　安邦信AMB100变频器接线设置现场操作技能

一、AMB100 系列变频器端子的排列

AMB100 系列变频器的端子排包括控制回路端子排和主回路端子排，其功能如下。

（1）控制回路端子排

- 模拟输入：AI1、AI2。
- 开关输入：X1、X2、X3、X4。
- 开关输出：A、B、C。
- 模拟输出：AO。
- 辅助电源：+10V、GND、+24V、COM。
- 数据通信：A+、B−。

（2）主回路端子排

- 输入电源：R/L1、S/L2、T/L3。
- 大地线：PE。
- 直流母线：P/+、−。
- 回升制动电阻连线：P/+、PB。
- 电机接线：U、V、W。
- 直流电抗器接线：P1、+。

AMB100 系列变频器的主回路和控制回路端子的排列如图 3-49 所示。

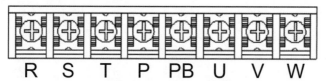

220V/380V(0.4～7.5kW)主回路端子

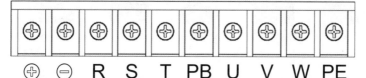

三相220V(7.5～11kW)主回路端子

三相380V(11～22kW)主回路端子

三相220V(15～18.5kW)主回路端子

三相380V(30～37kW)主回路端子

(a) AMB100 系列变频器的主回路端子

+10	AI1	AI2	GND	AO	A+	B–	X1	X2	X3	X4	COM	+24	C	A	B

(b) AMB100 系列变频器的控制回路端子

图 3-49 AMB100 系列变频器的主回路和控制回路端子的排列

主回路端子功能如表 3-44 所示。

表3-44 主回路端子功能

端子标号	功能说明
R/L1、S/L2、T/L3	交流电源输入端子，接三相交流电源或单相交流电源
U、V、W	变频器输出端子，接三相交流电机
+、−	外接制动单元连接端子，+、− 分别为直流母流的正负极
P/+、PB	制动电阻连接端子，制动电阻一端接 P/+，另一端接 PB
+、P1	外接直流电抗器端子，电抗器一端接 +，另一端接 P1
⏚、PE	接地端子，接大地

控制回路端子功能如表 3-45 所示。

表3-45　控制回路端子功能

类别	端子标号	名称	端子功能说明	规格
模拟输入	AI1/AI2	模拟输入 AI1/AI2	接收模拟电压 / 电流量输入（电压、电流信号由跳线 J12、J13 选择，出厂默认 AI1 电压、AI2 电流输入）	输入电压范围：0 ～ 10V（输入阻抗：20kΩ）输入电流范围：0 ～ 20mA（输入阻抗：500Ω）分辨率：1/2000
模拟输出	AO	模拟输出电压电流	提供模拟量输出（参考地：GND）（电压、电流信号由跳线 J1 选择，出厂默认电压输出）	输出范围：0/2 ～ 10V、0/4 ～ 20mA
数字输入	X1 ～ X4	多功能输入端子 X1 ～ X4	可编程定义为多种功能的开关量输入端子	光耦隔离双向输入最高输入频率：200Hz输入电压范围：9 ～ 30V DC输入阻抗：2kΩ
电源	10V	+10V 电源	对外提供 +10V 参考电源	输出电压：+10V稳压精度：±10%最大允许输出电流 100mA
	GND	参考地	模拟信号和 +10V 电源的参考地	内部与 COM 隔离
	24V	+24V 电源	提供 +24V 电源	输出电压：+24V稳压精度：±10%最大输出电流：50mA
	COM	参考地	控制指令参考地，内部与 GND 隔离	内部与 GND 隔离
数据通信	A+/B-	RS-485 通信接口	—	—
其他	A、B、C	继电器输出	可编程定义为多种功能的开关量输出可编程端子（F2 组功能代码），输出端子介绍	C-B：常闭 C-A：常开容量：250V AC/1A，30V DC/1A

二、AMB100 系列变频器连接图

AMB100 系列变频器的连接图如图 3-50 所示。

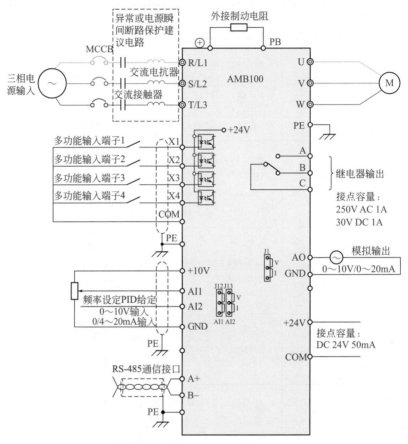

图 3-50 AMB100 系列变频器的连接图

Chapter 4

第四章

森兰系列变频器现场操作技能

第一节 森兰SB200高性能通用变频器及应用

一、变频器与周边设备的连接

　　森兰 SB200 变频器集成了森兰高性能优化空间矢量变压变频算法，具有自动转矩提升、滑差补偿、振荡抑制、跟踪启动、失速防止、精确死区补偿、自动稳压、过程 PID、自动载频调整等高级功能，内置恒压供水功能和时钟模块等，可以适用于大多数工业控制场合。森兰 SB200 变频器外形如图 4-1 所示。

图 4-1 森兰 SB200 变频器外形

森兰 SB200 系列变频器与周边设备的连接如图 4-2 所示。

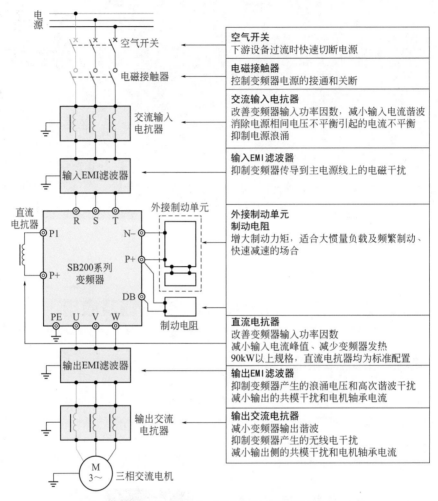

图4-2 森兰 SB200 系列变频器与周边设备的连接

二、变频器基本运行配线连接及主回路端子

主回路端子的功能说明如表 4-1 所示。

表4-1 主回路端子功能说明

端子符号	端子名称	说明
R、S、T	输入电源端子	接三相 380V 电源
U、V、W	变频器输出端子	接三相电机
P1、P+	直流电抗器端子	外接直流电抗器（不用电抗器时用短接片短接）

续表

端子符号	端子名称	说明
P+、N−	直流输出端子	用于连接制动单元
DB	制动输出端子	在 P+ 和 DB 之间连接制动电阻
PE	接地端子	变频器外壳接地端子，必须接大地

变频器基本运行配线连接如图 4-3 所示。

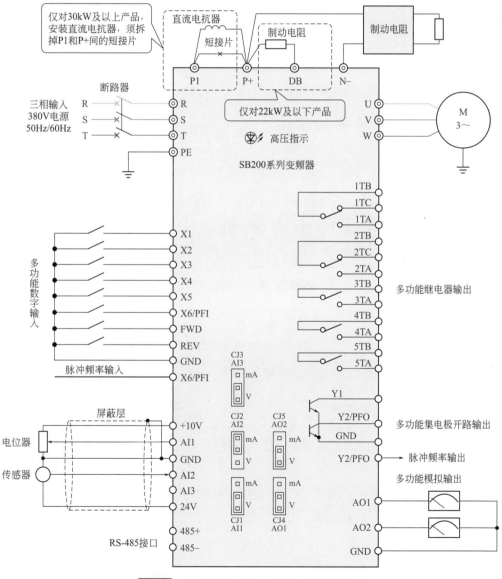

图 4-3　森兰 SB200 系列变频器基本运行配线连接

三、变频器控制板端子、跳线及配线

控制板跳线的功能如表 4-2 所示。

表4-2　控制板跳线的功能

标号	名称	功能及设置			出厂设置
CJ1	AI1	AI1 输入类型选择	V：电压型	mA：电流型	V
CJ2	AI2	AI2 输入类型选择	V：电压型	mA：电流型	mA
CJ3	AI3	AI3 输入类型选择	V：电压型	mA：电流型	V
CJ4	AO1	AO1 输出类型选择　　　V：0～10V 电压信号　　mA：0/4～20mA 电流信号			V
CJ5	AO2	AO2 输出类型选择　　　V：0～10V 电压信号　　mA：0/4～20mA 电流信号			V

控制板端子的排列如图 4-4 所示。

22kW及以下的产品端子图

30kW及以上的产品端子图

图 4-4　控制板端子的排列

控制板端子的功能如表 4-3 所示。

表4-3　控制板端子的功能

端子符号	端子名称	端子功能及说明	技术规格
485+	485 差分信号正端	RS-485 通信接口	可接 1～32 个 RS-485 站点
485−	485 差分信号负端		输入阻抗：> 10kΩ
GND	参考地	模拟输入／输出、数字输入／输出、PFI、PFO、通信和 +10V 电源、24V 电源接地端子	
+10V	+10V 基准电源	提供给用户的 +10V 电源	+10V 最大输出电流 50mA，电压精度优于 2%
Y2/PFO	脉冲频率输出（该端子用于 PFO 时）	输出功能选择见具体型号的说明书	0～50kHz，集电极开路输出规格：20V/50mA
X6/PFI	脉冲频率输入（该端子用于 PFI 时）	设置见具体型号的说明书	0～50kHz，输入阻抗 1.5kΩ 高电平：> 6V 低电平：< 3V 最高输入电压：30V

续表

端子符号	端子名称	端子功能及说明	技术规格
AO1	多功能模拟输出 1	功能选择：详见参数 F6-27、F6-31 的说明 通过跳线 CJ4、CJ5 选择电压或电流输出形式	电流型：0 ～ 20mA，负载 ≤ 500Ω 电压型：0 ～ 10V，输出 10mA
AO2	多功能模拟输出 2		
24V	24V 电源端子	提供给用户的 24V 电源	最大输出电流 80mA
AI1	模拟输入 1	功能选择：详见具体型号的说明书 通过跳线 CJ1、CJ2、CJ3 选择电压或电流输入形式	输入电压范围：−10 ～ +10V 输入电流范围：−20 ～ +20mA 输入阻抗：电压输入，110kΩ 电流输入，250Ω
AI2	模拟输入 2		
AI3	模拟输入 3		
X1	X1 数字输入端子	功能选择及设置见具体型号的说明书	输入阻抗：≥ 3kΩ 输入电压范围：< 30V 采样周期：1ms 消抖时间：10ms 高电平：> 10V 低电平：< 4V 不接线时相当于高电平
X2	X2 数字输入端子		
X3	X3 数字输入端子		
X4	X4 数字输入端子		
X5	X5 数字输入端子		
X6/PFI	X6 数字输入端子（该端子用于 X6 时）		
REV	REV 数字输入端子		
FWD	FWD 数字输入端子		
Y1	Y1 数字输出端子	功能选择及设置见具体型号的说明书	集电极开路输出 规格：24V DC/50mA 输出动作频率：< 500Hz
Y2/PFO	Y2 数字输出端子（该端子用于 Y2 时）		
1TA	继电器 1 输出端子	功能选择及设置见具体型号的说明书	TA-TB：常开 TB-TC：常闭 触点规格：250V AC/3A 24V DC/5A
1TB			
1TC			
2TA	继电器 2 输出端子		
2TB			
2TC			
3TA	继电器 3 输出端子		
3TB			
4TA	继电器 4 输出端子		
4TB			
5TA	继电器 5 输出端子		
5TB			

模拟输入端子配线：使用模拟信号远程操作时，操作器与变频器之间的控制线长度应小于 30m，由于模拟信号容易受到干扰，模拟控制线应与强电回路、继电器、接触器等回路分离布线。配线应尽可能短且连接线应采用屏蔽双绞线，屏蔽线一端接到变频器的 GND 端子上。

多功能数字输出（Y）端子和继电器输出端子 TA、TB、TC 配线：如果驱动感性负载（例如电磁继电器、接触器、电磁制动器），则应加装浪涌电压吸收电路、压敏电阻或续流二极管（用于直流电磁回路，安装时一定要注意极性）等。吸收电路的元件要就近安装在继电器或接触器的线圈两端，如图 4-5 所示。

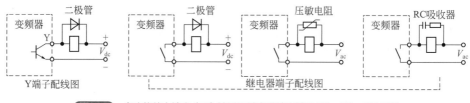

图 4-5 多功能数字输出（Y）端子和继电器输出端子 TA、TB、TC 配线

四、变频器操作面板

操作面板是变频器接收命令、显示参数的部件。使用 LED 操作面板 SB-PU70（标准配置）可以设定和查看参数，进行运行控制，显示故障、报警信息等。操作面板外形和各部分功能如图 4-6 所示。

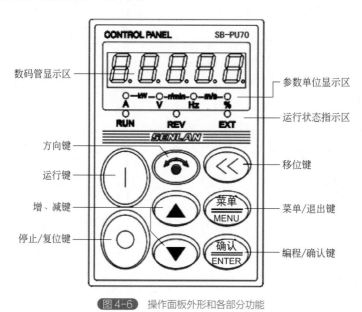

图 4-6 操作面板外形和各部分功能

SB-PU70 操作面板按键功能如表 4-4 所示。

表4-4　SB-PU70操作面板按键功能

按键标识	按键名称	功能
菜单 MENU	菜单 / 退出键	退回到上一级菜单；进入 / 退出监视状态
确认 ENTER	编程 / 确认键	进入下一级菜单；存储参数；清除报警信息
▲	增键	数字递增，按住时递增速度加快
▼	减键	数字递减，按住时递减速度加快
《	移位键	选择待修改位；监视状态下切换监视参数
⌒	方向键	运转方向切换，FC-01 百位设为 0 时方向键无效
│	运行键	运行命令
○	停止 / 复位键	停机、故障复位

操作面板三个状态指示灯 RUN、REV 和 EXT 的指示意义如表 4-5 所示。

表4-5　操作面板三个状态指示灯RUN、REV和EXT的指示意义

指示灯	显示状态	指示变频器的当前状态
RUN 指示灯	灭	待机状态
	亮	稳定运行状态
	闪烁	加速或减速过程中
REV 指示灯	灭	设定方向和当前运行方向均为正
	亮	设定方向和当前运行方向均为反
	闪烁	设定方向与当前运行方向不一致
EXT 指示灯	灭	操作面板控制状态
	亮	端子控制状态
	闪烁	通信控制状态
电位器指示灯	亮	主给定、辅助给定或 PID 给定选择了面板电位器，仅对 SB-PU03 有效

五、变频器操作面板的显示状态和操作

SB200 系列变频器操作面板的显示状态分为监视状态（包括待机监视状态、运行监视状态），参数编辑状态，故障、报警状态等。各状态的转换关系如图 4-7 所示。

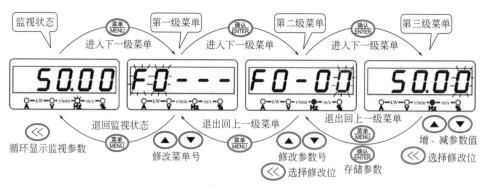

图 4-7　各状态的转换关系

（1）待机监视状态　该状态下按 $\ll$，操作面板可循环显示不同的待机状态参数（由 FC-02 ～ FC-08 定义）。

（2）运行监视状态　该状态下按 $\ll$，可循环显示所有监视参数（由 FC-02 ～ FC-12 定义）。

（3）参数编辑状态　在监视状态下，按菜单可进入编辑状态，编辑状态按三级菜单方式进行显示，其顺序依次为：参数组号→参数组内序号→参数值。按确认可逐级进入下一级，按菜单退回到上一级菜单（在第一级菜单则退回监视状态）。使用 ▲、▼改变参数组号、参数组内序号或参数值。使用 $\ll$ 可以移动可修改位，按下确认存储修改结果、返回到第二级菜单并指向下一参数。

当 FC-00 设为 1（只显示用户参数）或 2（只显示不同于出厂值的参数）时，为使用户操作更快捷，不出现第一级菜单。

（4）密码校验状态　如设有用户密码（F0-15 不为零），进入参数编辑前先进入密码校验状态，此时显示"0.0.0.0"，用户通过 ▲、▼、$\ll$ 输入密码（输入时一直显示"——"），输入完按确认可解除密码保护；若密码不正确，键盘将闪烁显示"Err"，此时按菜单退回到校验状态，再次按菜单将退出密码校验状态。

密码保护解除后在监视状态下按确认 + $\ll$ 或 2min 内无按键操作，密码保护自动生效。

FC-00 为 1（只显示用户参数）时，用户参数不受密码保护，但改变 FC-00 时需输入用户密码。

（5）故障显示状态　变频器检测到故障信号，即进入故障显示状态，闪烁显示故障代码。可以通过输入复位命令（操作面板的 ◎、控制端子或通信命令）复位故障，若故障仍然存在，将继续显示故障代码，可在这段时间内修改设置不当的参数以排除故障。

六、变频器的继电器扩展单元（SL-5X6T）安装

可编程继电器扩展单元（SL-5X6T）用于数字输入和继电器输出接口数量的扩展。安装方法：首先确认变频器断电；再把控制单元的接口线连接到变频器主板插针（J5），注意接插件的 1 脚与 J5 的 1 脚对应。

继电器扩展单元（SL-5X6T）如图 4-8 所示。

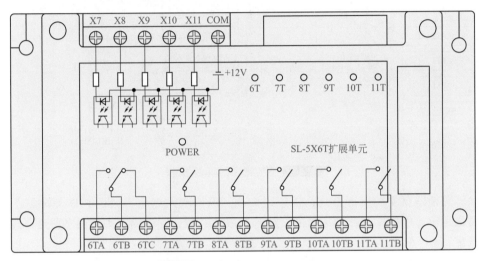

图 4-8　继电器扩展单元（SL-5X6T）

第二节　森兰SB200系列变频器的设定

一、变频器数字给定频率 F0-00、F0-01、F0-02 基本参数的设定

F0-00、F0-01、F0-02 基本参数说明如表 4-6 所示。

表4-6　F0-00、F0-01、F0-02基本参数说明

参数	名称	设定范围及说明	出厂值	更改
F0-00	数字给定频率	0.00Hz ～ F0-06"最大频率"	50.00Hz	○
F0-01	普通运行主给定通道	0：F0-00 数字给定，操作面板 1：通信给定 2：UP/DOWN 调节值（▲）、（▼）调节 3：AI1　4：AI2　5：AI3　6：PFI 7：面板电位器（仅 SB-PU03 有效）	0	○
F0-02	运行命令通道选择	0：操作面板（EXT 灭）　1：端子（EXT 亮） 2：通信控制（EXT 闪烁）	0	×

变频器给定频率通道如图 4-9 所示。

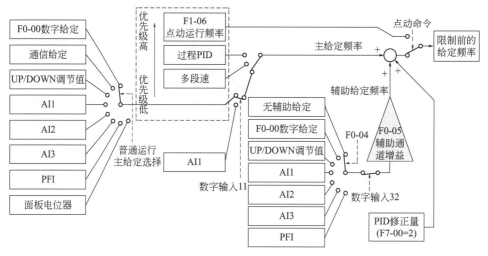

图 4-9　变频器给定频率通道选择

变频器有 4 种运行方式，优先级由高到低依次为点动、过程 PID、多段速、普通运行。例如：在普通运行时，如果多段速有效，则主给定频率由多段速频率确定。

操作面板命令通道时，⊙可改变方向，上电默认为正向。⊙的功能由变频器参数 FC-01 的百位选择。

二、变频器 F0-06、F0-07、F0-08 最大频率、上限频率、下限频率参数的设定

F0-06、F0-07、F0-08 最大频率、上限频率、下限频率参数说明如表 4-7 所示。

表4-7　F0-06、F0-07、F0-08最大频率、上限频率、下限频率参数说明

参数	名称	设定范围及说明	出厂值	更改
F0-06	最大频率	F0-07 "上限频率" ～ 650.00Hz	50.00Hz	×
F0-07	上限频率	F0-08 "下限频率" ～ F0-06 "最大频率"	50.00Hz	×
F0-08	下限频率	0.00Hz ～ F0-07 "上限频率"	0.00Hz	×

❶ F0-06 "最大频率"：频率给定为 100％时对应的频率，用于模拟输入、PFI 作频率给定时的标定。

❷ F0-07 "上限频率"、F0-08 "下限频率"：限制最终的给定频率。

［例］　森兰 SB200 系列变频器方向锁定参数 F0-09（见表 4-8）。

表4-8　方向锁定参数F0-09说明

参数	名称	设定范围及说明	出厂值	更改
F0-09	方向锁定	0：正反向均可　1：锁定正向 2：锁定反向	0	○

❶ 在需要变频器单向旋转时，参数设定为 1 锁定旋转方向。

❷ 若需要通过操作面板的 ⊙ 改变方向，必须将 FC-01 的百位设为 1 或 2。

三、变频器加减速参数的设定

变频器加减速参数说明如表 4-9 所示。

表4-9　变频器加减速参数说明

参数	名称	设定范围及说明	出厂值	更改
F1-00	加速时间 1	0.1 ～ 3600.0s 加速时间：频率增加 50Hz 所需的时间 减速时间：频率减小 50Hz 所需的时间 注：22kW 及以下机型出厂设定 6.0s 　　30kW 及以上机型出厂设定 20.0s	机型确定	○
F1-01	减速时间 1			○
F1-02	加速时间 2			○
F1-03	减速时间 2			○
F1-04	紧急停机减速时间	0.1 ～ 3600.0s	10.0s	○

❶ F1-00 ～ F1-03 提供了两套加、减速时间。

❷ F1-04 "紧急停机减速时间"：当数字输入 16 "紧急停机"或通信给出紧急停机命令时，变频器按"紧急停机减速时间"停机。

四、变频器点动运行频率、点动加速及减速时间参数的设定

点动运行频率、点动加速及减速时间参数如表 4-10 所示。

表4-10　点动运行频率、点动加速及减速时间参数

参数	名称	设定范围及说明	出厂值	更改
F1-06	点动运行频率	0.10 ～ 50.00Hz	5.00Hz	○
F1-07	点动加速时间	0.1 ～ 60.0s 注：22kW 及以下机型点动加速、减速时间 出厂设定 6.0s	机型确定	○
F1-08	点动减速时间	30kW 及以上机型点动加速、减速时间 出厂设定 20.0s	机型确定	○

❶ 在面板控制时，FC-01 的千位设为 1，则 ○ 为点动功能；在端子控制且待机时，数字输入 14 "正转点动运行指令"、15 "反转点动运行指令"可实现点动运行，当两个信号同时为有效或同时为无效时，点动运行无效。

❷ 点动运行时辅助给定和 PID 频率修正无效。

❸ 点动运行的启停方式固定为：按启动频率启动、减速停机方式停机。

五、变频器启动方式、启动频率、启动直流制动时间参数的设定

变频器启动方式、启动频率、启动直流制动时间参数说明如表 4-11 所示。

表4-11　变频器启动方式、启动频率、启动直流制动时间参数说明

参数	名称	设定范围及说明	出厂值	更改
F1-11	启动方式	0：从启动频率启动 1：先直流制动再从启动频率启动 2：转速跟踪启动	0	×
F1-12	启动频率	0.00 ～ 60.00Hz	0.50Hz	○
F1-13	启动频率保持时间	0.00 ～ 60.0s	0.0s	○
F1-14	启动直流制动时间	0.00 ～ 60.0s	0.0s	○
F1-15	启动直流制动电流	0.00 ～ 100.0%，以变频器额定电流为100%	0.0%	○

变频器的启动方式：

•F1-11 = 0 "从启动频率启动"：启动时先以 F1-12 "启动频率"运行，保持 F1-13 "启动频率保持时间"设定的时间后升速，可以减少启动时的电流冲击。

•F1-11 = 1 "先直流制动再从启动频率启动"：有时电机在启动之前处于旋转状态（如风机在启动前可能会因顶风而反转），可以采取启动前直流制动，先将电机停下来再启动，以防止启动冲击过流。可通过 F1-14 "启动直流制动时间"和 F1-15 "启动直流制动电流"设置相关参数。

•F1-11 = 2 "转速跟踪启动"：在电机启动之前自动辨识电机的转速和方向，然后从对应的频率开始平滑无冲击启动。对于旋转中的电机不必等完全停下再启动，可缩短启动时间，减小启动冲击。

启动和停机直流制动如图 4-10 所示。

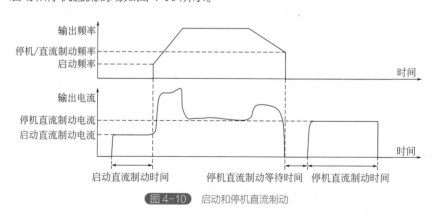

图 4-10　启动和停机直流制动

六、变频器停机方式、停机/直流制动频率、停机直流制动时间、制动电流参数的设定

变频器停机方式、停机/直流制动频率、停机直流制动时间、制动电流参数说明如表4-12所示。

表4-12　变频器停机方式、停机/直流制动频率、停机直流制动时间、制动电流参数

参数	名称	设定范围及说明	出厂值	更改
F1-16	停机方式	0：减速停机 1：自由停机 2：减速停机 + 直流制动	0	○
F1-17	停机/直流制动频率	0.00 ～ 60.00Hz	0.50Hz	○
F1-18	停机直流制动等待时间	0.00 ～ 10.00s	0.00s	○
F1-19	停机直流制动时间	0.00 ～ 60.0s	0.0s	○
F1-20	停机直流制动电流	0.0 ～ 100.0%，以变频器额定电流为100%	0.0%	○

变频器停机方式：

•F1-16 = 0"减速停机"：变频器降低运行频率，到F1-17"停机/直流制动频率"时进入待机状态。

•F1-16 = 1"自由停机"：变频器封锁输出，电机自由滑行；但当点动运行停机或紧急停机时，仍为减速停机。对于水泵的停机，一般不要使用自由停机，因水泵停机时间较短，突然停止会发生水锤效应。这一点变频器初学者要注意。

•F1-16 = 2"减速停机 + 直流制动"：变频器收到停机指令后减速，到F1-17"停机/直流制动频率"时封锁输出，经过F1-18"停机直流制动等待时间"后，向电机注入F1-20"停机直流制动电流"设定的直流电流，经F1-19"停机直流制动时间"的设定值后停机。

七、变频器 V/F 曲线的设定

变频器 V/F 曲线设定参数说明如表 4-13 所示。

表4-13　变频器V/F曲线设定参数说明

参数	名称	设定范围及说明	出厂值	更改
F2-00	V/F 曲线设定	0：自定义　1：线性 V/F 曲线（1.0 次幂）　2：降转矩 V/F 曲线（1.2 次幂） 3：降转矩 V/F 曲线 2（1.5 次幂）　4：降转矩 V/F 曲线 3（1.7 次幂） 5：降转矩 V/F 曲线 4（2.0 次幂）　6：降转矩 V/F 曲线 5（3.0 次幂）	1	×

❶ V/F 曲线可以设定为自定义的多段折线式、线性和多种降转矩式。

❷ 线性及降转矩式 V/F 曲线如图 4-11 所示。

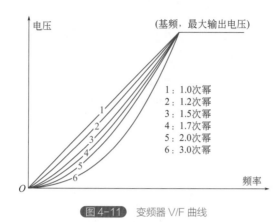

图 4-11 变频器 V/F 曲线

八、变频器自定义 V/F 曲线参数的设置

变频器自定义 V/F 曲线参数如表 4-14 所示。

表4-14 变频器自定义V/F曲线参数

参数	名称	设定范围及说明	出厂值	更改
F2-12	基本频率	1.00 ～ 650.00Hz	50.00Hz	×
F2-13	最大输出电压	150 ～ 500V	380V	×
F2-14	V/F 频率值 F4	F2-16 "V/F 频率值 F3" ～ F2-12 "基本频率"	0.00Hz	×
F2-15	V/F 电压值 V4	F2-17 "V/F 电压值 V3" ～ 100.0%，以 F2-13 "最大输出电压" 为100%	0.0%	×
F2-16	V/F 频率值 F3	F2-18 "V/F 频率值 F2" ～ F2-14 "V/F 频率值 F4"	0.00Hz	×
F2-17	V/F 电压值 V3	F2-19 "V/F 电压值 V2" ～ F2-15 "V/F 电压值 V4"，以 F2-13 "最大输出电压" 为100%	0.0%	×
F2-18	V/F 频率值 F2	F2-20 "V/F 频率值 F1" ～ F2-16 "V/F 频率值 F3"	0.00Hz	×
F2-19	V/F 电压值 V2	F2-21 "V/F 电压值 V1" ～ F2-17 "V/F 电压值 V3"，以 F2-13 "最大输出电压" 为100%	0.0%	×
F2-20	V/F 频率值 F1	0.00Hz ～ F2-18 "V/F 频率值 F2"	0.00Hz	×
F2-21	V/F 电压值 V1	0.0% ～ F2-19 "V/F 电压值 V2"，以 F2-13 "最大输出电压" 为100%	0.0%	×

自定义 V/F 曲线设置如图 4-12 所示。

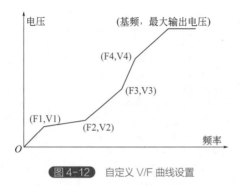

图 4-12 自定义 V/F 曲线设置

九、变频器数字输入端子及多段速参数实际应用中的设定

数字输入端子及多段速参数如表 4-15 所示。

表4-15 数字输入端子及多段速参数

参数	名称	设定范围及说明	出厂值	更改
F4-00	X1 数字输入端子功能		1	
F4-01	X2 数字输入端子功能		2	
F4-02	X3 数字输入端子功能		3	
F4-03	X4 数字输入端子功能		12	
F4-04	X5 数字输入端子功能		13	
F4-05	X6/PFI 数字输入端子功能 / 脉冲频率输入		0	
F4-06	X7 数字输入端子功能（扩展端子）	见表 4-16 数字输入功能定义表	0	×
F4-07	X8 数字输入端子功能（扩展端子）		0	
F4-08	X9 数字输入端子功能（扩展端子）		0	
F4-09	X10 数字输入端子功能（扩展端子）		0	
F4-10	X11 数字输入端子功能（扩展端子）		0	
F4-11	FWD 端子功能		38	
F4-12	REV 端子功能		39	

数字输入功能定义表（任何两个数字输入端子不能同时选择同一数字输入功能）如表 4-16 所示。

表4-16 数字输入功能定义表

0：不连接到下列的信号	±1：多段频率选择 1	±2：多段频率选择 2
±3：多段频率选择 3	±4：清水池上限水位检测	±5：清水池下限水位检测
±6：清水池缺水水位检测	±7：加减速时间 2 选择	±8：多段 PID 选择 1

±9：多段 PID 选择 2	±26：3K1 接触器检测	±43：1 # 水泵禁止 / 电机选择 1
±10：多段 PID 选择 3	±27：3K2 接触器检测	±44：2 # 水泵禁止 / 电机选择 2
±11：给定频率切换到 AI1	±28：4K1 接触器检测	±45：3 # 水泵禁止
±12：外部故障输入	±29：4K2 接触器检测	±46：4 # 水泵禁止
±13：故障复位	±30：5K1 接触器检测	±47：5 # 水泵禁止
±14：正转点动运行	±31：5K2 接触器检测	±48：休眠小泵禁止
±15：反转点动运行	±32：辅助给定通道禁止	±49：排污泵禁止
±16：紧急停机	±33：PID 给定切换至 AI2	±50：污水池下限水位
±17：变频器运行禁止	±34：停机直流制动	±51：污水池上限水位
±18：自由停机	±35：过程 PID 禁止	±52：水位控制上限信号
±19：UP/DOWN 增	±36：PID 参数 2 选择	±53：水位控制下限信号
±20：UP/DOWN 减	±37：三线式停机指令	±54：消防运转信号
±21：UP/DOWN 清除	±38：内部虚拟 FWD 端子	±55：优先启动水泵选择 1
±22：1K1 接触器检测	±39：内部虚拟 REV 端子	±56：优先启动水泵选择 2
±23：1K2 接触器检测	±40：模拟给定频率保持	±57：优先启动水泵选择 3
±24：2K1 接触器检测	±41：加减速禁止	±58：手动消防巡检输入
±25：2K2 接触器检测	±42：运行命令通道切换到端子或面板	

❶ 表 4-16 中 -（负）表示该端子输入为高电平或上升沿有效，+（正）表示该端子输入为低电平或下降沿有效。F4-00 ～ F4-12 选择了相同的功能时，参数号大的有效。

❷ SB200 内置 8 个多功能可编程数字输入端子 X1 ～ X6、FWD、REV，还可提供 5 个扩展输入端子。

在实际应用中作为一款专用变频器供水用。变频器水泵数字输入功能详细说明如下。

•0：除 F4-05 为 0 时 X6/PFI 连接到 PFI 外，其他 X 端子为不连接。

•1 ～ 3：多段频率选择。编码选择多段频率 1 ～ 7，如表 4-17 所示，表中"0"为无效，"1"为有效。

表4-17 多段频率选择

多段频率选择 3	多段频率选择 2	多段频率选择 1	选择的多段频率
0	0	0	频率由 F0-01 选择的通道给定
0	0	1	F4-20 多段频率 1
0	1	0	F4-21 多段频率 2
0	1	1	F4-22 多段频率 3
1	0	0	F4-23 多段频率 4
1	0	1	F4-24 多段频率 5
1	1	0	F4-25 多段频率 6
1	1	1	F4-26 多段频率 7

•4 ～ 6：清水池水位检测。用于恒压供水时缺水保护。

•7：加减速时间 2 选择。若该信号有效，选择第 2 加减速时间，点动运行和紧急停机时加减速时间选择无效。

•8～10：多段 PID 选择 1～3。该 3 个端子功能通过编码选择当前 PID 的给定值。

•11：给定频率切换至 AI1。当该信号有效时，普通运行频率给定通道将强制切换为 AI1 模拟电压 / 电流给定。无效后，频率给定通道恢复。

•12：外部故障输入。通过该信号将变频器外围设备的异常或故障信息输入到变频器，使变频器停机，并报外部故障。该故障无法自动复位，必须进行手动复位。可通过设置正负值来确定常闭 / 常开输入。外部故障可由数字输出 10 "外部故障停机"进行指示，面板显示（Er.EEF）。

•13：故障复位。该信号为有效边沿时对故障进行复位，功能与操作面板◎的复位功能一样。

•14～15：正转、反转点动运行。

•16：紧急停机。若该信号有效，变频器按 F1-04 "紧急停机减速时间"停机。

•17：变频器运行禁止。该信号有效时会禁止变频器运行，若在运行中则变频器自由停机。

•18：自由停机。变频器在运行中若该信号为有效，则立即封锁输出，电机惯性滑行停机。

•19～21：UP/DOWN，增，减、清除。

•22：1K1 接触器检测，用于 1# 泵变频运行接触器检测。

•23：1K2 接触器检测，用于 1# 泵工频运行接触器检测。

•24：2K1 接触器检测，用于 2# 泵变频运行接触器检测。

•25：2K2 接触器检测，用于 2# 泵工频运行接触器检测。

•26：3K1 接触器检测，用于 3# 泵变频运行接触器检测。

•27：3K2 接触器检测，用于 3# 泵工频运行接触器检测。

•28：4K1 接触器检测，用于 4# 泵变频运行接触器检测。

•29：4K2 接触器检测，用于 4# 泵工频运行接触器检测。

•30：5K1 接触器检测，用于 5# 泵变频运行接触器检测。

•31：5K2 接触器检测，用于 5# 泵工频运行接触器检测。

当用于恒压供水时，通过连接控制水泵接触器的常开或常闭触点，检测接触器是否处于指定动作的状态。当检测到接触器的状态与指定的状态不相同时，报供水系统接触器故障 Er.cno。出现供水系统接触器故障时，供水系统全部停止，可以避免故障扩大，即时排除故障。

•32：辅助给定通道禁止。该信号有效，则辅助给定无效。

•33：PID 给定切换至 AI2。当该信号有效时，PID 给定通道将强制切换为 AI2 模拟电压 / 电流给定。

•34：停机直流制动。

•35：过程 PID 禁止。该信号有效时将禁止 PID 运行，只有在该信号无效且没有更高优先级的运行方式时，才开始 PID 运行。

•36：PID 参数 2 选择。

•37 ～ 39：三线式停机指令，内部虚拟 FWD、REV 端子。

•40：模拟量给定频率保持。当给定频率由模拟输入得到时，该信号若有效，则给定频率不随着模拟量输入变化。若信号无效，则给定频率随模拟量输入而变化。该功能在由于电磁干扰导致模拟输入指令非常容易改变的场合非常有用，如图 4-13 所示。

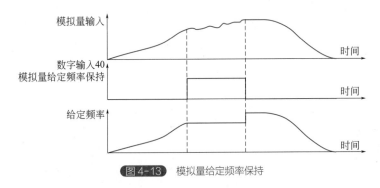

图 4-13 模拟量给定频率保持

•41：加减速禁止。该信号有效时，变频器的加减速过程停止；无效时，恢复正常的加减速动作。

•42：运行命令通道切换到端子或面板。可根据 F0-02 用该信号切换命令通道，如表 4-18 所示。

表4-18 运行命令通道选择参数

F0-02 "运行命令通道选择"	数字输入 42 状态	切换后的运行命令通道
0：操作面板	无效	操作面板
	有效	端子
1：端子	无效	端子
	有效	通信
2：通信	无效	通信
	有效	操作面板

•43 ～ 44：水泵禁止 / 电机选择。为满足部分客户选用 SB200 系列变频器驱动多台不同容量电机时（非恒压供水模式），手动切换运行的电机，这时需要设置不同的电机过载保护值。

±43：1# 水泵禁止 / 电机选择 1。

±44：2# 水泵禁止 / 电机选择 2。

在非恒压供水模式，数字输入设置 43、44 时，作为电机选择端子，用以选择电机额定电流，实现不同的保护值，如表 4-19 所示。

表4-19　电机选择端子参数设定

电机选择端子	1 # 电机电流 （F3-02）	2 # 电机电流 （F8-30）	3 # 电机电流 （F8-31）	4 # 电机电流 （F8-32）
电机选择 1	0	1	0	1
电机选择 2	0	0	1	1

恒压供水模式时，自动选择相应水泵的额定电流，实现过载保护。数字输入设置为 43、44 时，其对应功能为水泵禁止输入选择。

•45 ～ 49：水泵禁止。输入相应的水泵禁止信号，可将出现异常的水泵停止运行，进行检修。该功能主要适用于水泵检修时，不需要停止系统运行。当水泵检修完毕后，解除禁止指令，该泵自动投入系统。

•50 ～ 51：污水池水位检测。

•52 ～ 53：水位控制检测信号。当供水模式选择为水位控制时，根据水位检测信号启/停水泵。下限信号无效时，启动水泵运行；上限信号有效时，停止水泵运行。

•54：消防运转信号。该信号有效时，主泵、辅助泵全部投入运行，以最大供水能力运行，不进行恒压控制。当消防指令解除后，系统自动恢复到原运行状态。

•55 ～ 57：优先启动水泵选择。

•58：手动消防巡检输入。该信号有效时，将启动消防巡检运行，等同于消防巡检间隔时间到达。该信号为自锁式启动命令，启动后需及时解除，否则将一直处于巡检运行状态。

十、二线式、三线式端子运转模式参数的设置和接线

端子运转模式参数如表 4-20 所示。

表4-20　端子运转模式参数

参数	名称	设定范围及说明	出厂值	更改
F4-13	端子运转模式	0：单线式（启停）　1：二线式 1（正转、反转） 2：二线式 2（启停、方向） 3：二线式 3（启动、停止） 4：三线式 1（正转、反转、停止） 5：三线式 2（运行、方向、停止）	1	×

❶ 相关数字输入 37 "三线式停机指令"、38 "内部虚拟 FWD 端子"、39 "内部虚拟 REV 端子"。

❷ 表 4-21 列出了各种运行模式的逻辑和图解，表中 S 为电平有效；B 为边沿有效。

表4-21　各种运行模式的逻辑和图解

F4-13	模式名称	运行逻辑				图示
0	单线式（启停）	S：运行开关，有效时运行 注：方向由给定频率的方向确定				S — 内部虚拟FWD端子 GND
1	二线式1（正转、反转）	**S2（反转）**	**S1（正转）**	**意义**		S1 — 内部虚拟FWD端子 S2 — 内部虚拟REV端子 GND
		无效	无效	停止		
		无效	有效	正转		
		有效	无效	反转		
		有效	有效	停止		
2	二线式2（启停、方向）	**S2（方向）**	**S1（启停）**	**意义**		S1 — 内部虚拟FWD端子 S2 — 内部虚拟REV端子 GND
		无效	无效	停止		
		无效	有效	正转		
		有效	无效	停止		
		有效	有效	反转		
3	二线式3（启动、停止）	B1：运行按钮（常开） B2：停止按钮（常闭） 注：方向由给定频率的方向确定				B1 — 内部虚拟FWD端子 B2 — 内部虚拟REV端子 GND
4	三线式1（正转、反转、停止）须附加数字输入37"三线式停机指令"	B1：停止按钮（常闭） B2：正转按钮（常开） B3：反转按钮（常开）				B1 — 三线式停机指令 B2 — 内部虚拟FWD端子 B3 — 内部虚拟REV端子 GND
5	三线式2（运行、方向、停止）须附加数字输入37"三线式停机指令"	B1：停止按钮（常闭） B2：运行按钮（常开） S：方向开关，有效时反转				B1 — 三线式停机指令 B2 — 内部虚拟FWD端子 S — 内部虚拟REV端子 GND

❸ 在实际应用中端子控制模式下，对于单线式或二线式运转模式1和2，虽然都是电平有效，但当停机命令由其他来源产生而使变频器停止时，若要再次启动，

需要先给停机信号再给运行信号。

④ 对于二线式 3 运转模式和三线式运转模式，常闭停机按钮断开时运行按钮无效。

⑤ 即使运转模式确定了运转方向，也还要受到方向锁定的限制。

⑥ 如果端子命令没有方向信息，运转方向由给定频率通道的正负确定。

⑦ 需要注意的是，在运行信号存在并且变频器参数 Fb-26 "上电自启动允许" =1（出厂值）时，变频器上电会自启动。

十一、变频器数字输出和继电器输出的设置

数字输出和继电器输出参数如表 4-22 所示。

表4-22　数字输出和继电器输出参数

参数	名称	设定范围及说明	出厂值	更改
F5-00	Y1 数字输出端子功能		1	
F5-01	Y2/PFO 数字输出端子功能 / 脉冲频率输出		2	
F5-02	T1 继电器输出功能		6	
F5-03	T2 继电器输出功能		24	
F5-04	T3 继电器输出功能		25	
F5-05	T4 继电器输出功能		26	
F5-06	T5 继电器输出功能	0 ～ 61，见表 4-23 数字输出功能定义表	27	×
F5-07	T6/Y3 输出功能（扩展输出）		28	
F5-08	T7/Y4 输出功能（扩展输出）		29	
F5-09	T8/Y5 输出功能（扩展输出）		30	
F5-10	T9/Y6 输出功能（扩展输出）		31	
F5-11	T10/Y7 输出功能（扩展输出）		32	
F5-12	T11/Y8 输出功能（扩展输出）		33	

数字输出功能定义表如表4-23所示。

表4-23　数字输出功能定义表

0：变频器运行准备就绪	±21：发电运行中	±42：X9（扩展端子）
±1：变频器运行中	±22：上位机数字量1	±43：X10（扩展端子）
±2：频率到达	±23：上位机数字量2	±44：X11（扩展端子）
±3：监控检测1输出	±24：1#电机变频运行	±45：FWD
±4：监控检测2输出	±25：1#电机工频运行	±46：REV
±5：监控检测3输出	±26：2#电机变频运行	±47：加泵准备就绪中
±6：故障输出	±27：2#电机工频运行	±48：减泵准备就绪中
±7：电机负载过重	±28：3#电机变频运行	±49：辅助启动器启动信号
±8：电机过载	±29：3#电机工频运行	±50：休眠泵运行端子
±9：欠压封锁	±30：4#电机变频运行	±51：休眠运行指示
±10：外部故障停机	±31：4#电机工频运行	±52：进水池缺水
±11：故障自复位过程中	±32：5#电机变频运行	±53：接触器吸合异常
±12：瞬时停电再上电动作中	±33：5#电机工频运行	±54：排污泵控制
±13：报警输出	±34：X1	±55：1#泵注水阀控制
±14：反转运行中	±35：X2	±56：1#泵排气阀控制
±15：停机过程中	±36：X3	±57：2#泵注水阀控制
±16：运行禁止状态	±37：X4	±58：2#泵排气阀控制
±17：操作面板控制中	±38：X5	±59：消防巡检运行中
±18：指定时间输出	±39：X6	±60：AI1＞AI3
±19：频率上限限制中	±40：电机欠载	±61：模拟输入掉线监测
±20：频率下限限制中	±41：X8（扩展端子）	

注：当信号有效时，如果选择的值为正，继电器动作为吸合，Y端子动作为晶体管导通；如果选择的值为负，继电器动作为断开，Y端子动作为晶体管截止。

- 0：变频器运行准备就绪。充电接触器已吸合且无故障的状态。
- 1：变频器运行中。变频器处于运行状态。
- 2：频率到达。当变频器的运行频率在给定频率的正负检出宽度内时有效。
- 3～5：监控检测1、2、3输出。
- 6：故障输出。若变频器处于故障状态，则输出有效信号。
- 7：电机负载过重。当变频器检测到电机负载过重时该信号有效。
- 8：电机过载。当电机过载时该信号有效。
- 9：欠压封锁。当直流母线欠压引起停机时该信号有效。
- 10：外部故障停机。由于外部故障引起停机时该信号变有效，外部故障复位后该信号变无效。
- 11：故障自复位过程中。在发生故障并且等待变频器自复位的过程中该信号有效。
- 12：瞬时停电再上电动作中。主回路欠压后，并等待再启动时，该信号有效。
- 13：报警输出。当变频器报警时该信号有效。
- 14：反转运行中。当变频器在反转运行时该信号有效。

•15：停机过程中。当变频器在减速停机过程中该信号有效。

•16：运行禁止状态。变频器处于运行禁止状态时该信号有效。

•17：操作面板控制中。运行命令通道为操作面板时该信号有效。

•18：指定时间输出。当使用时钟模块控制输出时使用该选择。

•19：频率上限限制中。设定频率≥上限频率，且运行频率到达上限频率时该信号有效。

•20：频率下限限制中。设定频率≤下限频率，且运行频率到达下限频率时该信号有效。

•21：发电运行中。变频器处于发电运行状态。

•22～23：上位机数字量1、2。

•24：1# 电机变频运行。当变频器用于恒压供水时，选择该信号用于 1# 泵变频运行接触器控制。

•25：1# 电机工频运行。当变频器用于恒压供水时，选择该信号用于 1# 泵工频运行接触器控制。

•26：2# 电机变频运行。当变频器用于恒压供水时，选择该信号用于 2# 泵变频运行接触器控制。当 2# 泵为辅助泵，直接启动时，该信号无效；通过软启动器启动时，该信号用于 2# 泵切换至软启动器控制信号。

•27：2# 电机工频运行。当变频器用于恒压供水时，选择该信号用于 2# 泵工频运行接触器控制。

•28：3# 电机变频运行。当变频器用于恒压供水时，选择该信号用于 3# 泵变频运行接触器控制。当 3# 泵为辅助泵，直接启动时，该信号无效；通过软启动器启动时，该信号用于 3# 泵切换至软启动器控制信号。

•29：3# 电机工频运行。当变频器用于恒压供水时，选择该信号用于 3# 泵工频运行接触器控制。

•30：4# 电机变频运行。当变频器用于恒压供水时，选择该信号用于 4# 泵变频运行接触器控制。当 4# 泵为辅助泵，直接启动时，该信号无效；通过软启动器启动时，该信号用于 4# 泵切换至软启动器控制信号。

•31：4# 电机工频运行。当变频器用于恒压供水时，选择该信号用于 4# 泵工频运行接触器控制。

•32：5# 电机变频运行。当变频器用于恒压供水时，选择该信号用于 5# 泵变频运行接触器控制。

•33：5# 电机工频运行。当变频器用于恒压供水时，选择该信号用于 5# 泵工频运行接触器控制。当 5# 泵为辅助泵，直接启动时，该信号无效；通过软启动器启动时，该信号用于 5# 泵切换至软启动器控制信号。

•34～39：X1～X6。经消抖处理后的数字输入信号。

•40：电机欠载。当电机欠载时该信号有效。

•41～44：X8～X11（扩展端子）。经消抖处理后的扩展数字输入信号。

•45、46：FWD、REV。经消抖处理的数字输入信号。

•47：加泵准备就绪中。当变频器用于恒压供水时，该信号有效，当需要增加泵运行时输出信号。

•48：减泵准备就绪中。当变频器用于恒压供水时，该信号有效，当需要减少泵运行时输出信号。

•49：辅助启动器启动信号。当变频器用于恒压供水且配置的辅助泵由软启动器启动时该信号有效，该信号用于控制软启动器启动/停止。

•50：休眠泵运行端子。当变频器用于恒压供水且有休眠泵时该信号有效，用于休眠泵控制。若休眠泵选择为变频运行时，该信号将休眠泵切换至与变频器连接；若休眠泵为工频运行，该信号将休眠泵切换至与工频电源连接。

•51：休眠运行指示。当处于休眠运行时输出该信号。

•52：进水池缺水。进水池缺水时，停止泵运行，输出信号报警并停机。

•53：接触器吸合异常。当可编程数字输入端用于接触器检测时，如果检测接触器的状态与控制逻辑不一致时，输出该信号报警并停机。

•54：排污泵控制。通过污水水位检测，输出该信号控制排污泵的启动/停止。

•55：1# 泵注水阀控制。

•56：1# 泵排气阀控制。

•57：2# 泵注水阀控制。

•58：2# 泵排气阀控制。

当水泵变频运行时，如果检测到不能正常供水，则判断为管路有空气，需打开注水阀和排气阀，向管路注水、排气。

•59：消防巡检运行中。当变频器用于专用消防供水时，定期对水泵进行巡检运行，巡检运行输出该信号。仅在 F4-00=4 时有效。

•60：AI1 > AI3。指示 AI1 > AI3 的状态。

•61：模拟输入掉线监测。当某一模拟输入信号低于对应掉线检测门限时，输出该信号。

十二、变频器模拟量及脉冲频率端子的设置

模拟量及脉冲频率端子 AI1、AI2、AI3 具有相同的电气特性和相同含义的参数设置，以 AI1 通道参数为例进行说明，如表 4-24 所示。

表4-24　AI1通道参数

参数	名称	设定范围及说明	出厂值	更改
F6-00	AI1 最小输入模拟量	−100.00% ～ 100.00%	0.00	○
F6-01	AI1 最大输入模拟量		100.00%	○

续表

参数	名称	设定范围及说明	出厂值	更改
F6-02	AI1 最小输入模拟量对应的给定值 / 反馈值	−100.00% ～ 100.00% 注：给定频率时以最高频率为参考值 PID 给定 / 反馈时以 PID 参考标量的百分比为参考值	0.00	○
F6-03	AI1 最大输入模拟量对应的给定值 / 反馈值		100.00%	○
F6-04	AI1 拐点输入模拟量	F6-00"最小模拟量"～ F6-01"最大模拟量"	0.00	○
F6-05	AI1 拐点偏差	0.00 ～ 50.00%	2.00%	○
F6-06	AI1 拐点对应的给定值 / 反馈值	−100.00% ～ 100.00%	0.00	○
F6-07	AI1 掉线门限	−20.00% ～ 20.00%	0.00	○
F6-08	AI1 输入滤波时间	0.000 ～ 10.000s	0.100s	○

❶ 最大、最小输入模拟量以 −100.00% ～ 100.00％ 对应电压输入 −10 ～ 10V（或电流信号 −20 ～ 20mA）。最大、最小输入模拟量为给定或反馈的最小有效信号，如：AI1 输入信号为 0 ～ 10V，而实际需求为 2 ～ 8V 对应 0.00 ～ 100.00％，则 F6-00=20.00（20.00％），F6-01=80.00（80.00％）。同样，当 AI1 输入为电流信号时，实际需求为 4 ～ 20mA 对应 0.00 ～ 100.00％，则 F6-00=20.00（20.00％），F6-01=100.00（100.00％）。

❷ 模拟输入 AI1、AI2、AI3 均可输入电流信号（−20 ～ 20mA）或电压信号（−10 ～ 10V）。

［例］模拟输入：（AI1、AI3 出厂值） 多数应用场合模拟输入电压电流为 0 ～ 10V/0 ～ 20mA，对应给定 / 反馈为 0 ～ 100％ 的应用时可直接使用默认的出厂值。此时的拐点输入模拟量和最小输入模拟量重合，如图 4-14 所示。

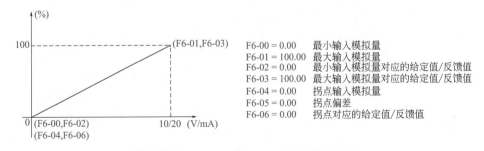

图 4-14 拐点输入模拟量和最小输入模拟量重合

［例］模拟输入：某些应用场合模拟输入电压电流为 −10 ～ 10V/−20 ～ 20mA，对应给定 / 反馈为 0 ～ 100％ 的应用时参数设置如图 4-15 所示。

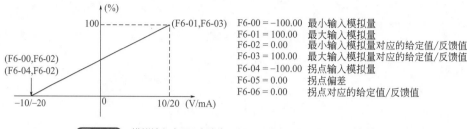

F6-00 = −100.00　最小输入模拟量
F6-01 = 100.00　最大输入模拟量
F6-02 = 0.00　最小输入模拟量对应的给定值/反馈值
F6-03 = 100.00　最大输入模拟量对应的给定值/反馈值
F6-04 = −100.00　拐点输入模拟量
F6-05 = 0.00　拐点偏差
F6-06 = 0.00　拐点对应的给定值/反馈值

图4-15　模拟输入电压/电流为 −10 ~ 10V/−20 ~ 20mA 时参数设置

十三、变频器 PID 控制功能的选择

过程 PID 参数 F7-00 的设定范围如表 4-25 所示。

表4-25　过程PID参数F7-00的设定范围

参数	名称	设定范围及说明	出厂值	更改
F7-00	PID 控制功能选择	0：不选择过程 PID 控制 1：选择过程 PID 控制（PID 输出以最大频率为 100%） 2：选择 PID 对给定频率修正（PID 输出以最大频率为 100%） 3：选择过程 PID 控制用于恒压供水	0	×

❶ 过程 PID 可用于张力、压力、流量、液位、温度等过程变量的控制。比例环节产生与偏差成比例变化的控制作用来减少偏差；积分环节主要用于消除静差，积分时间越长，积分作用越弱，积分时间越短，积分作用越强；微分环节通过偏差的变化趋势预测偏差信号的变化，并在偏差变大之前产生抑制偏差变大的控制信号，从而加快控制的响应速度。

❷ 如果选择过程 PID 控制用于恒压供水（F7-00=3），而没有选择供水功能时，参数设置无效，等同于 F7-00=0。

❸ 过程 PID 的结构如图 4-16 所示。

❹ 过程 PID 用于给定频率修正可以使变频器方便地用于主从同步或张力控制的场合。

给定频率修正：PID 输出叠加在加减速斜坡前的给定频率上进行修正，如图 4-17 所示。

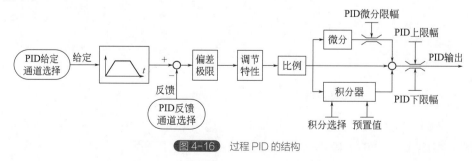

图4-16　过程 PID 的结构

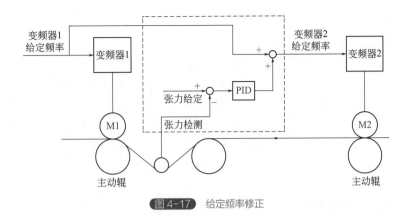

图 4-17 给定频率修正

恒压供水频率给定，如图 4-18 所示。

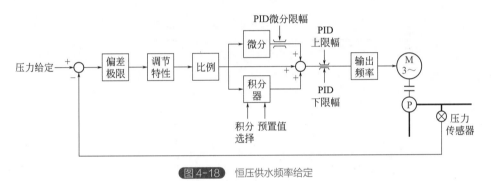

图 4-18 恒压供水频率给定

十四、变频器供水模式的选择

供水模式参数 F8-00 设定范围如表 4-26 所示。

表4-26 供水模式参数F8-00设定

参数	名称	设定范围及说明	出厂值	更改
F8-00	供水功能模式	0：不选择供水功能　　　　1：普通 PI 调节恒压供水 2：水位控制 3：单台泵依次运行，以水泵容量排序 4：消防专用供水	0	×

❶ F8-00=1 "普通 PI 调节恒压供水"。变频器对压力信号进行采样，并经 PI 调节器运算确定变频器的输出频率，调节水泵的运行转速，从而实现恒压供水。当有消防运转指令输入时，以设定的加速时间快速启动水泵运行，这时输出频率不由 PID 调节器给出。

❷ F8-00=2 "水位控制"。在水位控制模式下，变频器接收到运行指令后，进入待机状态，依据水位信号启 / 停水泵。运行时，主泵、辅助泵均以全速运行。

❸ F8-00=3 "单台泵依次运行，以水泵容量排序"。系统规定 1# 容量为最小，遵循 1# 泵 < 2# 泵 < 3# 泵……的顺序，当较小容量泵运行到上限频率时，如果压力低于设定值，则停止当前泵，启动较大容量泵运行。当较大泵运行在下限频率而压力高于设定值时，停止当前泵，启动较小容量泵运行。单台泵恒压运行时，运行频率由 PID 调节器给出。

❹ F8-00=4 "消防专用供水"。选择消防专用供水时，定期对水泵进行巡检，以免水泵长期不运转而锈死。当消防运转指令输入时，系统快速启动所有泵，以最大供水能力运行。此模式下，输出频率不由 PID 调节器给出。

十五、变频器水泵配置及休眠选择 F8-01 参数在供水模式时的设置

水泵配置及休眠选择参数如表 4-27 所示。

表4-27　水泵配置及休眠选择参数设置

参数	名称	设定范围及说明	出厂值	更改
F8-01	水泵配置及休眠选择	个位—变频循环投切泵的数量：1 ～ 5 十位—辅助运行泵的数量：0 ～ 4 百位—辅助泵启动方式 0：直接启动　　　　　　1：通过软启动器启动 千位—休眠及休眠泵选择 0：不选择休眠运行　　　1：休眠泵变频运行 2：休眠泵工频运行　　　3：主泵休眠运行 万位—排污泵选择 0：不控制排污泵　　　　1：控制排污泵	00001	×

• 变频循环投切泵（主泵）数量：指既可以变频运行又可以工频运行的水泵，最大配置为 5 台。

• 辅助泵运行数量：指仅工频运行的水泵。

• 辅助泵启动方式："0：直接启动"，只能用于较小功率水泵，通常为 30kW 以下的水泵。"1：通过软启动器启动"，当水泵容量较大时，不能直接投入到工频运行，需要通过软启动器启动等方式，同时需要配置数字输出或继电器输出用以控制软启动器启动 / 停止。

 注意：

主泵和辅助泵数目根据继电器数目配置，变频器内置 5 个继电器，可扩展到 11 个继电器，主泵＋辅助泵≤ 5。当设置主、辅泵总数目＞ 5 时，辅助泵台数＝ 5-主泵台数（系统优先配置主泵，例：主泵台数为 2，辅助泵台数为 2 时主泵编号为 1# 泵、2# 泵，辅助泵编号为 3# 泵、4# 泵）。

- 休眠及休眠泵选择：配置比主泵容量小的水泵作为休眠泵，在用水量很小时，启动休眠泵更节能。
- 排污泵选择：安装污水池液位检测开关或液位传感器，控制排污泵运行。

十六、变频器故障及 PID 下限选择参数的设置

森兰 SB200 系列变频器故障及 PID 下限选择参数如表 4-28 所示。

表4-28　森兰SB200系列变频器故障及PID下限选择参数

参数	名称	设定范围及说明	出厂值	更改
F8-02	故障及 PID 下限选择	个位：PID 下限选择 0：停止运行　　1：保持运行 十位：故障动作选择 0：全部泵停止运行，处于故障状态 1：保持工频运行的泵，故障复位后继续运行 2：保持工频运行的泵，故障复位后处于待机状态	00	×

❶ PID 下限选择。选"0：停止运行"时，当单台水泵处于下限频率运行而反馈值仍大于给定值时，水泵停止运转；在某些场合，不允许全部水泵停止运转，即便是单台水泵处于下限频率运行反馈值仍大于给定值，在这种需求情况下，需设置为"1：保持运行"。

❷ 故障动作选择。提供了几种动作选择，选为"1""2"时，当变频器或外部故障时，保持已经处于工频运行的水泵继续运行。当接触器检测故障时，此功能无效。

十七、变频器清水池、污水池水位信号选择参数的设置

清水池、污水池水位信号选择参数如表 4-29 所示。

表4-29　清水池、污水池水位信号选择参数

参数	名称	设定范围及说明	出厂值	更改
F8-03	清水池、污水池水位信号选择	十位：污水池信号选择 个位：清水池信号选择 0：不检测水位信号　　1：模拟信号 AI1 输入 2：模拟信号 AI2 输入　　3：模拟信号 AI3 输入 4：数字信号输入	00	○
F8-04	清水池水位下限信号	0.0 ～ 100.0%	30.0%	○
F8-05	清水池水位上限信号		80.0%	○
F8-06	清水池缺水信号		50.0%	○

参数	名称	设定范围及说明	出厂值	更改
F8-07	清水池缺水时压力给定	−F7-03 ～ F7-03	4.00%	○
F8-08	污水池下限水位信号	0.0 ～ 100%	30.0%	○
F8-09	污水池上限水位信号		80.0%	○

❶ 清水池水位信号。可以通过液位传感器或外部液位开关进行检测，F4-04、F4-05、F4-06 分别设置清水池的下限、上限和缺水信号。当水位低于缺水水位时，将自动切换到缺水时压力给定（F4-07）运行，通过这样处理，避免在水源较少时以最大能力投入运行，造成不必要的损耗。当水位信号低于下限水位信号时，系统停止运转，并报清水池缺水故障。选择为数字输入时，选择任意 3 个数字输入端作为液位输入，分别设置为"4、5、6 清水池水位检测信号"。

清水池信号检测电路如图 4-19 所示。

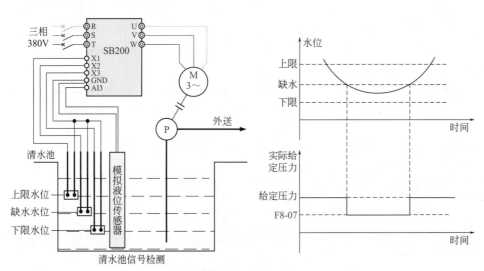

图 4-19　清水池信号检测电路

❷ 污水池水位信号。可以通过液位传感器或外部液位开关进行检测，F8-08、F8-09 分别设置污水池的下限、上限，当检测到污水积水到达上限水位时，排污泵自动运行（需设置排污泵与相应控制继电器），当污水积水排放到下限液位时，排污泵停止运转。选择为数字输入时，选择任意两个数字输入端作为液位输入，分别设置为"50、51 污水池水位检测"，信号连接时，只需两个普通的简易水位探头（可用硬铜丝替代），固定于污水池中，引出三根线至变频器可编程数字输入端子，即可实现污水池水位检测。污水池信号检测电路如图 4-20 所示。

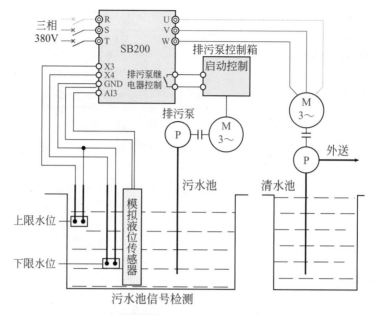

图 4-20 污水池信号检测电路

十八、变频器加泵延时时间、减泵延时时间参数的设置

加泵延时时间、减泵延时时间参数如表 4-30 所示。

表4-30 加泵延时时间、减泵延时时间参数

参数	名称	设定范围及说明	出厂值	更改
F8-10	加泵延时时间	0.0～600.0s	30.0s	○
F8-11	减泵延时时间		30.0s	○

❶ 加泵延时时间：该参数是设定变频器的输出频率到达上限频率以后，用来判断是否增加水泵的判断时间。消防运转指令输入时，该参数设置无效，这时以最短时间启动主泵和辅助泵。

❷ 减泵延时时间：该参数是设定变频器的输出频率到达泵下限频率以后，用来判断是否减少水泵的判断时间。消防运转指令输入时，该参数设置无效，这时以最短时间启动主泵和辅助泵。

❸ 加泵延时时间和减泵延时时间依据压力变化的快慢来设定，在不发生振荡的范围内，设置时间越短越好。

十九、变频器加泵切入频率、减泵切入频率参数的设置

加泵切入频率、减泵切入频率参数如表 4-31 所示。

表4-31　加泵切入频率、减泵切入频率参数

参数	名称	设定范围及说明	出厂值	更改
F8-12	加泵切入频率	0.00 ~ 50.00Hz	40.00Hz	○
F8-13	减泵切入频率		45.00Hz	○

❶ 加泵切入频率：当输出频率到达上限频率，需要增加泵运行时，变频器运行到加泵切入频率，避免由于泵的增加造成压力突然增加，导致压力超调，发生振荡。

❷ 减泵切入频率：当输出频率到达变频运行泵最低运行频率，需要减少泵运行时，变频器运行到减泵切入频率，避免由于泵突然减少（通常运行在工频状态下）导致压力下降很多。

二十、变频器减泵偏差上限设定、加泵偏差下限设定参数的设置

减泵偏差上限设定、加泵偏差下限设定参数如表4-32所示。

表4-32　减泵偏差上限设定、加泵偏差下限设定参数设定

参数	名称	设定范围及说明	出厂值	更改
F8-14	减泵偏差上限设定	−F7-03 ~ F7-03	0.20	○
F8-15	加泵偏差下限设定		−0.20	○

❶ 减泵偏差上限设定：当输出频率到达变频运行泵最低运行频率，若压力仍高于设定压力 + F8-14 时，进行减泵判断及减泵运行。

❷ 加泵偏差下限设定：当输出频率到达上限频率，若压力仍低于设定压力 −F8-15 时，进行加泵判断及加泵运行。

二十一、变频器机械互锁时间参数的设置

机械互锁时间参数如表 4-33 所示。

表4-33　机械互锁时间参数

参数	名称	设定范围及说明	出厂值	更改
F8-16	机械互锁时间	0.50 ~ 20.00s	0.5s	○

❶ 机械互锁时间：此参数主要是用于将一台水泵（电机）从变频运行切换到工频运行，为了防止由于电磁开关（接触器）动作的延时使变频器与工频交流电源发生短路而设置的参数。

❷ 实际应用中我们需要注意电磁开关（接触器）容量越大，通常设置的时间也应适当增大。

二十二、变频器辅助启动器启动时间的设置

辅助启动器启动时间：辅助启动器一般为软启动器，在辅助泵功率较大时，为了避免直接启动产生太大的冲击电流，一般通过配置软启动器来启动辅助泵运行。其参数如表 4-34 所示。

表4-34　辅助启动器启动时间参数

参数	名称	设定范围及说明	出厂值	更改
F8-17	辅助启动器启动时间	0.50～60.00s	5.00s	○

二十三、变频器下限频率运行停止时间参数的设置

下限频率运行停止时间：当系统中一台以上水泵处于工频运行和一台水泵处于变频运行时，变频运行水泵长期运行在下限频率，若这种状态超过设定的时间，将停止一台处于工频运行的水泵。设置为 0 时，该功能无效，参数设置太小，可能会造成振荡。其参数如表 4-35 所示。

表4-35　下限频率运行停止时间参数

参数	名称	设定范围及说明	出厂值	更改
F8-19	下限频率运行停止时间	0.0～1200.0s（0.0 无效）	300.0s	○

森兰 SB200 系列变频器休眠功能参数设置如表 4-36 所示。

表4-36　休眠功能参数

参数	名称	设定范围及说明	出厂值	更改
F8-20	休眠频率	1.00～50.00Hz	40.00Hz	○
F8-21	休眠等待时间	1.0～1800.0s	60.0s	○
F8-22	唤醒偏差设定	−F7-03～F7-03	−0.20	○
F8-23	唤醒延时时间	0.1～300.0s	30.0s	○

休眠功能需设置休眠方式。当用水量较少，且只有一台水泵处于变频运行时，如果运行频率低于休眠频率（F8-20），运行时间超过休眠等待时间（F8-21），系统转为休眠运行，主泵停止运行。若配置为休眠小泵运行，则启动休眠小泵运行，在休眠小泵运行期间：

❶ 如果运行频率为上限频率或工频，而压力持续低于唤醒压力（给定 +F8-22），其运行时间超过唤醒延时时间（F8-23），系统恢复正常供水。

❷ 如果压力持续高于切换压力上限（给定 +F8-14），小泵的动作根据 PID 下限

选择（F8-02）确定；若无专用休眠小泵，随着用水量增加，如压力低于唤醒压力
（给定 +F8-22）持续时间超过唤醒延时时间（F8-23），系统恢复正常供水。

其时序图如图 4-21 所示。

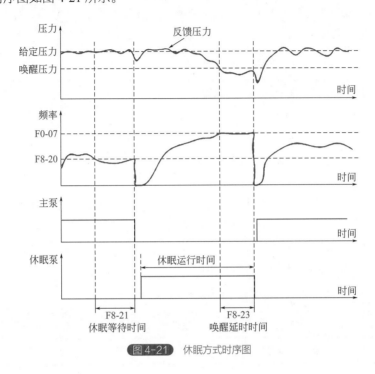

（图 4-21） 休眠方式时序图

二十四、变频器水泵额定电流参数的设置

水泵额定电流：F8-30 ～ F8-35 各泵额定电流，应根据各泵铭牌参数设置额定电流值，用于各泵过载报警。只对在变频运行状态下的水泵进行过载保护检测。参数如表 4-37 所示。

表4-37 水泵额定电流参数设置

参数	名称	设定范围及说明	出厂值	更改
F8-30 ～ F8-34	1# ～ 5# 泵额定电流	0.5 ～ 1200.0A	机型确定	×
F8-35	休眠小泵额定电流			×

二十五、变频器水泵启动 / 停止顺序参数的设置

水泵启动 / 停止顺序参数如表 4-38 所示。

表4-38　水泵启动/停止顺序参数

参数	名称	设定范围及说明		出厂值	更改
F8-39	水泵启动/停止顺序	个位：停止顺序（仅用于辅助泵） 0：先启动先停止　　　　　1：先启动后停止 十位：启动顺序 0：由控制端子选择优先启动的水泵 1：1# 水泵优先启动　　　2：2# 水泵优先启动 3：3# 水泵优先启动　　　4：4# 水泵优先启动 5：5# 水泵优先启动　　　6：启动停止时间较长的泵		00	×

❶ 停止顺序：仅用于辅助泵，先启动后停止主要适用于各泵容量不同的情况。

❷ 启动顺序：选择"0"时，由控制端子选择优先启动的水泵，外部端子分别设置为 55"优先启动水泵选择 1"、56"优先启动水泵选择 2"、57"优先启动水泵选择 3"，选择"1～5"时，直接选择需要优先启动的水泵。选择"6"时，启动停止时间较长的泵，避免长期不用而锈死。变频器内置定时轮换功能，当优先启动的水泵序号大于系统配置时，自动从 1# 水泵开始启动。

二十六、变频器注水阀、排气阀控制参数的设置

需要设置相应的输出端子（数字输出或继电器输出）用于控制注水阀、排气阀，当水泵启动运行到上限频率时，如果检测到水泵处于欠载状态，则对管网进行注水、排气处理。当注水、排气时间达到 F8-43 设定的时间时，水泵重新开始运行，如果连续几次都不能正常供水时，则以进水池缺水报警。参数表如表 4-39 所示。

表4-39　变频器注水阀、排气阀控制参数设置

参数	名称	设定范围及说明		出厂值	更改
F8-42	注水阀、排气阀控制	十位：2# 泵　　　　　　个位：1# 泵 0：无注水阀和排气阀　　1：控制注水阀		00	○
F8-43	注水、排气时间	10.0～360.0s		180.0s	○

二十七、变频器水泵禁止运行参数的设置

供水系统中相应的参数为 11 时，禁止对应的水泵运行，以便对该泵进行检修和维护。F8-44～F8-50 该组参数与数字输入 44～50 并列有效，如表 4-40 所示。

表4-40　水泵禁止运行参数设置

参数	名称	设定范围及说明		出厂值	更改
F8-44～F8-48	1#～5# 泵禁止	0：无效　　　　11：禁止该泵运行		0	○
F8-49	休眠小泵禁止			0	○
F8-50	排污泵禁止			0	○

二十八、变频器电机过载保护参数的设置

变频器电机过载保护参数如表4-41所示。

表4-41　变频器电机过载保护参数

参数	名称	设定范围及说明	出厂值	更改
Fb-00	电机散热条件	0：普通电机　　　1：变频电机或带独立风扇	0	○
Fb-01	电机过载保护值	50.0%～150.0%，以电机额定电流为100%	100.0%	○
Fb-02	电机过载保护动作选择	0：不动作　　　1：报警，并继续运行 2：故障并自由停机	2	×

❶ Fb-00 "电机散热条件"　需要用户指定变频器所带电机类型来了解电机的散热条件。普通电机低速运行时，自冷风扇散热效果变差，变频器的过载保护值在低速运行时也相应变低，如图4-22所示。

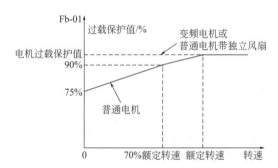

图4-22　变频器的过载保护值在低速运行时也相应变低

❷ Fb-01 "电机过载保护值"　用来调整电机过载保护曲线。电机在额定转速下运行，若Fb-01设为100％，突然转到150％电机额定电流运行，1min后将发生过载保护。保护时间曲线如图4-23所示。

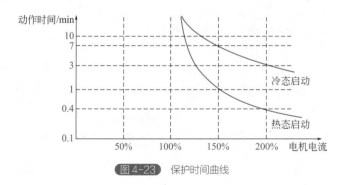

图4-23　保护时间曲线

❸ 电机过载保护以后，需等待一段时间使电机冷却后才能继续运行。

❹ 电机过载保护只适用于一台变频器驱动一台电机的场合。在一台变频器同时

驱动多台电机的场合，需要在每台电机上分别安装热保护装置。

二十九、变频器电机负载过重保护参数的设置

电机负载过重：当电机电流超过 Fb-04 并持续时间超过 Fb-05 设定的时间时，根据 Fb-03 设定的动作方式响应。该功能可以用于检测机械负载是否存在异常而使电流过大的情况。其参数如表 4-42 所示。

表4-42　电机负载过重保护参数

参数	名称	设定范围及说明	出厂值	更改
Fb-03	电机负载过重保护选择	个位：负载过重检测选择 0：一直检测　　1：仅恒速运行时检测 十位：负载过重动作选择 0：不动作　　1：报警，并继续运行 2：故障并自由停机	00	×
Fb-04	电机负载过重检出水平	20.0%～200.0%，以电机额定电流为100%	130.0%	×
Fb-05	电机负载过重检出时间	0.0～30.0s	5.0s	×

三十、变频器电机欠载保护参数的设置

电机欠载保护参数如表 4-43 所示。

表4-43　电机欠载保护参数

参数	名称	设定范围及说明	出厂值	更改
Fb-06	电机欠载保护	个位：欠载动作选择 0：不动作　　1：报警，并继续运行 2：故障并自由停机 十位：负载欠载检测选择 0：检测出电流　　1：检测输出功率	0	×
Fb-07	电机欠载保护水平	0.0～100%，以电机额定电流为100%	30.0%	×
Fb-08	欠载保护检出时间	0.0～100.0s	1.0s	×

❶ 电机欠载保护：当输出电流低于 Fb-07，且持续时间超过 Fb-08 设定时间时，根据 Fb-06 设定的动作方式响应。该功能对水泵无水空转、传动带断掉、电机侧接触器开路等故障可以及时进行检测。

❷ 当变频器进行空载测试时，不要打开此保护功能。

❸ 当输出频率低于欠载检出频率，欠载保护不动作。

三十一、变频器输入、输出缺相参数的设置

❶ 变频器的输入缺相保护功能根据输入缺相引起的直流母线电压纹波来判断，当变频器空载或轻载时可能不会检出输入缺相；当输入三相严重不平衡或者输出严重振荡时，会检出输入缺相。

❷ 变频器输出缺相保护：当变频器输出缺相时，电机单相运行，电流和转矩脉动都变大，输出缺相保护可避免损坏电机和机械负载。

❸ 输出频率或电流很低时，输出缺相保护无效。

输入、输出缺相参数的设置如表 4-44 所示。

表4-44　输入、输出缺相参数的设置

参数	名称	设定范围及说明	出厂值	更改
Fb-11	其他保护动作选择	个位：变频器输入缺相保护 0：不动作　　　　　　　1：报警，并继续运行 2：故障并自由停机 十位：变频器输出缺相保护 0：不动作　　　　　　　1：报警，并继续运行 2：故障并自由停机 百位：操作面板掉线保护 0：不动作　　　　　　　1：报警，并继续运行 2：故障并自由停机 千位：参数存储失败动作选择 0：报警，并继续运行　　1：故障并自由停机	0022	×

三十二、变频器直流母线欠压参数的设置

直流母线欠压参数如表 4-45 所示。

表4-45　直流母线欠压参数

参数	名称	设定范围及说明	出厂值	更改
Fb-18	直流母线欠压动作	0：自由停机，并报欠压故障（Er.dcL） 1：自由停机，在 Fb-20 "瞬时停电允许时间" 内，电源恢复再启动，若超出则报欠压故障（Er.dcL） 2：自由停机，CPU 运行中电源恢复则再启动，不报欠压故障 3：减速运行，CPU 运行中电源恢复则加速到给定频率，不报欠压故障	0	×
Fb-19	直流母线欠压点	300～450V	380V	×
Fb-20	瞬时停电允许时间	0.0～30.0s	0.1s	×
Fb-21	断停减速时间	0.0～200.0s，设为 0.0 则使用当前的减速时间	0.0s	×

瞬时停电的检测是靠直流母线电压的检测完成的。当直流母线电压低于 Fb-19 "直流母线欠压点"时，有以下处理方式：

❶ Fb-18 = 0：将欠压视为故障，自由停机，报直流母线欠压故障。

❷ Fb-18 = 1：封锁输出，从而直流母线电压下降变缓，若在 Fb-20 "瞬时停电允许时间"内电压恢复，则再启动（启动方式由 Fb-25 "瞬停、自复位、运行中断再启动方式"确定），欠压超时则报故障。

❸ Fb-18 = 2：封锁输出，从而直流母线电压下降变缓，只要 CPU 没有因欠压而掉电（可通过操作面板显示是否消失判断），检测到电压恢复，则再启动（启动方式由 Fb-25 "瞬停、自复位、运行中断再启动方式"确定）。

❹ Fb-18 = 3：欠压时刻开始按 Fb-21 "瞬停减速时间"或当前减速时间减速运行，靠减速时负载动能回馈维持直流母线电压，若电压恢复则加速到给定频率。直流母线电压维持时间与负载惯量、转速、转矩和减速时间有关。

❺ Fb-18 = 1、2、3 的处理方式：对风机、离心机等大惯量负载，可避免瞬时停电导致的欠压停机。

Fb-20 "瞬时停电允许时间"：该参数仅用于 Fb-18 = 1 的情况。运行中欠压则自由停机并报欠压故障（Er.dcL），待机时欠压只报警（AL.dcL）。

三十三、变频器水位传感器异常选择参数的设置

水位传感器异常选择参数的设置如表 4-46 所示。

表4-46　水位传感器异常选择参数的设置

参数	名称	设定范围及说明	出厂值	更改
Fb-42	水位传感器异常选择	0：不动作　1：报警　2：故障并自由停机	0	○

❶ 当变频器用于恒压供水时，如果安装了清水池水位检测开关，当水位检测开关异常时则发出相应动作（报警或故障停机），异常情况如：上限开关处于闭合状态而下限开关处于断开状态。

❷ Fb-42 = 1：发出 AL.LPo 报警信号，保持当前状态。

❸ Fb-42 = 2：发出 Er.LPo 故障信号，并自由停机。

三十四、变频器变频循环投切一控二和一台辅助泵的应用实例

变频循环投切一控二和一台辅助泵的应用电路图如图 4-24 所示。

变频循环一控二和一台辅助泵应用时部分参数的参考设置：

F0-02=0 操作面板启动 / 停止变频器；

F4-00=22 选择 X1 作为 1K1 接触器检测输入；

F4-01=23 选择 X2 作为 1K2 接触器检测输入；

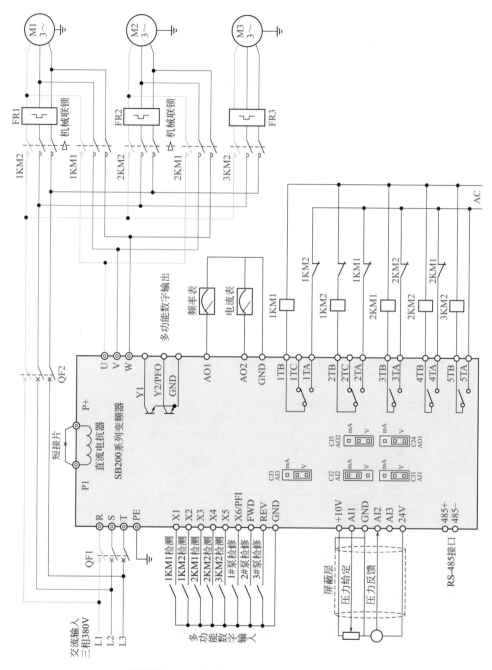

图 4-24 变频循环投切一控二和一台辅助泵的应用图

F4-02=24 选择 X3 作为 2K1 接触器检测输入；

F4-03=25 选择 X4 作为 2K2 接触器检测输入；

F4-04=27 选择 X5 作为 3K2 接触器检测输入；

F4-05=43 选择 X6 作为 1# 水泵禁止（检修指令）输入；

F4-11=44 选择 FWD 作为 2# 水泵禁止（检修指令）输入；

F4-12=45 选择 REV 作为 3# 水泵禁止（检修指令）输入；

F3-02=24 选择 T1 继电器作为 1# 泵变频运行控制输出；

F3-03=25 选择 T2 继电器作为 1# 泵工频运行控制输出；

F3-04=26 选择 T3 继电器作为 2# 泵变频运行控制输出；

F3-05=27 选择 T4 继电器作为 2# 泵工频运行控制输出；

F3-06=29 选择 T5 继电器作为 3# 泵工频运行控制输出；

F7-00=3 选择过程 PID 控制，用于恒压供水频率给定；

F7-01=1 选择 AI1 作为压力给定信号输入；

F7-02=1 选择 AI2 作为压力反馈信号输入；

F7-03 根据压力传感器量程设置；

F4-00=1 选择普通 PI 调节恒压供水；

F4-01= 03012 设置变频循环泵台数为 2，工频辅助泵台数为 1，休眠方式为主泵休眠；

F4-24、F4-25 分别根据 1#、2# 水泵最低出水频率设置；

F4-30、F4-31 分别根据 1#、2# 水泵额定电流（铭牌参数）设置。

系统运行时序图如图 4-25 所示。

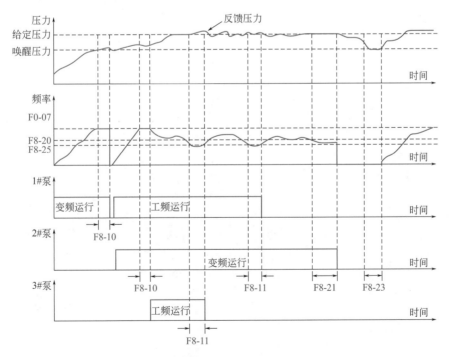

图 4-25 系统运行时序图

三十五、变频器加软启动器恒压供水的应用

变频器加软启动器恒压供水电路接线图如图 4-26 所示。

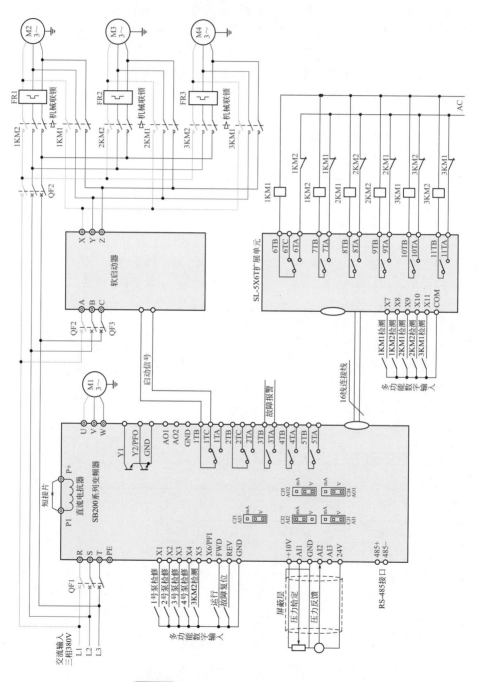

图 4-26　变频器加软启动器恒压供水应用图

变频器加软启动器恒压供水应用时的部分参数参考设置：

F4-00=43 选择 X1 作为 1# 水泵禁止（检修指令）输入；

F4-01=44 选择 X2 作为 2# 水泵禁止（检修指令）输入；

F4-02=45 选择 X3 作为 3# 水泵禁止（检修指令）输入；

F4-03=46 选择 X4 作为 4# 水泵禁止（检修指令）输入；

F4-04=29 选择 X5 作为 3K2 接触器检测输入；

F4-06=24 选择 X7 作为 1K1 接触器检测输入；

F4-07=25 选择 X8 作为 1K2 接触器检测输入；

F4-08=26 选择 X9 作为 2K1 接触器检测输入；

F4-09=27 选择 X10 作为 2K2 接触器检测输入；

F4-10=28 选择 X11 作为 3K1 接触器检测输入；

F4-11=38 选择 FWD 作为运转指令输入；

F4-12=13 选择 REV 作为故障复位指令输入；

F3-02=49 选择 T1 继电器作为软启动器启动信号控制输出；

F3-04=13 选择 T3 继电器作为故障报警输出；

F3-07=26 选择 T6 继电器作为 2# 泵软启动器运行控制输出；

F3-08=27 选择 T7 继电器作为 2# 泵工频运行控制输出；

F3-09=28 选择 T8 继电器作为 3# 泵软启动器运行控制输出；

F3-10=29 选择 T9 继电器作为 3# 泵工频运行控制输出；

F3-11=30 选择 T10 继电器作为 4# 泵软启动器运行控制输出；

F3-12=31 选择 T11 继电器作为 4# 泵工频运行控制输出；

F7-00=3 选择过程 PID 控制，用于恒压供水频率给定；

F7-01=1 选择 AI1 作为压力给定信号输入；

F7-02=1 选择 AI2 作为压力反馈信号输入；

F7-03 根据压力传感器量程设置；

F4-00=1 选择普通 PI 调节恒压供水；

F4-01= 03031 设置变频循环泵台数为 1，工频辅助泵台数为 3，休眠方式为主泵休眠；

F4-24 根据 1# 水泵最低出水频率设置；

F4-30 根据 1# 水泵额定电流（铭牌参数）设置。

三十六、变频器的数字 I/O 扩展板

数字 I/O 扩展板用于数字输入输出端子数量的扩展。

安装方法：①确认变频器断电；② 把扩展板附送的塑料柱大头插在主控板上；③将扩展板的插座对准主控板接口处的插针（J1），并使扩展板两个安装孔对准已放

好的塑料柱按下。

基本接线如图 4-27 所示。

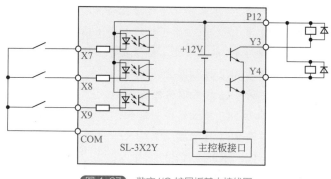

图 4-27 数字 I/O 扩展板基本接线图

第三节 森兰Hope800系列高性能矢量控制变频器现场操作技能

一、变频器部件的拆卸和安装

Hope800 系列变频器是希望森兰科技股份有限公司自主开发的新一代低噪声、高性能、多功能变频器。由于变频器模块化设计所以应用极其广泛，其外形如图 4-28 所示。

1. 操作面板的拆卸和安装

• 拆卸：将手指放在操作面板上方的半圆球坑处，按住操作面板顶部的弹片后向外拉，如图 4-29 所示。

• 安装：先将操作面板的底部固定卡口对接在操作面板安装槽下方的卡钩上，用手指按住操作面板上部后往里推，到位后松开，如图 4-29 所示。

图 4-28 森兰 Hope800 系列高性能矢量控制变频器外形

从半圆球坑处按住操作面板
弹性卡片往后拉即可取出

操作面板装入方法

③

②

卡口：对正卡钩斜向插入

卡钩

图 4-29 Hope800 系列高性能矢量控制变频器操作面板的拆卸和安装

2. 操作面板在机柜面板上的安装

Hope800 系列变频器的操作面板可以从变频器本体上取下，安装到机柜的面板上，操作面板和变频器本体之间通过延长电缆连接，我们在操作使用中可以选择下面介绍的两种方式之一。

（1）直接安装

❶ 在机柜面板上按图 4-30 要求开口、打孔。

❷ 取下操作面板，并取下操作面板对角线上的两个螺钉，用螺钉将操作面板固定到机柜面板上。

❸ 将延长线一头的插座插入操作面板，并用随机附送的卡件紧固。另一头插到变频器电路板上的对应插座上，并锁紧，注意关好机箱门。

直接安装如图 4-30 所示。

机柜安装操作面板时开孔图

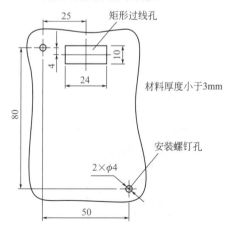

矩形过线孔

材料厚度小于3mm

安装螺钉孔

$2\times\phi4$

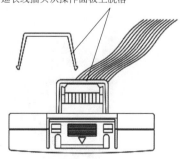

T/SL-23卡件用于防止
延长线插头从操作面板上脱落

图 4-30 直接安装操作面板

（2）通过操作面板安装盒安装

❶ 在机柜面板上按图 4-31 要求开口。

❷ 将操作面板安装盒（选件）安装到机柜面板上。

❸ 将操作面板安装到安装盒里。

❹ 将延长线一头的插座插入操作面板，另一头插到变频器电路板上的对应插座上，并锁紧，注意盖好机箱门。

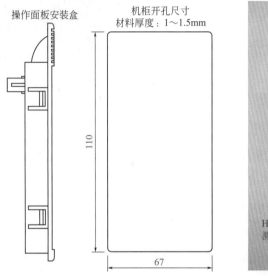

图 4-31　通过操作面板安装盒安装

3. 塑壳机箱盖板的拆卸与安装（如图 4-32 所示）

拆卸时，先取下操作面板，然后用两手同时按下机箱顶端的两个卡扣，向上稍微用力即可取下盖板。安装时，首先对准盖板底端的卡钩与机箱的卡槽，然后以底部为轴，向下压盖板顶端，直至顶端卡钩进入卡槽为止，最后再按图 4-32 所示安装操作面板。注意在搬运变频器产品时，只能握住产品的底部，而不应该搬动它的外壳。

图 4-32　塑壳机箱盖板的拆卸与安装

二、变频器主回路端子的配线及配置

森兰 Hope800 变频器与周边设备的连接如图 4-33 所示。

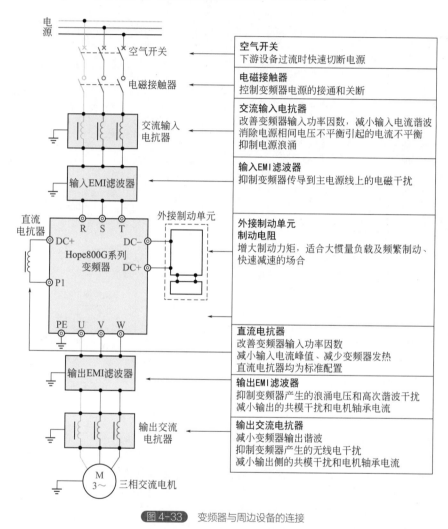

图 4-33 变频器与周边设备的连接

三、变频器基本运行配线的连接

森兰 Hope800 系列高性能矢量控制变频器基本运行配线连接如图 4-34 所示。

四、变频器端子的排列和功能

Hope800 系列高性能矢量控制变频器主回路端子排列和功能如图 4-35 和表 4-47 所示。

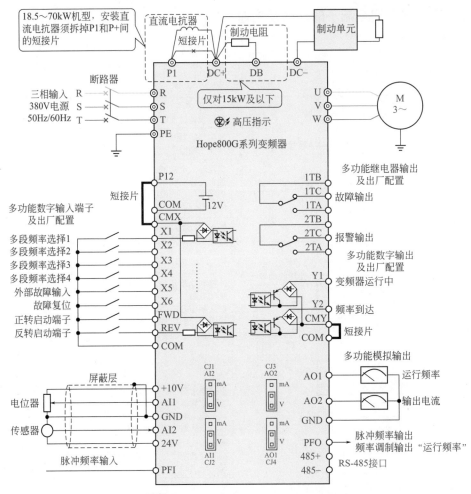

图 4-34　森兰 Hope800 变频器基本运行配线

Hope800G0.4T4～Hope800G 15T4 机型(PE端子在机箱底板右下角):

DC–	DC+	DB	R	S	T	U	V	W	PE

Hope800G18.5T4～Hope800G375T4 机型:

R	S	T	P1	DC+	DC–

U	V	W	PE

图 4-35　Hope800 系列高性能矢量控制变频器主回路端子的排列

表4-47　Hope800系列高性能矢量控制变频器主回路端子的功能

端子符号	端子名称	说明
R、S、T	输入电源端子	接三相 380V 电源
U、V、W	变频器输出端子	接三相电机

续表

端子符号	端子名称	说明
P1、DC+	直流电抗器端子	外接直流电抗器（不用电抗器时用短接片短接）
DC+、DC−	直流母线端子	用于连接制动单元、共直流母线或接外部整流单元 共直流母线应用方法请向厂家咨询
PE	接地端子	变频器外壳接地端子，必须接大地

Hope800 系列高性能矢量控制变频器控制回路端子的排列和功能如图 4-36 和表 4-48 所示。

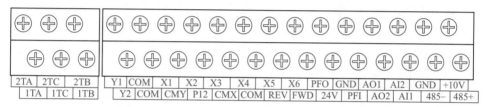

图 4-36　Hope800 系列高性能矢量控制变频器控制回路端子的排列

Hope800 系列控制板端子在接线时选择使用 1mm² 的铜导线即可。

表4-48　Hope800系列控制板端子功能

端子符号	端子名称	端子功能及说明	技术规格
485+	485 差分信号正端	RS-485 通信接口	可接 1～32 个 RS-485 站点 输入阻抗：＞10kΩ
485−	485 差分信号负端		
GND	地	模拟输入/输出、PFI、PFO、通信和 +10V，24V 电源的接地端子	GND 内部与 COM、CMX、CMY 隔离
+10V	+10V 基准电源	提供给用户的 +10V 电源	+10V 最大输出电流 15mA，电压精度优于 2%
PFO	脉冲频率输出	输出功能选择见具体型号的说明书	0～50kHz，集电极开路输出规格：24V/50mA
PFI	脉冲频率输入	设置见具体型号的说明书	0～50kHz，输入阻抗 1.5kΩ 高电平：＞6V　低电平：＜3V 最高输入电压：30V
AO1	多功能模拟输出 1	功能选择：详见具体型号的说明书	电流型：0～20mA，负载≤500Ω 电压型：0～10V，输出≤100mA
AO2	多功能模拟输出 2	通过跳线 CJ4、CJ3 选择电压或电流输出形式	
24V	24V 电源端子	提供给用户的 24V 电源	最大输出电流 80mA

端子符号	端子名称	端子功能及说明	技术规格
AI1	模拟输入1	功能选择：详见参数 F6-00、F6-07 的说明 通过跳线 CJ2、CJ1 选择电压或电流输入形式	输入电压范围：-10 ～ +10V 输入电流范围：-20 ～ +20mA 输入阻抗：电压输入，110kΩ 电流输入，250Ω
AI2	模拟输入2		
X1	X1 数字输入端子	功能选择及设置见具体型号的说明书	光耦隔离 可双向输入 输入阻抗：≥ 3kΩ 输入电压范围：< 30V 采样周期：1ms 高电平：与 CMX 的压差 > 10V 低电平：与 CMX 的压差 < 3V
X2	X2 数字输入端子		
X3	X3 数字输入端子		
X4	X4 数字输入端子		
X5	X5 数字输入端子		
X6	X6 数字输入端子		
REV	REV 数字输入端子		
FWD	FWD 数字输入端子		
CMX	数字输入公共端	X1 ～ X6、FWD、REV 端子的公共端	内部与 COM、P12 隔离，出厂时 CMX 与相邻的 P12 短接
P12	12V 电源端子	供用户使用的 12V 电源	12V 最大输出电流 80mA
COM		12V 电源地	
Y1	Y1 数字输出端子	功能选择及设置见具体型号的说明	光耦隔离双向开路集电极输出 规格：24V DC/50mA 输出动作频率：< 500Hz 导通电压：< 2.5V（相对 CMY 出厂时 CMY 与相邻 COM 短接）
Y2	Y2 数字输出端子		
CMY	Y1、Y2 公共端	Y1、Y2 数字输出公共端	
1TA	继电器1输出端子	功能选择及设置见具体型号的说明书	TA-TB：常开 TB-TC：常闭 触点规格：250V AC/3A 24V DC/5A
1TB			
1TC			
2TA	继电器2输出端子		
2TB			
2TC			

Hope800 系列高性能矢量控制变频器控制板跳线的功能如表 4-49 所示。

表4-49　Hope800系列高性能矢量控制变频器控制板跳线的功能

标号	名称	功能及设置		出厂设置
CJ1	AI2	AI2 输入类型选择　　　V：电压型	mA：电流型	V
CJ2	AI1	AI1 输入类型选择　　　V：电压型	mA：电流型	V

续表

标号	名称	功能及设置	出厂设置
CJ3	AO2	AO2 输出类型选择　　V：0 ～ 10V 电压信号　　　mA：0/4 ～ 20mA 电流信号	V
CJ4	AO1	AO1 输出类型选择　　V：0 ～ 10V 电压信号　　　mA：0/4 ～ 20mA 电流信号	V

五、变频器多功能输入端子及多功能输出端子的配线

Hope800 系列变频器多功能输入端子及输出端子有漏型逻辑和源型逻辑两种方式可供选择，接口方式非常灵活、方便，对应的典型接线方式如表 4-50 和表 4-51 所示。

表4-50　多功能输入端子和外部设备的连接

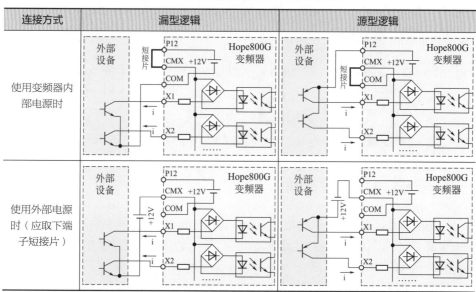

表4-51　多功能输出端子和外部设备的连接

连接方式	漏型逻辑	源型逻辑
使用外部电源时（应取下端子短接片）	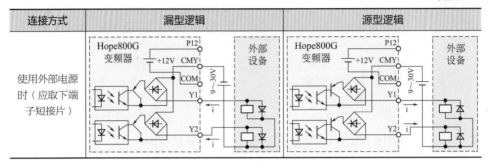	

六、变频器继电器输出端子 TA、TB、TC 的配线

继电器输出端子 TA、TB、TC 如果驱动感性负载（例如电磁继电器、接触器、电磁制动器），则应加装浪涌电压吸收电路、压敏电阻或续流二极管（用于直流电磁回路，安装时一定要注意极性）等。吸收电路的元件要就近安装在继电器或接触器的线圈两端，如图 4-37 所示。

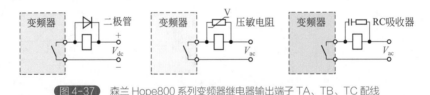

图 4-37　森兰 Hope800 系列变频器继电器输出端子 TA、TB、TC 配线

七、变频器漏电流及抑制措施

由于变频器输入、输出侧电缆的对地电容、线间电容以及电机对地电容的存在，会产生漏电流。漏电流包括对地漏电流、线间漏电流，其大小取决于分布电容的大小和载波频率的高低。

漏电流途径如图 4-38 所示。

（1）对地漏电流　漏电流不仅会流入变频器系统，而且可能通过地线流入其他设备，这些漏电流可能使漏电断路器、继电器或其他设备误动作。变频器载波频率

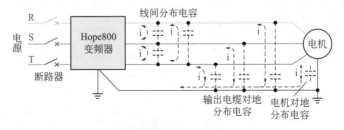

图 4-38　漏电流途径

越高，漏电流越大；电机电缆越长，漏电流也越大。

抑制措施：降低载波频率，但电机噪声会增加；电机电缆尽可能短；变频器系统和其他系统使用为针对高谐波和浪涌漏电流而设计的漏电断路器。

（2）线间漏电流　流过变频器输出侧电缆间分布电容的漏电流，其高次谐波可能使外部热继电器误动作，特别是小容量变频器，当配线很长（50m以上）时，漏电流增加很多，易使外部热继电器误动作，推荐使用温度传感器直接监测电机温度或使用变频器本身的电机过载保护功能代替外部热继电器。

抑制措施：降低载波频率；在输出侧安装电抗器。

八、变频器操作面板的功能

森兰Hope800系列高性能矢量控制变频器操作面板可以设定和查看参数、运行控制、显示故障信息等，标准配置为SB-PU800，操作面板外形如图4-39所示。

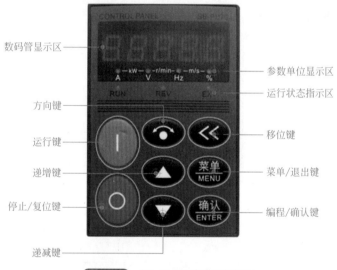

图4-39　SB-PU800操作面板按键

SB-PU800操作面板按键功能如表4-52所示。

表4-52　SB-PU800操作面板按键功能

按键标识	按键名称	功能
菜单 MENU	菜单/退出键	退回到上一级菜单；进入/退出监视状态
确认 ENTER	编程/确认键	进入下一级菜单；存储参数；清除报警信息
△	递增键	数字递增，按住时递增速度加快

按键标识	按键名称	功能
▽	递减键	数字递减，按住时递减速度加快
≪	移位键	选择待修改位；监视状态下切换监视参数
⌒	方向键	运转方向切换，FC-01 百位设为 0 时方向键无效
Ⅰ	运行键	运行命令
◎	停止 / 复位键	停机、故障复位

单位指示灯的各种组合表示的单位如表 4-53 所示。

表4-53　单位指示灯的各种组合表示的单位

显示	单位	说明
●—kW—○—r/min—○—m/s—○ A　　V　　　Hz　　％	A	安
○—kW—●—r/min—○—m/s—○ A　　V　　　Hz　　％	V	伏
○—kW—○—r/min—●—m/s—○ A　　V　　　Hz　　％	Hz	赫兹
○—kW—○—r/min—○—m/s—● A　　V　　　Hz　　％	％	百分比
●—kW—●—r/min—○—m/s—○ A　　V　　　Hz　　％	kW	千瓦（A 灯和 V 灯同时点亮）
○—kW—●—r/min—●—m/s—○ A　　V　　　Hz　　％	r/min	转 / 分（V 灯和 Hz 灯同时点亮）
○—kW—○—r/min—●—m/s—● A　　V　　　Hz　　％	m/s	米 / 秒（Hz 灯和 ％ 灯同时点亮）
●—kW—●—r/min—●—m/s—○ A　　V　　　Hz　　％	m、mm	米或毫米（A 灯、V 灯和 Hz 灯同时点亮）
○—kW—●—r/min—●—m/s—● A　　V　　　Hz　　％	h、min、 s、ms	小时、分钟、秒、毫秒（V 灯、Hz 灯和 ％ 灯同时点亮）

操作面板三个状态指示灯 RUN、REV 和 EXT 的指示意义如表 4-54 所示。

表4-54　操作面板三个状态指示灯RUN、REV和EXT的指示意义

指示灯	显示状态	指示变频器的当前状态
RUN 指示灯	灭	待机状态
	亮	稳定运行状态
	闪烁	加速或减速过程中

续表

指示灯	显示状态	指示变频器的当前状态
REV 指示灯	灭	设定方向和当前运行方向均为正
	亮	设定方向和当前运行方向均为反
	闪烁	设定方向与当前运行方向不一致
EXT 指示灯	灭	操作面板控制状态
	亮	端子控制状态
	闪烁	通信控制状态
电位器指示灯	亮	F0-01 = 10 时，指示灯亮

九、变频器操作面板的显示状态和操作

Hope800 系列变频器操作面板的显示状态分为监视状态（包括待机监视状态、运行监视状态）、参数编辑状态、故障显示状态、报警显示状态等。各状态的转换关系如图 4-40 所示。

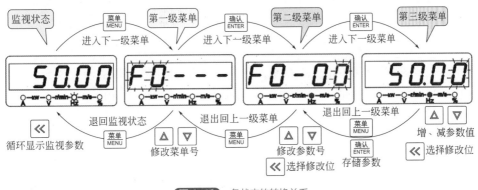

图 4-40 各状态的转换关系

1. 待机监视状态

该状态下按 ≪ ，操作面板可循环显示不同的待机状态参数（由 FC-02 ～ FC-08 定义）。

2. 运行监视状态

该状态下按 ≪ ，可循环显示不同的运行状态参数。

3. 参数编辑状态

在监视状态下，按 菜单MENU 可进入编辑状态，编辑状态按三级菜单方式进行显示，其顺序依次为：参数组号→参数组内序号→参数值。按 确认ENTER 可逐级进入下一级，按

菜单MENU 退回到上一级菜单（在第一级菜单则退回监视状态）。使用 △ 、 ▽ 改变参数组号、参数组内序号或参数值。在第三级菜单下，可修改位会闪烁，使用 ≪ 可以移动可修改位，按下 确认ENTER 存储修改结果、返回到第二级菜单并指向下一参数。

4. 密码校验状态

如设有用户密码，进入参数编辑前先进入密码校验状态，此时显示"– – – –"，用户通过 △ 、 ▽ 、 ≪ 输入密码（输入时一直显示"– – – –"），输入完按 确认ENTER 可解除密码保护；若密码不正确，键盘将闪烁显示"Err"，此时按 菜单MENU 退回到校验状态，再次按 菜单MENU 将退出密码校验状态。

密码保护解除后在监视状态下按 确认ENTER + ≪ 或 2min 内无按键操作密码保护自动生效。

5. 故障显示状态

变频器检测到故障信号，即进入故障显示状态，闪烁显示故障代码。可以通过输入复位命令（操作面板的 ○ 、控制端子或通信命令）复位故障，若故障仍然存在，将继续显示故障代码，可在这段时间内修改设置不当的参数以排除故障。

6. 报警显示状态

若变频器检测到报警信息，则数码管闪烁显示报警代码，同时发生多个报警信号则交替显示，按 菜单MENU 或 ≪ 暂时屏蔽报警显示。变频器自动检测报警值，若恢复正常后自动清除报警信号。报警时变频器不停机。

7. 其他显示（如表4-55所示）

表4-55 提示信息及内容说明

提示信息	内容说明
UP	参数上传中
dn	参数下载中
CP	参数比较中
Ld	出厂值恢复中
yES	参数比较结果一致

［例］235 森兰Hope800系列高性能矢量控制变频器各控制模式公共参数设置。

（1）选择控制模式 根据应用条件和需求选择控制模式，F0-12"电机控制模式"如表4-56所示。

表4-56　电机控制模式

参数	名称	设定范围及说明		出厂值	更改
F0-12	电机控制模式	0：无 PG V/F 控制 2：无 PG 矢量控制 4：V/F 分离控制	1：有 PG V/F 控制 3：有 PG 矢量控制	0	×

❶ F0-12 = 0 "无 PGV/F 控制"：速度开环、电压和频率协调控制的方式，可通过转矩提升，提高转矩输出能力；可通过滑差补偿改善机械特性，提高速度控制精度。

❷ F0-12 = 1 "有 PGV/F 控制"：通过编码器进行速度反馈的 V/F 控制方式，具有较高的稳态转速精度。特别适用于编码器不是直接安装在电机轴上并需要精确速度控制的场合。

❸ F0-12 = 2 "无 PG 矢量控制"：即无速度传感器矢量控制。通过转子磁场定向，对磁链和转矩进行解耦控制；根据辨识的转速进行转速闭环控制，因此具有较好的机械特性。可用于对驱动性能要求较高，又不便安装编码器的场合。该控制模式下可进行转矩控制。

❹ F0-12 = 3 "有 PG 矢量控制"：即有速度传感器矢量控制。通过转子磁场定向，对磁链和转矩进行解耦控制；根据检测的转速进行速度闭环控制，具有最高的动态性能和稳态精度。主要用于高精度速度控制、简单伺服控制等高性能控制场合。该控制模式下可进行转矩控制，在低速和发电状态时有较高的转矩控制精度。

❺ F0-12 = 4 "V/F 分离控制"：可以实现电压和频率的独立调节。

❻ 矢量控制应用应注意：

• 一般用于一台变频器控制一台电机的场合。型号和参数相同的多台同轴连接的电机也可应用矢量控制，但参数自整定要在多台电机连在一起时进行，或者手工输入多台电机并联后的等效参数。

• 需要电机参数自整定或准确输入电机参数，以供内部电机动态模型和磁场定向算法使用。

• 电机和变频器的功率等级要匹配，电机的额定电流过小会使控制性能下降，电机的额定电流不能小于变频器额定电流的 1/4。

• 需正确设置 ASR 的参数，以保证速度控制的稳态和动态性能。

• 电机的极数不宜超过 8，对于双笼电机、深槽电机、力矩电机不宜采用矢量控制。

• 设置 F2-12 "基本频率"与电机额定频率相同，便于进行高速弱磁控制。如表 4-57 所示。

表4-57　F2-12 "基本频率"参数设定

参数	名称	设定范围及说明	出厂值	更改
F2-12	基本频率	1.00 ～ 650.00Hz	50.00Hz	×

❼ 在实际应用中下列场合需要使用 V/F 控制：

· 单台变频器同时驱动多台电机，各电机的负载不是均衡输出，或者电机参数容量不同；

· 负载电流小于变频器额定电流的 1/4；

· 变频器未接负载（如进行测试时）；

· 变频器输出连接变压器时。

❽ 有 PG 的控制方式需正确设置 PG 参数，如果设置不当，可能会导致人身伤害和财产损失；电机电缆重新接线后，必须重新检查编码器的方向设置。

（2）选择频率给定通道及设置给定频率 选择频率给定通道及设置给定频率参数如表 4-58 所示。

表4-58 选择频率给定通道及设置给定频率参数

参数	名称	设定范围及说明	出厂值	更改
F0-01	普通运行主给定通道	0：F0-00 数字给定操作面板 △ 、 ▽ 调节 1：通信给定，F0-00 作初值 2：UP/DOWN 调节值　　　3：AI1 4：AI2　　　5：PFI　　6：算术单元 1 7：算术单元 2　　8：算术单元 3 9：算术单元 4　　10：面板电位器给定	0	○

❶ 给定频率通道如图 4-41 所示。

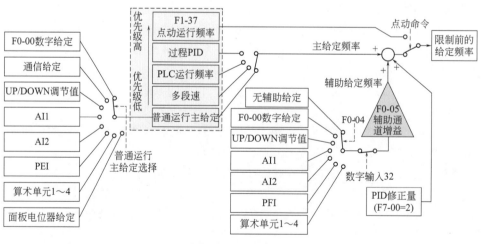

图 4-41 给定频率通道

变频器有 5 种运行方式，优先级由高到低依次为点动、过程 PID、PLC、多段速、普通运行。

例如：在普通运行时，如果多段速有效，则主给定频率由多段频率确定。

❷ 普通运行主给定可由 F0-01"普通运行主给定通道"选择，并可用数字输入 43"给定频率切换至 AI1"和 44"给定频率切换至算术单元 1"进行强制切换［43：给定频率切换至 AI1（优先级最高）］［44：给定频率切换至算术单元 1（优先级低于切换至 AI1）］。

❸ 辅助给定通道由参数 F0-04"辅助给定通道选择"确定，如表 4-59 所示。

表4-59　辅助给定通道由参数F0-04确定

参数	名称	设定范围及说明	出厂值	更改
F0-04	辅助给定通道选择	0：无　　　　　　　　　1：F0-00"数字给定频率" 2：UP/DOWN 调节值　　 3：AI1 4：AI2　　　　　　　　 5：PFI 6：算术单元 1　　　　　 7：算术单元 2 8 算术单元 3　　　　　 9：算术单元 4	0	○

❹ 参数 F7-00"PID 控制功能选择"如表 4-60 所示。

表4-60　参数F7-00"PID控制功能选择"

参数	名称	设定范围及说明	出厂值	更改
F7-00	PID 控制功能选择	0：不选择过程 PID 控制 1：选择过程 PID 控制（PID 输出以最大频率为 100%） 2：选择 PID 对加减速斜坡前的给定频率修正（PID 输出以最大频率为 100%） 3：选择 PID 对加减速斜坡后的给定频率修正（PID 输出以最大频率为 100%） 4：选择 PID 进行转矩修正（PID 输出以 2.5 倍电机额定转矩 100%） 5：自由 PID 功能	0	×

❺ 点动命令是指在面板控制时键盘点动有效（FC-01 的千位等于 1），如表 4-61 所示，或者端子控制时数字输入 14"正转点动运行"或 15"反转点动运行"有效，如表 4-62 所示。

表4-61　点动命令点动有效FC-01参数

参数	名称	设定范围及说明	出厂值	更改
FC-01	按键功能及自动锁定	个位：按键自动锁定功能 0：不锁定　　　　　　1：全锁定 2：除 ○ 外全锁定　　3：除 《 外全锁定 4：除 ○、《 外全锁定 5：除 Ⅰ、○ 外全锁定	0000	×

续表

参数	名称	设定范围及说明	出厂值	更改
FC-01	按键功能及自动锁定	十位：◎功能选择 0：仅在操作面板运行命令通道时有效 1：在操作面板、端子、通信运行命令通道时均有效，按停机方式停机 2：在操作面板运行命令通道时按停机方式停机，非操作面板运行命令通道时自由停机，报 Er.Abb 百位：👁功能选择（仅对面板命令通道） 0：无效　　　　　　1：仅在待机状态下有效 2：待机、运行状态下均有效 千位：‖功能选择（仅对面板命令通道） 0：选择运行功能　　　1：选择点动功能	0000	×

表4-62　数字输入14"正转点动运行"或15"反转点动运行"有效

参数	名称	设定范围及说明		出厂值	更改
F4-00	X1 数字输入端子功能	0：不连接到下列的信号	30：PLC 模式选择 6	1	
F4-01	X2 数字输入端子功能	1：多段频率选择 1 2：多段频率选择 2	31：PLC 模式选择 7 32：辅助给定通道禁止	2	
F4-02	X3 数字输入端子功能	3：多段频率选择 3 4：多段频率选择 4	33：运行中断 34：停机直流制动	3	
F4-03	X4 数字输入端子功能	5：多段频率选择 5 6：多段频率选择 6	35：过程 PID 禁止 36：PID 参数 2 选择	4	
F4-04	X5 数字输入端子功能	7：多段频率选择 7 8：多段频率选择 8 9：加减速时间选择 1	37：三线式停机指令 38：内部虚拟 FWD 端子 39：内部虚拟 REV 端子	12	
F4-05	X6 数字输入端子功能	10：加减速时间选择 2 11：加减速时间选择 3	40：模拟量给定频率保持 41：加减速禁止	13	
F4-06	FWD 端子功能	12：外部故障输入 13：故障复位 14：正转点动运行 15：反转点动运行	42：运行命令通道切换 43：给定频率切换至 AI1 44：给定频率切换至算术单元 1 45：速度/转矩控制选择	38	×
F4-07	REV 端子功能	16：紧急停机 17：变频器运行禁止 18：自由停机 19：UP/DOWN 增 20：UP/DOWN 减 21：UP/DOWN 清除 22：PLC 控制禁止 23：PLC 暂停运行 24：PLC 待机状态复位 25：PLC 模式选择 1 26：PLC 模式选择 2 27：PLC 模式选择 3 28：PLC 模式选择 4 29：PLC 模式选择 5	46：多段 PID 选择 1 47：多段 PID 选择 2 48：多段 PID 选择 3 49：零伺服指令 50：计数器预置 51：计数器清零 52：计数器及计数器 2 清零 53：摆频投入 54：摆频状态复位 55：风机累计运行时间清零 56：PFI 位置给定反向 57：电机额定电流选择 1 58：电机额定电流选择 2	39	

❻ 最终使用的给定频率还要受 F0-07"上限频率"和 F0-08"下限频率"的限制，如表 4-63 所示。

表4-63 给定频率F0-07"上限频率"和F0-08"下限频率"

参数	名称	设定范围及说明	出厂值
F0-07	上限频率	F0-08"下限频率"～ F0-06"最大频率"	50.00Hz
F0-08	下限频率	0.00Hz ～ F0-07"上限频率"	0.00Hz

（3）选择运行命令通道：**F0-02"运行命令通道选择"** 如表 4-64 所示。

表4-64 F0-02参数设定

参数	名称	设定范围及说明	出厂值
F0-02	运行命令通道选择	0：操作面板　1：端子　2：通信控制	0

（4）正确设置 **F0-06"最大频率"、F0-07"上限频率"、F0-08"下限频率"** 如表 4-65 所示。

表4-65 上限、下限、最大频率参数选择

参数	名称	设定范围及说明	出厂值	更改
F0-06	最大频率	V/F 控制：F0-07"上限频率"～ 650.00Hz 矢量控制：F0-07"上限频率"～ 200.00Hz	50.00Hz	×
F0-07	上限频率	F0-08"下限频率"～ F0-06"最大频率"	50.00Hz	×
F0-08	下限频率	0.00Hz ～ F0-07"上限频率"	0.00Hz	×

（5）电机运转方向：确认电机接线相序并按机械负载的要求设置 **F0-09"方向锁定"** 如表 4-66 所示。

表4-66 电机运转方向锁定

参数	名称	设定范围及说明	出厂值	更改
F0-09	方向锁定	0：正反均可　1：锁定正向　2：锁定反向	0	○

（6）**加减速时间** 在满足需要的情况下尽量设长些，太短会产生过大的转矩而损伤负载或引起过流。

（7）**启动方式和停机方式**：**F1-19"启动方式"、F1-25"停机方式"** 如表 4-67 所示。

表4-67 启动方式和停机方式

参数	名称	设定范围及说明	出厂值	更改
F1-19	启动方式	0：从启动频率启动 1：先直流制动再从启动频率启动 2：转速跟踪启动	0	×
F1-25	停机方式	0：减速停机　　1：自由停机 2：减速 + 直流制动　　3：减速 + 抱闸延迟	0	○

（8）电机铭牌参数　　额定功率、电机极数、额定电流、额定频率、额定转速、额定电压，如表 4-68 所示。实际使用中注意变频器运行之前务必输入电机铭牌参数 FA-01～FA-06。

表4-68　电机铭牌参数

参数	名称	设定范围及说明	出厂值	更改
FA-00	电机参数自整定	11：静止自整定　22：空载完整自整定	00	×
FA-01	电机额定功率	0.40～1100.00kW/0.4～1200.0kW	机型确定	×
FA-02	电机极数	2～48	4	×
FA-03	电机额定电流	0.5～1200.0A	机型确定	×
FA-04	电机额定频率	1.00～650.00Hz	50.00Hz	×
FA-05	电机额定转速	125～40000r/min	机型确定	×
FA-06	电机额定电压	150～500V，出厂值380V	380V	×

（9）电机过载保护　　Fb-00"电机散热条件"、Fb-01"电机过载保护值"、Fb-02"电机过载保护动作选择"的说明如表 4-69 所示。

表4-69　电机过载保护参数

参数	名称	设定范围及说明	出厂值	更改
Fb-00	电机散热条件	0：普通电机　1：变频电机或带独立风扇	0	○
Fb-01	电机过载保护值	50.0%～150.0%，以电机额定电流为100%	100.0%	○
Fb-02	电机过载保护动作选择	0：不动作　　1：报警，并继续运行　2：故障并自由停机	2	×

Chapter 5

第五章

专用变频器现场操作技能

第一节　CS280起重专用变频器现场操作技能

一、起重专用变频器的选型

CS280 起重专用变频器是汇川公司在 MD280 系列通用变频器产品平台上，针对起重行业设备特点而研发的行业专用变频器。该系列产品主要用于驱动异步电机，主要应用于起重设备中的变幅、回转、行走等驱动和控制场合，带有起重设备的抱闸机构控制功能。CS280 起重专用变频器外形如图 5-1 所示。

CS280 起重专用变频器只有一种控制方式：普通 V/F。选用 CS280 时首先必须明确系统对变频调速的技术要求、CS280 的应用场合及负载特性的具体情况，并从适配电机、输出电压、额定输出电流等方面因素进行综合考虑，进而选择满足要求的机型及确定运行方式。基本原则为：

❶ 电机额定负载电流不能超过 CS280 的额定电流。一般情况下按说明书所规定的配用电机容量进行选择，注意比较电机和 CS280 的额定电流，CS280 的过载能力对于启动和制动过程才有意义。

❷ 在运行过程中有短时过载的情况，会引起负载速度的变化。如果对速度精度要求比较高时，请考虑放大一个挡次。

制动电阻的选择需要根据实际应用系统中电机发电的功率来确定，与系统惯性、减速时间、位能负载的能量等都有关系，需要我们根据实际情况选择。系统的惯量越大、需要的减速时间越短、制动得越频繁，则制动电阻需要选择的功率越大、阻值越小。

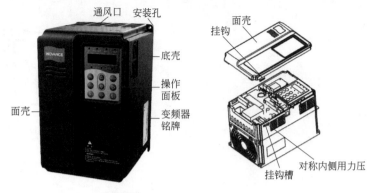

图 5-1　CS280 起重专用变频器外形

二、30kW 及以下机型三相 CS280 起重专用变频器接线示意图

30kW 及以下机型三相 CS280 起重专用变频器接线示意图如图 5-2 所示，其中 30kW 及以下机型制动电阻接在（＋）和 PB 接线端；端子◎表示主回路端子，⊙表示控制回路端子。

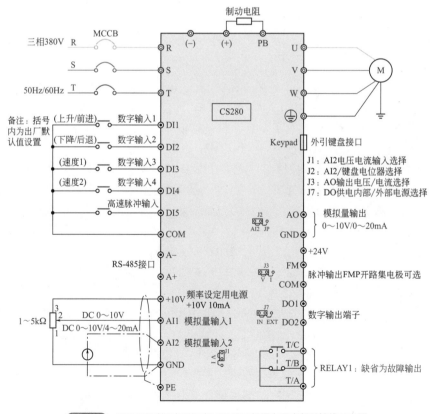

图 5-2　30kW 及以下机型三相 CS280 起重专用变频器接线示意图

三、37～55kW 机型三相 CS280 起重专用变频器接线示意图

　　37～55kW 机型三相 CS280 起重专用变频器接线示意图如图 5-3 所示，其中 37～55kW 机型制动单元接在（－）（＋）接线端；在变频器制动过程中，小功率变频器的制动单元是内置的，大功率的一般是采用外置的制动单元。端子◎表示主回路端子，◉表示控制回路端子。

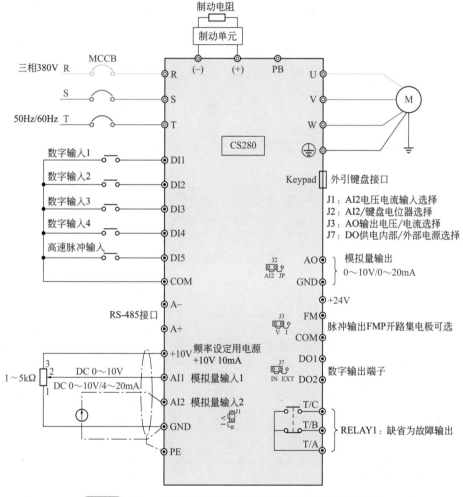

图5-3 37～55kW 机型三相 CS280 起重专用变频器接线示意图

四、75kW 及以上机型三相 CS280 起重专用变频器接线示意图

75kW 及以上机型三相 CS280 起重专用变频器接线示意图如图 5-4 所示，其中 75kW 及以上机型制动单元接在（－）（＋）接线端；（＋）和 P 端需要外接外置电抗器，端子 ◎ 表示主回路端子，● 表示控制回路端子。

其中，外置电抗器作用：提高输入侧的功率因数；提高 CS280 整机效率和热稳定性；有效消除输入侧高次谐波对 CS280 的影响，减少对外传导和辐射干扰。

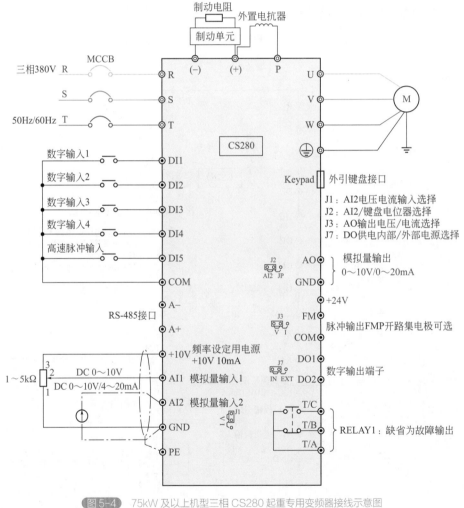

图 5-4 75kW 及以上机型三相 CS280 起重专用变频器接线示意图

五、三相 CS280 起重专用变频器主回路端子及接线

三相 CS280 起重专用变频器主回路端子如图 5-5 所示。

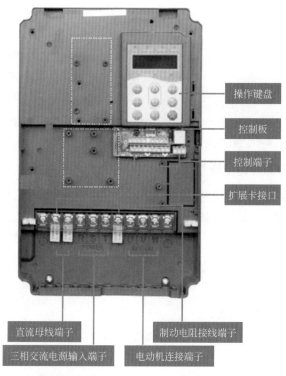

操作键盘

控制板

控制端子

扩展卡接口

直流母线端子

三相交流电源输入端子

制动电阻接线端子

电动机连接端子

图 5-5 三相 CS280 起重专用变频器主回路端子

三相 CS280 起重专用变频器主回路端子说明如表 5-1 所示。

表5-1　三相CS280起重专用变频器主回路端子说明

端子标记	名称	说明
R、S、T	三相电源输入端子	交流输入三相电源连接点
(+)、(−)	直流母线正、负端子	共直流母线输入点（37kW 以上外置制动单元的连接点）
(+)、PB	制动电阻连接端子	30kW 以下制动电阻连接点
P、(+)	外置电抗器连接端子	外置电抗器连接点
U、V、W	CS280 输出端子	连接三相电动机
PE	接地端子	接地端子

1. CS280 的输入侧接线

❶ R、S、T 接线，无相序要求。

❷ 直流母线（+）、（−）端子：

• 注意刚停电后直流母线（+）、（−）端子尚有残余电压，须等 CHARGE 灯灭掉并确认电压小于 36V 后方可接触，否则有触电的危险；

•37kW 以上选用外置制动组件时，注意（＋）（－）极性不能接反，否则可能导致 CS280 损坏甚至火灾；

• 不可将制动电阻直接接在直流母线上，可能会引起 CS280 损坏甚至火灾。

❸ 制动电阻连接端子（＋）、PB：30kW 以下且确认已经内置制动单元的机型，其制动电阻连接端子才有效。

❹ 外置电抗器连接端子 P、（＋）：75kW 及以上功率 CS280 变频器电抗器外置，装配时把 P、（＋）端子之间的连接片去掉，电抗器接在两个端子之间。

2. CS280 变频器输出侧 U、V、W 接线

❶ 在安装接线中 CS280 变频器输出侧不可连接电容器或浪涌吸收器，否则保护经常动作，会损坏 CS280 变频器。

❷ 电机电缆过长时，由于分布电容的影响，易产生电气谐振，从而引起电机绝缘破坏或产生较大漏电流使 CS280 变频器过流保护。如果要求电缆长度必须大于100m，即电机电缆长度大于 100m 时，须加装交流输出电抗器。

3. 接地端子 PE 接线

❶ 端子必须可靠接地，接地阻值必须少于 4Ω。否则会导致设备工作异常甚至损坏。

❷ 在 CS280 变频器接线中不可将接地端子和电源中性线 N 端子共用。

六、三相 CS280 起重专用变频器控制回路端子功能说明

CS280 起重专用变频器控制回路端子布置图如图 5-6 所示。

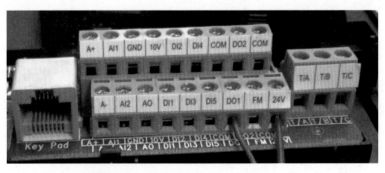

图 5-6 CS280 起重专用变频器控制回路端子

控制回路端子功能说明如表 5-2 所示。

表5-2 控制回路端子功能说明

类别	端子符号	端子名称	功能说明
电源	+10V-GND	外接 +10V 电源	向外提供 +10V 电源，最大输出电流：10mA 一般用作外接电位器工作电源，电位器阻值范围：1 ～ 5kΩ
	+24V-COM	外接 +24V 电源	向外提供 +24V 电源，一般用作数字输入输出端子工作电源和外接传感器电源 最大输出电流：200mA
模拟输入	AI1-GND	模拟量输入端子 1	输入电压范围：DC 0 ～ 10V 输入阻抗：20kΩ
	AI2-GND	模拟量输入端子 2	输入范围：DC 0 ～ 10V/0 ～ 20mA，由控制板上的 J1 跳线选择决定 输入阻抗：电压输入时 20kΩ，电流输入时 500Ω
数字输入	DI1-COM	数字输入 1	光耦隔离，兼容双极性输入 输入阻抗：3.3kΩ 电平输入时电压范围：9 ～ 30V
	DI2-COM	数字输入 2	
	DI3-COM	数字输入 3	
	DI4-COM	数字输入 4	
	DI5-COM	高速脉冲输入端子	除有 DI1 ～ DI4 的特点外，还可作为高速脉冲输入通道 最高输入频率：50kHz
模拟输出	AO-GND	模拟输出	由控制板上的 J3 跳线选择决定电压或电流输出 输出电压范围：0 ～ 10V 输出电流范围：0 ～ 20mA
数字输出	DO1-COM DO2-COM	数字输出	光耦隔离：开路集电极输出 输出电压范围：0 ～ 24V 输出电流范围：0 ～ 50mA
数字输出	FM-COM	高速脉冲输出	当作为高速脉冲输出时，最高频率为 50.0kHz 当作为集电极开路输出 DO3 功能使用时，与 DO1 规格一样 注意：AO、FM、DO3 三功能共用通道，只能选择一种功能
继电器输出	T/A-T/B	常闭端子	触点驱动能力： AC 250V，3A，cosφ = 0.4。 DC 30V，1A
	T/A-T/C	常开端子	
辅助接口	A+/A−	485 通信接口	标准 485 接口
	Keypad	外引键盘接口	标准 RJ45 网线接口，给外引键盘提供信号

七、三相 CS280 起重专用变频器控制回路端子接线

1. 模拟输入端子

因微弱的模拟电压信号特别容易受到外部干扰，所以一般需要用屏蔽电缆，而且配线距离尽量短，不要超过 20m，如图 5-7 所示。在某些模拟信号受到严重干扰的场合，模拟信号源侧需加滤波电容器或铁氧体磁环，如图 5-8 所示。

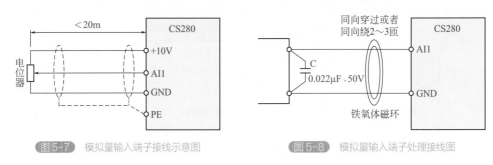

图 5-7 模拟量输入端子接线示意图　　图 5-8 模拟量输入端子处理接线图

2. 数字输入端子

数字输入端子一般需要用屏蔽电缆，而且配线距离尽量短，不要超过 20m。当选用有源方式驱动时，需对电源的串扰采取必要的滤波措施。建议选用触点控制方式。

（1）干接点共阴极接线方式（如图 5-9 所示） 这是一种最常用的接线方式。如果使用外部电源，必须把 +24V 与 OP 间的短路片以及 COM 与 CME 之间的短路片去掉，把外部电源的正极接在 OP 上，外部电源的负极接在 CME 上。

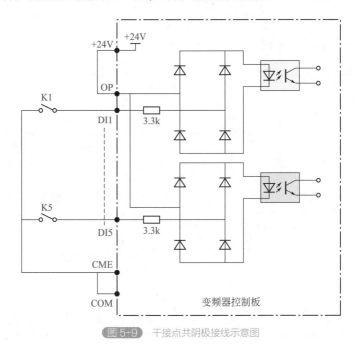

图 5-9 干接点共阴极接线示意图

（2）干接点共阳极接线方式（如图 5-10 所示）　这种接线方式必须把 +24V 与 OP 之间的短路片去掉，然后把 OP 与 CME 连在一起。如果用外部电源，还必须把 CME 与 COM 之间的短路片去掉。

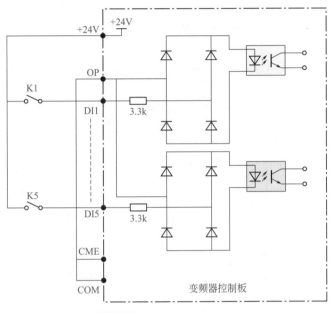

图 5-10　干接点共阳极接线方式

（3）源极接线方式（如图 5-11 所示）　这是一种最常用的接线方式。如果使用外部电源，必须把 +24V 与 OP 间的短路片以及 COM 与 CME 之间的短路片去掉，把外部电源的正极接在 OP 上，外部电源的负极接在 CME 上。

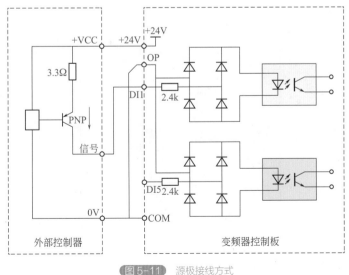

图 5-11　源极接线方式

（4）漏极接线方式（如图 5-12 所示） 这种接线方式必须把 +24V 与 OP 之间的短路片去掉，把 +24V 与外部控制器的公共端接在一起，同时把 OP 与 CME 连在一起。如果用外部电源，还必须把 CME 与 COM 之间的短路片去掉。

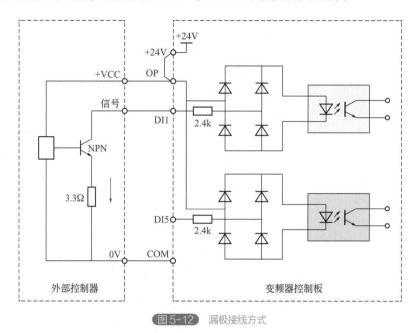

图 5-12　漏极接线方式

3. 数字输出端子

当数字输出端子需要驱动继电器时，应在继电器线圈两边加装吸收二极管，否则易造成直流 24V 电源损坏。

注意： 一定要正确安装吸收二极管的极性。如图 5-13 所示。否则当数字输出端子有输出时，会将直流 24V 电源烧坏。

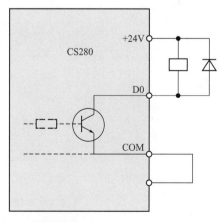

图 5-13　数字输出端子接线示意图

八、三相 CS280 起重专用变频器 LED 操作面板

1. 三相 CS280 起重专用变频器 LED 操作面板功能区说明

LED 操作面板的外观及各功能区说明如图 5-14 所示。

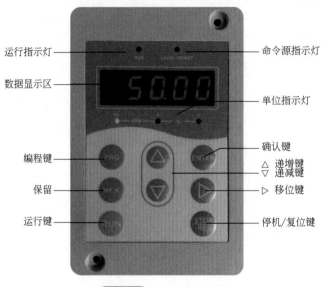

运行指示灯　　　　　　　　　　　　命令源指示灯
数据显示区
单位指示灯
编程键　　　　　　　　　　　　　　确认键
　　　　　　　　　　　　　　　　　△ 递增键
　　　　　　　　　　　　　　　　　▽ 递减键
保留　　　　　　　　　　　　　　　▷ 移位键
运行键　　　　　　　　　　　　　　停机/复位键

图 5-14　操作面板示意图

（1）功能指示灯说明（如表 5-3 所示）

❶ RUN：灯亮时表示变频器处于运转状态，灯灭时表示变频器处于停机状态。

❷ LOCAL/REMOT：键盘操作、端子操作与远程操作（通信控制）指示灯。

表5-3　功能指示灯说明

○ LOCAL/REMOT：熄灭	面板启停控制方式
● LOCAL/REMOT：常亮	端子启停控制方式
◑ LOCAL/REMOT：闪烁	通信启停控制方式

❸ 单位指示灯（●表示点亮；○表示熄灭）：

$\overset{Hz}{●}$—RPM—$\overset{A}{○}$—%—$\overset{V}{○}$：Hz 频率单位

$\overset{Hz}{○}$—RPM—$\overset{A}{●}$—%—$\overset{V}{○}$：A 电流单位

$\overset{Hz}{○}$—RPM—$\overset{A}{○}$—%—$\overset{V}{●}$：V 电压单位

$\overset{Hz}{●}$—RPM—$\overset{A}{●}$—%—$\overset{V}{○}$：RPM 转速单位，即 r/min

$\overset{Hz}{○}$—RPM—$\overset{A}{●}$—%—$\overset{V}{●}$：% 百分数

（2）**数据显示区**　5 位 LED 显示，可显示设定频率、输出频率、各种监视数据以及报警代码等。

（3）**键盘按钮说明**　如表 5-4 所示。

表5-4　键盘按钮说明

按键	名称	功能
PRG	编程键	一级菜单进入或退出
ENTER	确认键	逐级进入菜单画面、设定参数确认
△	递增键	数据或功能码的递增
▽	递减键	数据或功能码的递减
▷	移位键	在停机显示界面和运行显示界面下，可循环选择显示参数； 在修改参数时，可以选择参数的修改位
RUN	运行键	在键盘操作方式下，用于运行操作
STOP/RES	停止/复位	运行状态时，按此键可用于停止运行操作；故障报警状态时，可用来复位操作
MF.K	保留	功能保留

2. 三相 CS280 起重专用变频器 LED 操作面板功能码查看、修改方法

CS280 变频器的操作面板采用三级菜单结构进行参数设置等操作。

三级菜单分别为：功能参数组（一级菜单）→功能码（二级菜单）→功能码设定值（三级菜单）。

（1）**变频器参数的修改方法**　操作流程如图 5-15 所示。

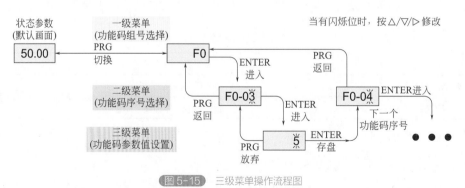

图 5-15　三级菜单操作流程图

在三级菜单操作时，可按"PRG"键或"ENTER"键返回二级菜单。两者的区别是：按"ENTER"键将设定参数保存后返回二级菜单，并自动转移到下一个功能码；而按"PRG"键则直接返回二级菜单，不存储参数，并返回到当前功能码。

［例］将功能码 F2-02 从 10.00Hz 更改设定为 15.00Hz 的示例。图中星条状表示闪烁位，如图 5-16 所示。

图 5-16 参数编辑操作实例

在第三级菜单状态下,若参数没有闪烁位,表示该功能码不能修改,可能原因有:

❶ 该功能码为不可修改参数,如实际检测参数、运行记录参数等。

❷ 该功能码在运行状态下不可修改,需停机后才能进行修改。

(2)变频器状态参数的查看方法

❶ 在运行状态下,可查阅输出频率、设定频率、母线电压、输出电压、输出电流、输出功率、电机频率等 7 个参数。

❷ 在停机状态下,只可显示设定频率、母线电压等 2 个参数,按移位键顺序切换显示选中的参数,变频器断电后再上电,显示的参数被默认为变频器掉电前选择的参数。

3. 三相 CS280 起重专用变频器启停控制的启停信号的来源选择

(1)启停信号的来源选择 变频器的启停控制命令有 3 个来源,分别是面板控制、端子控制和通信控制,通过功能参数 F0-02 选择。F0-02 参数命令源选择如表 5-5 所示。

表5-5 F0-02参数命令源选择

命令源选择		出厂值:0	说明
F0-02 设定范围	0	操作面板命令通道(LED 灭)	按 RUN、STOP 键启停机
	1	端子命令通道(LED 亮)	需将 DI 端定义为启停命令端
	2	通信命令通道(LED 闪烁)	采用 MODBUS-RTU 协议

(2)面板启停控制 通过键盘操作使功能码 F0-02 = 0,即为面板启停控制方式,按下键盘上的 RUN 键,变频器即开始运行(RUN 指示灯点亮);在变频器运行的状态下,按下键盘上的 STOP 键,变频器即停止运行(RUN 指示灯熄灭)。

(3)端子启停与方向控制 端子启停控制方式适用于采样拨动开关、电磁开关按钮作为应用系统启停的场合,也适用于控制器以干接点信号控制变频器运行的电气设计。

CS280 变频器提供了端子控制功能,通过功能码 F4-11 确定开关信号模式,功能码 F4-00 ~ F4-04 确定启停控制信号的输入端口。

九、三相 CS280 起重专用变频器的启停控制的变频器停机模式

变频器的停机模式有两种,分别为减速停机、自由停机,由功能码 F6-10 选择,当设置为 0 时为减速停机,为 1 时为自由停机。如图 5-17 所示。

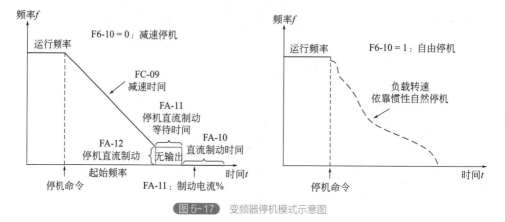

图 5-17 变频器停机模式示意图

十、三相 CS280 起重专用变频器的运行频率控制主频率给定的来源选择

变频器设置了两个频率给定通道，分别命名为主频率源 X 和辅频率源 Y，可以单一通道工作，也可随时切换，甚至可以设定计算方法进行叠加组合，以满足应用现场的不同控制要求。

变频器主频率源有 7 种，分别为数字设定（UP/DN 掉电不记忆）、数字设定（UP/DN 掉电记忆）、AI1、AI2、PULSE 输入、多段指令、通信给定等，可以通过 F0-03 设定选择其一（默认为多段指令 F0-03 = 6）。如图 5-18 所示。

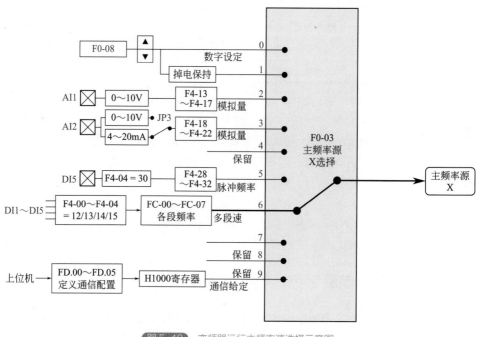

图 5-18 变频器运行主频率源选择示意图

由图 5-18 中的不同频率源可以看出，变频器的运行频率可以由功能码来确定，也可以通过即时手动调整、用模拟量来给定、用多段速端子命令来给定等方式进行确定。另外可以通过外部反馈信号，由内置的 PID 调节器来闭环调节，也可以由上位机通信来控制。

十一、三相 CS280 起重专用变频器的运行频率控制的多段速模式的设置方法

对于不需要连续调整变频器运行频率，只需使用若干个频率值的应用场合，可使用多段速控制时，CS280 变频器最多可设定 8 段运行频率，可通过 3 个 DI 输入信号的组合来选择，将 DI 端口对应的功能码设置为 12 ～ 14 的功能值，即指定成了多段频率指令输入端口。而所需的多段频率则通过参数 FC 组的多段频率表来设定，将"频率源选择"指定为多段频率给定方式，如图 5-19 所示。

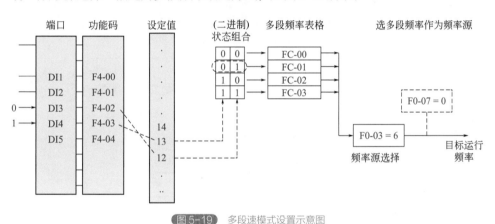

（图 5-19） 多段速模式设置示意图

图 5-19 中，选择了 DI3、DI4、DI5 作为多段频率指定的信号输入端，并由之依次组成 3 位二进制数，按状态组合值，挑选多段频率。当（DI3，DI4）=（0，1）时，形成的状态组合数为 1，就会挑选 FC-02 功能码所设定的频率值，加之频率源选为"多段频率"，即由 FC-02 功能码值决定了目标运行频率。

在实际应用中 CS280 最多可以设定 3 个 DI 端口作为多段频率指令输入端，也允许少于 3 个 DI 端口进行多段频率给定的情况，对于缺少的设置位，一直按状态 0 计算。

十二、三相 CS280 起重专用变频器的运行频率控制的模拟量（电位器调节）给定频率的设置方法

若要用电位器调节变频器的运行频率，使用方法如图 5-20 所示，图中电位器在全范围调节时，变频器运行时的输出频率可在 0 ～ 50Hz 范围内变化。

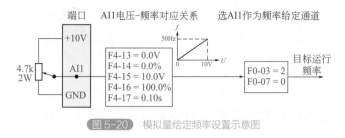

图 5-20 模拟量给定频率设置示意图

十三、三相 CS280 起重专用变频器起重系统的典型控制工艺及功能码设置方法

CS280 系列变频器为起重控制特别内置了相关的制动机构控制功能，保证被吊物体可随时在空中悬停，或在升降移动瞬间，不至于有下坠现象，这要求将其中一个 DO 端口配置为"主抱闸输出"，即端口对应的功能码（F3-01 ～ F3-05）设定值为 21。CS280 抱闸控制相关的功能码设置关系如图 5-21 所示。

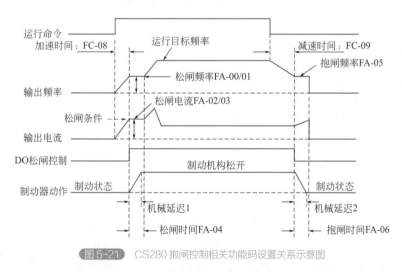

图 5-21　CS280 抱闸控制相关功能码设置关系示意图

抱闸的电磁机构在没有得电时为抱闸状态，必须在给电磁机构通电的条件下才会松闸。由于电磁铁动作需要有机械动作，磁场的建立和退磁需要时间，因此变频器的 DO 抱闸输出信号与制动状态会有一个机械延迟，松闸时间、抱闸时间需根据实际制动组件的机械延迟来进行设置。理论上，这两个功能码的设置要稍长于机械延迟，避免有"溜车"的现象。

十四、三相 CS280 起重专用变频器起重系统需要设定的电机参数

CS280 变频器只有 V/F 一种控制方式，电机可以进行调谐、辨识出定子电阻以及 UV 两相增益偏差，为使 CS280 具有更好的保护，需要的电机参数如表 5-6 所示。

表5-6 电机参数

功能码	参数描述	说明
F1-00	电机类型	异步、变频异步、同步
F1-01～F1-05	电机额定功率／电压／电流／频率／转速	机型参数，需事先手动输入
F1-06 FF-05	定子电阻以及 UV 两相增益偏差	调谐参数

十五、三相 CS280 起重专用变频器起重系统电机参数的自动调谐和辨识

电机参数的自动调谐和辨识适用情况如表 5-7 所示。

表5-7 电机参数的自动调谐和辨识

辨识方式	适用情况	辨识效果
静态辨识	CS280 自动辨识	较好
手动输入参数	将变频器成功辨识过的同型号电机定子电阻输入到 F1-06 中	较差

电机参数自动调谐步骤如下。

第一步：连接外围电路，上电。

第二步：上电后，首先将变频器命令源（F0-02）选择为操作面板命令通道。

第三步：准确输入电机的铭牌参数（如 F1-00～F1-03），按电机实际参数输入表 5-8 的参数（根据当前电机选择）。

表5-8 实际参数输入

手动设置参数
F1-00：电机类型选择　F1-01：电机额定功率
F1-02：电机额定电压　F1-03：电机额定电流
F1-04：电机额定频率　F1-05：电机额定转速

第四步：将功能码 F1-11 设为 1，然后按 ENTER 键确认，此时，键盘显示 TUNE ，然后按键盘面板上的 RUN 键，运行指示灯点亮，当上述显示信息消失，退回正常参数显示状态，表示调谐完成。经过该完整调谐，变频器会自动算出电机的下列参数（如表 5-9 所示），完成电机参数自动调谐。

表5-9 变频器自动算出电机的参数

辨识后自动刷新的参数
F1-06：异步电机定子电阻
FF-05：UV 两相增益偏差

十六、三相 CS280 起重专用变频器典型应用方案举例

CS280 主要应用于起重设备中的平移、回转、行走等非重力位能改变的运行机构上。本实例举例说明 CS280 最常用的应用接线图，即：端子命令通道、二线式接法、多段速频率给定、抱闸输出控制、带故障复位及故障输出。如图 5-22 所示。

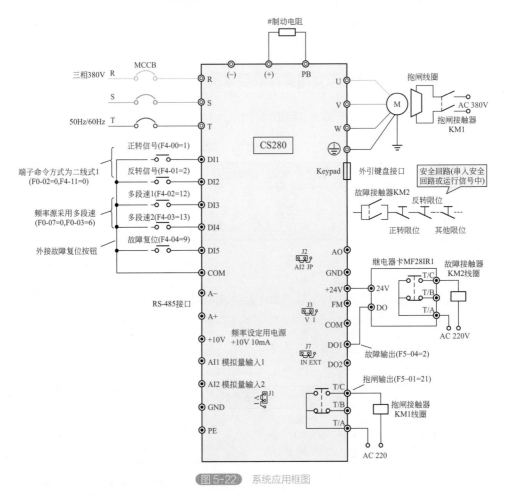

图 5-22 系统应用框图

调试步骤如下：

• 按照图 5-22 连接系统外围电路；

• 检查不同功率变频器的外围制动电阻、制动单元与直流电抗器是否连接正确（功率 < 30kW 只需外接制动电阻，功率 ≥ 30kW 但 < 75kW 时只需外接制动单元和制动电阻，功率 ≥ 75kW 时需外接制动单元和制动电阻、直流电抗器）；

• 检查正转信号、反转信号是否连接到操作杆或无线接收设备上的正向及反向命令上，确认 F4-11 = 0，F0-02 = 1（出厂默认见前述）；

• 设置频率源为多段速 F0-07 = 0，F0-03 = 6（出厂默认）；

• 确定输入端子设置正确 F4-00 = 1、F4-01 = 2、F4-03 = 12、F4-04 = 13（出厂默认），设定 FC-00 ～ FC-03 多段速速度（出厂全部默认为 50.00Hz）；

• 利用控制板继电器控制抱闸接触器，请确认常开、常闭节点接线正确，以及 F3-01 = 21（出厂默认）；

• 确定外围限位回路以及故障输出串入安全回路中或运行使能中；

• 连接变频器电源线以及电机线，参照电机铭牌正确设置变频器 F1-00 ～ F1-03 数值；

• 所有确定无误后运行。

实际运行中如电机运行异常请核对 F1 组电机相关参数，如抱闸控制异常请核对 FA 组抱闸相关参数。

第二节　中央空调专用变频器现场操作技能

一、CA300 系列中央空调专用变频器外形和内部结构及标准接线图

CA300 系列中央空调专用变频器是一款 HVAC（Heating, Ventilation and Air Conditioning，供热通风与空气调节）行业专用高性能电流矢量变频器，主要用于控制和调节三相交流异步以及同步电机的速度和转矩，适应于螺杆压缩机的灵活控制。CA300 系列采用高性能的矢量控制技术，根据电机的负载率自动调节变频器输出的压频比，提高电机和系统的效率，降低电机的能耗、噪声和振动，使其更易于实现对水冷机组及其他暖通空调系统中压缩机装置的恒温恒压冷却能力的优化。其外形如图 5-23 所示。标准接线图如图 5-24 所示。

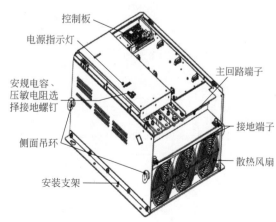

图 5-23　CA300 系列中央空调专用变频器外形和内部结构示意图

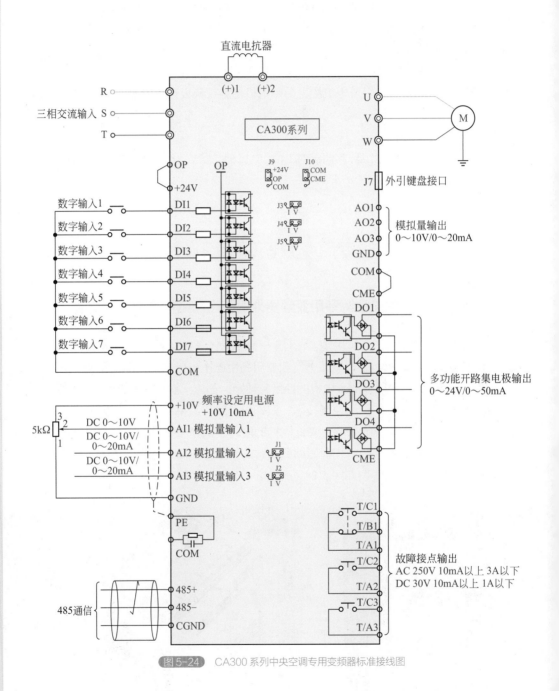

图 5-24 CA300 系列中央空调专用变频器标准接线图

二、CA300 系列中央空调专用变频器主回路端子说明

CA300 系列中央空调专用变频器主回路端子功能说明如表 5-10 所示，其端子排列示意图如图 5-25 所示。

表5-10　CA300系列中央空调专用变频器主回路端子功能说明

端子类型	端子标识	端子名称	端子功能说明
主回路	R、S、T	三相电源输入	连接电网电源的端子
	U、V、W	变频器输出	连接电机的端子
	（+1）、（+2）	直流电抗器连接	连接直流电抗器连接
	⏚	接地端子	接地用端子

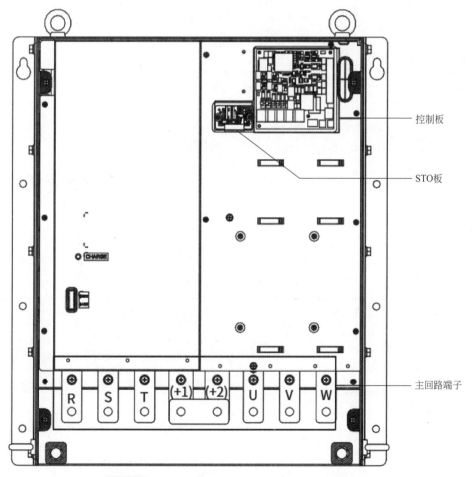

图 5-25　CA300 系列中央空调专用变频器端子排列示意图

233

三、CA300 系列中央空调专用变频器控制回路端子说明

CA300 系列中央空调专用变频器控制回路端子 CN1 ～ CN4 为对接插拔端子。端子的排列如图 5-26 所示，端子功能说明如表 5-11 所示。

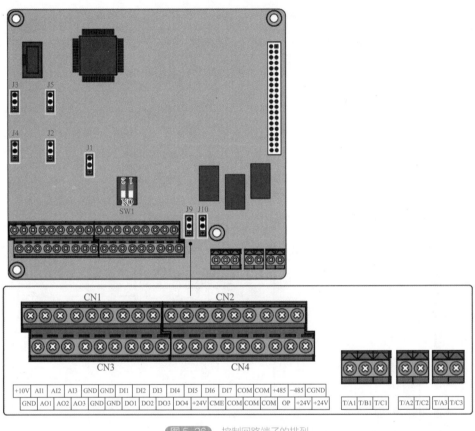

图 5-26　控制回路端子的排列

表5-11　控制回路端子功能说明

端子标识	端子名称	端子功能说明
+10V-GND	外接 +10V 电源	1. 向外提供 +10V 电源，最大输出电流：10mA 2. 一般用作外接电位器工作电源，电位器阻值范围：1 ～ 5kΩ
+24V-COM	外接 +24V 电源	24V（±10%），空载电压不超过 30V，最大输出电流 200mA，内部与 OP/GND 隔离
OP	外部电源输入端子	1. 内部与 COM、24V 隔离，出厂默认通过选择 J9 跳线 1、2 脚与 24V 短接 2. 当利用外部信号驱动 DI1 ～ DI7 时，OP 需与外部电源连接，且与 +24V 电源端子断开

续表

端子标识	端子名称	端子功能说明
AI1-GND	模拟量输入端子 1	1. 输入电压范围：DC 0 ～ 10V 2. 输入阻抗：22.1kΩ 3. 支持 PT100 输入
AI2-GND	模拟量输入端子 2	1. 输入范围：DC 0 ～ 10V/0 ～ 20mA，由控制板上 J1 跳线选择决定 注意：J1 跳线 1、2 短接为电压输入（出厂默认），2、3 短接为电流输入 2. 输入阻抗：电压输入时 22.1kΩ，电流输入时 500Ω 3. 支持 PT100 输入
AI3-GND	模拟量输入端子 3	1. 输入范围：DC 0 ～ 10V/0 ～ 20mA，由控制板上 J2 跳线选择决定 注意：J2 跳线 1、2 短接为电压输入（出厂默认），2、3 短接为电流输入 2. 输入阻抗：电压输入时 22.1kΩ，电流输入时 500Ω 3. 支持 PT100 输入
DI1-OP	数字输入端子 1	
DI2-OP	数字输入端子 2	
DI3-OP	数字输入端子 3	
DI4-OP	数字输入端子 4	1. 光耦隔离，兼容双极性输入，最大输入频率为 100Hz 2. 输入阻抗：1.39kΩ 3. 电平输入时电压范围：9 ～ 24V
DI5-OP	数字输入端子 5	
DI6-OP	数字输入端子 6	
DI7-OP	数字输入端子 7	
AO1-GND	模拟输出端子 1	1. 输出电压范围：0 ～ 10V 2. 输出电流范围：0 ～ 20mA 3. 控制板上 J3、J4、J5 跳线选择决定电压或电流输出 注意：J3、J4 和 J5 跳线 1、2 短接为电压输出（出厂默认），2、3 短接为电流输出
AO2-GND	模拟输出端子 2	
AO3-GND	模拟输出端子 3	
DO1-CME	数字输出端子 1	1. 光耦隔离，双极性开路集电极输出 2. 输出电压范围：0 ～ 24V 3. 输出电流范围：0 ～ 50mA 注：数字输出地 CME 与数字输入地 COM 是内部隔离的，但出厂时 CME 与 COM 是通过 J10 跳线 1、2 脚短接（此时 DO1 ～ DO4 默认 +24V 驱动）。当 DO1 ～ DO4 用外部电源驱动时，必须通过 J10 跳线选择 2、3 脚断开 CME 与 COM 的外部短接
DO2-CME	数字输出端子 2	
DO3-CME	数字输出端子 3	
DO4-CME	数字输出端子 4	
485+	485 通信信号正端	
485-	485 通信信号负端	支持 Modbus 协议，隔离输入
CGND	485 通信信号地	

续表

端子标识	端子名称	端子功能说明
T/A1-T/B1	常闭端子	
T/A1-T/C1	常开端子	触点驱动能力：250V AC/3A（$\cos\varphi = 0.4$）30V DC/1A
T/A2-T/C2	常开端子	
T/A3-T/C3	常开端子	

四、CA300 系列中央空调专用变频器控制回路电路板上拨码开关及说明

在使用 RS-485 通信时，如果是末端的变频器，则应接通终端电阻（SW1 拨至 1 和 2 数字侧）。为避免通信信号受外界干扰，通信连线建议使用双绞屏蔽线，尽量避免使用平行线。拨码开关使用说明如表 5-12 所示。

表5-12　拨码开关使用说明

拨码标识	拨码位置	终端电阻
SW1	拨至 1 和 2 数字侧	不使用终端电阻（出厂默认在这个状态）
	拨至 ON 侧	终端电阻接入（白色圆点为 1 引脚）

五、CA300 系列中央空调专用变频器（STO 板）安全转矩停止板功能

STO 板端子分布如图 5-27 所示，功能说明如表 5-13 所示。

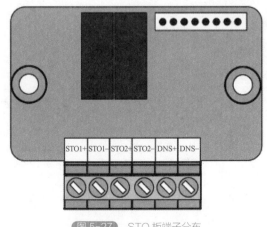

图 5-27　STO 板端子分布

表5-13 功能说明

端口信号名称	功能说明	备注
STO1+	第一路安全信号输入正端	Vin1：STO1+、STO1− 之间的压差
STO1−	第一路安全信号输入负端	
STO2+	第二路安全信号输入正端	Vin2：STO2+、STO2− 之间的压差
STO2−	第二路安全信号输入负端	
DNS+	外部检测信号输出正端	DNS：DNS+、DNS− 之间的压差，OC 门输出
DNS−	外部检测信号输出负端	

1. STO 板外部 24V 供电方式

STO1+、STO2+ 通过常闭触点连接到 24V 电源正极，STO1−、STO2− 直接连接至 24V 电源负极；当触点关闭，24V 输入，此时变频器正常运行，当触点断开，变频器安全急停。如图 5-28 所示。

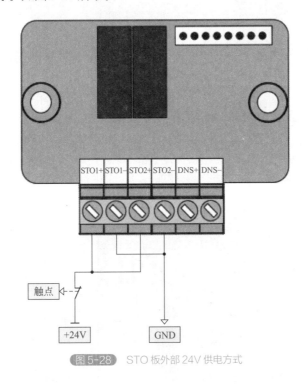

图 5-28 STO 板外部 24V 供电方式

2. STO 板内部供电方式

STO1+、STO2+ 通过常闭触点连接到控制板 24V 电源正极，STO1−、STO2− 直接连接至控制板 COM；当触点关闭，24V 输入，此时变频器正常运行；当触点断开，变频器安全急停。如图 5-29 所示。

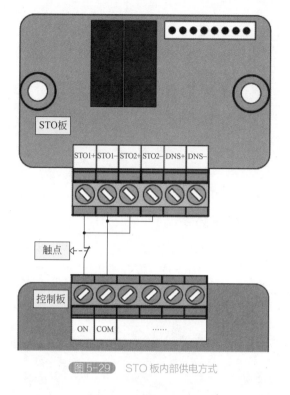

图 5-29　STO 板内部供电方式

六、CA300 系列中央空调专用变频器面板

通过该操作面板，可对变频器进行功能码设定 / 修改、工作状态监控、运行控制（启动、停止）等操作。面板介绍各部分说明如图 5-30 所示。

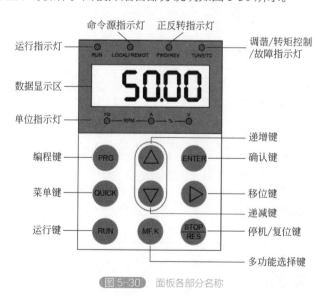

图 5-30　面板各部分名称

键盘按键功能表如表 5-14 所示。

表5-14 键盘按键功能表

按键	名称	功能
PRG	编程键	一级菜单进入或退出
ENTER	确认键	逐级进入菜单画面、设定参数确认
△	递增键	数据或参数的递增
▽	递减键	数据或参数的递减
▷	移位键	在停机显示界面和运行显示界面下，可循环选择显示参数；在修改参数时，可选择参数的修改位
RUN	运行键	在"操作面板"启停控制方式下，用于运行操作
STOP RES	停机 / 复位键	运行状态时，用于停止运行操作；故障报警状态时，用于复位操作
MF.K	多功能选择键	—
QUICK	菜单键	根据 FP-03 中值切换不同的菜单模式（默认为一种菜单模式）

面板指示灯说明如表 5-15 所示。

表5-15 面板指示灯说明

指示灯状态		状态说明
RUN 运行指示灯	○ RUN	灯灭：停机
	☀ RUN	灯亮：运行
LOCAL/ REMOT 命令源指示灯	○ LOCAL/REMOT	灯灭：面板控制
	☀ LOCAL/REMOT	灯亮：端子控制
	☀ LOCAL/REMOT	闪烁：通信控制

指示灯状态		状态说明
FWD/REV 正反转指示灯	⭕ FWD/REV	灯灭：正转运行
	🔆 FWD/REV	灯亮：反转运行
TUNE/TC 调谐/转矩控制 /故障指示灯	⭕ TUNE/TC	灯灭：正常运行模式
	🔆 TUNE/TC	灯亮：转矩控制模式
	🔆 TUNE/TC	慢闪：调谐状态（1次/s）
	🔆 TUNE/TC	快闪：故障状态（4次/s）
🔆 Hz — RPM — 🔆 A — % — V ⭕		频率单位 Hz
Hz ⭕ — RPM — 🔆 A — % — V ⭕		电流单位 A
Hz ⭕ — RPM — A ⭕ — % — 🔆 V		电压单位 V
🔆 Hz — RPM — A ⭕ — % — V ⭕		转速单位 r/min
Hz ⭕ — RPM — 🔆 A — % — 🔆 V		百分数 %

七、CA300 系列中央空调专用变频器快速调试方法步骤

CA300 系列中央空调专用变频器快速调试方法步骤如图 5-31 所示。

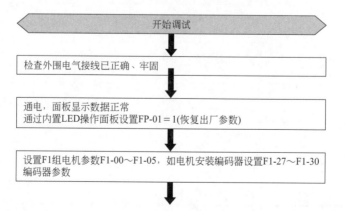

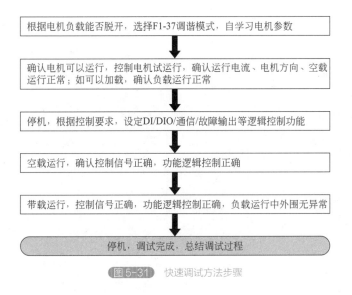

根据电机负载能否脱开，选择F1-37调谐模式，自学习电机参数

确认电机可以运行，控制电机试运行，确认运行电流、电机方向、空载运行正常；如可以加载，确认负载运行正常

停机，根据控制要求，设定DI/DIO/通信/故障输出等逻辑控制功能

空载运行，确认控制信号正确，功能逻辑控制正确

带载运行，控制信号正确，功能逻辑控制正确，负载运行中外围无异常

停机，调试完成，总结调试过程

图 5-31 快速调试方法步骤

第三节 艾默生TD3100电梯变频器现场操作技能

一、艾默生 TD3100 电梯变频器的技术指标与规格

TD3100 系列变频器是艾默生网络能源有限公司自主开发生产的多功能、高品质、低噪声电梯专用矢量控制型变频器，可满足对各种电梯控制系统的需求，是目前国内许多电梯公司采用的产品。它具有结构紧凑、安装方便的特点，其先进的矢量控制算法、距离控制算法、电机参数自动调谐、转矩偏置、井道位置自学习、抱闸接触器控制、预开门监测等多种智能控制功能可满足对系统高精度控制要求，检修运行、自学习运行、多段速运行、强迫减速运行等多种特殊运行控制方式及其普通可编程开关量输入、逻辑可编程开关量输入有助于实现电梯控制的全面解决方案，抱闸接触器检测、电梯超速检测、输入输出逻辑检测、平层信号与电梯位置检测等功能保证了系统运行的安全性，其国际标准化设计和测试，保证了产品的可靠性。其外形如图 5-32 所示。

图 5-32 TD3100 系列变频器外形

TD3100 电梯变频器技术指标、规格如表 5-16 所示。

表5-16 TD3100电梯变频器技术指标、规格

项目		TD3100-4T □□□□ E
输入	额定电压、频率	三相，380V/400V；50Hz/60Hz
	变动容许值	电压，±20%，电压失衡率＜3%；频率：±5%
输出	输出电压	三相，0～380V/400V
	输出频率	0～400Hz
	过载能力	150% 额定电流 2min，180% 额定电流 10s
基本控制功能	控制方式	有 PG 矢量控制 / 无 PG 矢量控制
	速度设定	数字设定（含多段速度设定）；上位机串行通信设定；模拟设定
	速度控制精度	无 PG 时 ±0.5% 最高速度，有 PG 时 ±0.05% 最高速度（25℃ ± 10℃，1000P/r）
	速度设定分辨率	数字设定：0.001m/s；模拟设定：0.1% 最高速度
	速度控制范围	带 PG 闭环 1：1000，不带 PG 闭环 1：100
	运转命令给定	面板给定；外部端子给定；通过串行通信口由上位机给定
电梯专用控制功能	给定楼层的距离控制	变频器根据设定的目的楼层，实现以距离为原则的直接停靠
	根据停车请求信号的距离控制	变频器先接收控制板的快车运行命令启动运行，在运行中根据控制板的停车请求信号实现以距离为原则的直接停靠
	速度控制	变频器根据多段速度 / 模拟速度设定运行
	转矩偏置	变频器在启动时可以根据电梯轿厢的载重量信号（数字或模拟）输出预转矩，以防止电梯启动时的倒拉车；范围：+150% ～ −150% 额定转矩
	接触器抱闸控制	根据电梯的运行逻辑控制接触器与抱闸，增加系统安全性
	预开门检测	速度 ≤ 0.1m/s，且在门区减速时输出预开门信号，控制板可根据此信号提前开门
	电梯运行次数记录	记录电梯的运行次数，停电时保存，为电梯的维修保养提供依据
	蓄电池运行	停电时，依靠蓄电池供电使电梯低速平层，运行时 S 曲线无效
	井道自学习运行	专门为井道自学习设定的运行模式，记录每层的层高脉冲数
	检修运行	专门为电梯检修时设定的运行模式，减速停车时 S 曲线无效
	正常加 / 减速度	正常运行时的加 / 减速度，范围：0.020 ～ 9.999m/s²
	正常加 / 减速度变化率	运行曲线的开始段与结束段的加 / 减速度变化率分别可设，范围：0.020 ～ 9.999m/s³
	检修减速度	检修运行时的减速度，范围：0.020 ～ 9.999m/s²
	强迫减速度	强迫减速运行时的减速度，范围：0.020 ～ 9.999m/s²
控制输入输出信号	PG 电源	12V，300mA
	PG 信号	推挽输入 / 开路集电极输入
	PG 分频输出	OA，OB 正交，分频系数 1 ～ 128，集电极开路输出，电流 ＜ 100mA
	模拟电压 / 电流输入	2路，0～+10V DC 电压输入；AI2 可选择电流输入，0～+20mA

续表

项目		TD3100-4T □□□□ E
控制输入输出信号	模拟电流输出	2 路，0 ～ +20mA，输出内容可选
	数字控制输入	上行、下行指令，使能信号，接触器反馈，上下平层信号，检修指令，自学习指令，停车请求，楼层设定指令
	普通可编程输入	10 路。楼层指令 1 ～ 6；楼层初始化指令；多段速指令 1 ～ 3；上 / 下强迫减速开关信号；距离控制使能；外部故障信号；抱闸反馈；开关量称重信号 1 ～ 4
	可组合逻辑编程输入	4 路，输入逻辑代表的意义可编程
	集电极开路输出	4 路，输出内容可选
	接触器控制继电器输出	1 路，接触器的控制信号输出，触点容量：阻性，250V AC/3A 或 30V DC/1A
	抱闸控制继电器输出	1 路，抱闸的控制信号输出，触点容量：阻性，250 V AC/3A 或 30V DC/1A
	可编程继电器输出	1 路，可编程输出，触点容量：阻性，250 V AC/3A 或 30V DC/1A
	故障报警继电器输出	1 路，触点容量：阻性，250 V AC/3A 或 30V DC/1A
	RS-485 通信接口	通信控制：上位机监视调试
显示	4 位 LED 数码 + 中英文液晶显示	可显示运行速度、电机转速、输出频率、输出电压、输出电流、输出功率、当前楼层、当前位置、输入输出端子状态、模拟量输入、减速距离、强迫减速距离等参数

二、艾默生 TD3100 电梯变频器的基本配线

变频器各部件名称说明如图 5-33 所示

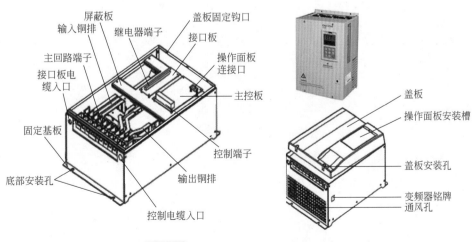

图 5-33　TD3100 变频器各部件名称说明

TD3100 基本配线图如图 5-34 所示。

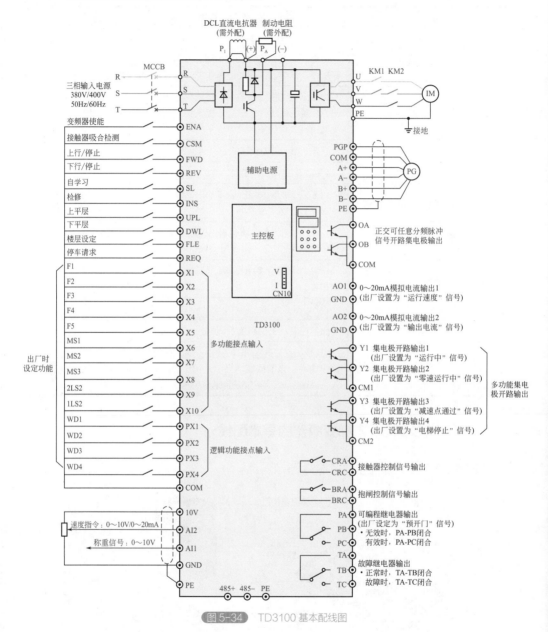

图 5-34 TD3100 基本配线图

TD3100 基本配线图说明：

• 在电路中 AI2 可以输入电压或电流信号，此时，应将主控板上 CN10 的跳线选择在 V 侧或 I 侧；

• 辅助电源引自正负母线（＋）和（－）；

• 内含制动组件，使用中需在 PB、（＋）之间外配制动电阻；

- 图中"○"为主回路端子,"⊙"为控制端子;
- 使用 TD3100 电梯专用变频器的电梯系统基本配置如图 5-35 所示。

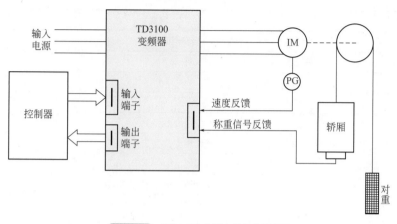

图 5-35 TD3100 典型电梯系统配置图

三、艾默生 TD3100 电梯变频器多段速度运行

这里介绍 TD3100 电梯变频器端子控制的多段速度运行,通信控制的多段速度运行除命令来自通信外,其余说明与端子控制的多段速度运行相同。多段速度运行基本接线图如图 5-36 所示。

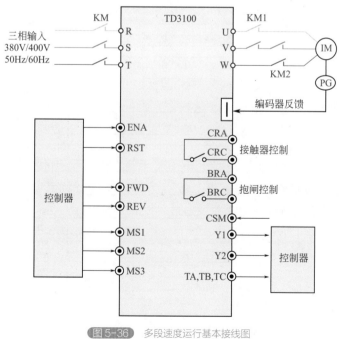

图 5-36 多段速度运行基本接线图

图 5-35 中端子含义如表 5-17 所示。

表5-17　多段速度运行端子含义

端子符号	含义
ENA	变频器的输入信号：使能（可接安全回路）
RST	变频器的输入信号：故障复位命令
FWD	变频器的输入信号：上行命令
REV	变频器的输入信号：下行命令
MS1	变频器的输入信号（X6）：多段速度指令 1
MS2	变频器的输入信号（X7）：多段速度指令 2
MS3	变频器的输入信号（X8）：多段速度指令 3
CRA-CRC	变频器的输出信号：可与安全回路等串联控制接触器
BRA-BRC	变频器的输出信号：可与安全回路等串联控制抱闸
CSM	变频器输入信号：可直接从接触器常开 / 常闭触点引入
Y1	变频器的输出信号：电梯停止
Y2	变频器的输出信号：运行中
TA、TB、TC	变频器的输出信号：报警输出

运行时序图如图 5-37 所示。

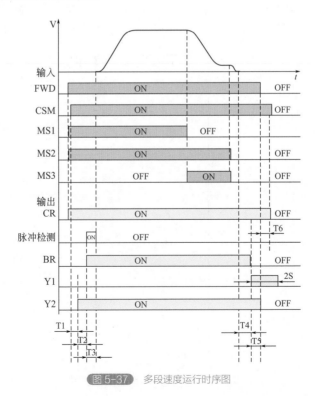

图 5-37　多段速度运行时序图

图 5-36 中，各段延时时间的含义如表 5-18 所示。

表5-18　各段延时时间的含义

符号	意义
T1	接触器闭合至变频器开机延时时间
T2	抱闸打开延时时间（对应功能码 F7.00）
T3	检测时间（对应功能码 F2.17）
T4	抱闸关闭延时时间（对应功能码 F7.01）
T5	变频器关机延时时间，由运行命令保证
T6	接触器释放延时时间（保证接触器在无电流流过时断开）

运行时序说明如下：

❶ 变频器接收到从控制器发来的运行命令（FWD）和运行速度指令（MS1 ～ MS3）时，输出接触器吸合指令（CR）。

❷ 变频器检测到接触器吸合（CSM）后，再经 T1 时间，打开变频器，输出变频器运行信号（Y2）。

❸ 经过 T2 时间后，变频器输出释放抱闸的命令（BR），抱闸完全打开，若 F2.08 = 0，则再经 T3 时间，变频器开始按 S 曲线加速运行，在 T3 时间内变频器根据检测到的脉冲数计算启动转矩。

❹ 控制器切除速度指令后，变频器开始停车，当速度为 0 时，经 T4 时间，变频器输出抱闸关闭命令（BR）；同时输出电梯停车信号（Y1），要求控制器切除运行命令。

❺ 控制器在接收到电梯停止信号后，经 T5 时间切除运行命令（FWD），变频器封锁 PWM 后输出停机状态（Y2）。

❻ 停机状态（Y2）有效后，经 T6 时间，输出电流为 0，变频器输出释放接触器命令（CR），到此一次运行过程结束。

功能码设定：

• F0.02 = 2/3，选择端子速度控制或端子距离控制；

• F3.00 ～ F3.16，设定速度曲线。

四、艾默生 TD3100 电梯变频器给定目的楼层的距离控制运行

基本接线图如图 5-38 所示。图 5-38 中与图 5-36 中相同的端子含义见表 5-17，其余如表 5-19 所示。

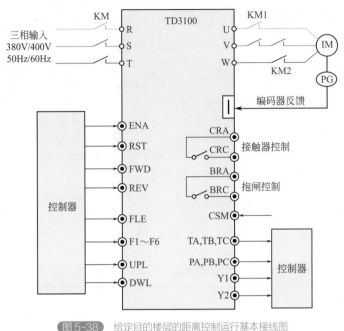

图5-38 给定目的楼层的距离控制运行基本接线图

表5-19 给定目的楼层的距离控制运行端子含义

端子符号	含义
FLE	变频器的输入信号：目的楼层设定指令
F1 ～ F6	变频器的输入信号：楼层指令
UPL	变频器的输入信号：上平层信号
DWL	变频器的输入信号：下平层信号
PA、PB、PC	变频器的输出信号：预开门信号

运行时序图如图 5-39 所示。运行时序说明：

❶ 变频器在接收到控制器发来的运行命令（FWD）和设定楼层指令（FLE，F1 ～ F6）时，输出接触器吸合指令（CR）。

❷ 变频器检测到接触器吸合（CSM）后，再经 T1 延时，打开变频器，输出变频器运行信号（Y2）。

❸ 经 T2 延时后，变频器输出释放抱闸的命令（BR）；若 F2.08 = 0，则再经 T3 时间，变频器开始按 S 曲线加速运行，在 T3 时间内变频器根据检测到的脉冲数计算启动转矩。

❹ 运行过程中可以不断响应其他设定楼层指令（FLE，F1 ～ F6），变频器会

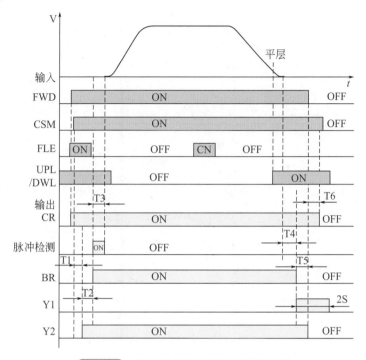

图 5-39 给定目的楼层的距离控制运行时序图

选择最优楼层停靠。到达曲线减速点后,变频器开始减速停车。进入平层一定距离(F4.07)后,速度为0。经 T4 延时后,变频器输出抱闸关闭命令(BR);同时输出电梯停车信号(Y1),要求控制器切除运行命令。

⑤ 控制器接收到电梯停止信号后,经 T5 时间切除运行命令(FWD),变频器封锁 PWM 后输出停机状态信号(Y2)。

⑥ 停机状态(Y2)有效后,经 T6 时间,输出电流为0,变频器输出释放接触器命令(CR),到此一次运行过程结束。

功能码设定:

- F0.02 = 3,选择端子距离控制;
- F3.11 ~ F3.16,设定 S 字;
- F4.02 ~ F4.06,设定距离控制速度;
- F4.07,调整平层精度。

五、艾默生 TD3100 电梯变频器给定停车请求的距离控制运行

基本接线图如图 5-40 所示。

图 5-40 中,与图 5-36、图 5-38 中相同的端子含义见表 5-17、表 5-19,其余如表 5-20 所示。

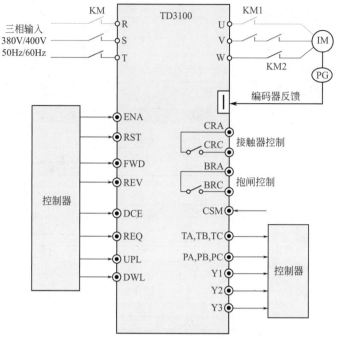

图 5-40 给定停车请求的距离控制运行基本接线图

表5-20 给定停车请求的距离控制运行端子含义

端子符号	含义
DCE	变频器的输入信号：停车请求距离控制使能指令
REQ	变频器的输入信号：停车请求指令
Y3	变频器的输出信号：减速点通过信号

运行时序图如图 5-41 所示。

运行时序说明：

❶ 变频器在接收到控制器发来的运行命令（FWD）和停车请求距离控制使能指令（DCE）时，输出接触器吸合指令（CR）。

❷ 变频器检测到接触器吸合（CSM）后，再经 T1 延时，打开变频器，输出变频器运行信号（Y2）。

❸ 经 T2 延时后，变频器输出释放抱闸的命令（BR）；若 F2.08 = 0，则再经 T3 时间，变频器开始按 S 曲线加速运行，在 T3 时间内变频器根据检测到的脉冲数计算启动转矩。

❹ 减速点通过（Y3）信号，用于询问在前方楼层是否需响应停车。如果在 Y3 信号有效时，控制器回应停车请求指令（REQ），则表示需在前方楼层停车。到达曲线减速点后，变频器开始减速停车。进入平层一定距离（F4.07）后，速度为 0。经

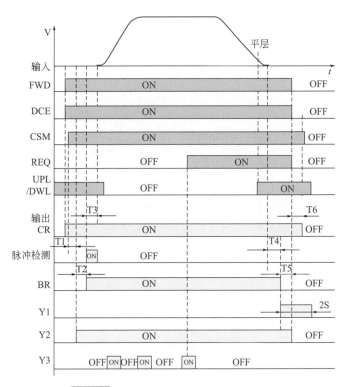

图 5-41 给定停车请求的距离控制运行时序图

T4 延时后，变频器输出抱闸关闭命令（BR），同时输出电梯停止信号（Y1），要求控制器切除运行命令。

⑤ 控制器在接收到电梯停止信号后，经 T5 时间切除运行命令（FWD）、停车请求距离控制使能（DCE）、停车请求（REQ），变频器封锁 PWM 后输出停机状态（Y2）。

⑥ 停机状态（Y2）有效后，经 T6 时间，输出电流为 0，变频器输出释放接触器命令（CR），到此一次运行过程结束。

功能码设定：

- F0.02 = 2，选择端子速度控制；
- F3.11 ～ F3.16，设定 S 字；
- F4.02 ～ F4.06，设定距离控制速度；
- F4.07：调整平层精度。

六、艾默生 TD3100 电梯变频器普通运行接线与设定

下面介绍模拟速度给定的普通运行。基本接线图如图 5-42 所示。

图 5-42 中与图 5-36、图 5-38、图 5-40 符号相同的端子含义见表 5-17、表 5-19、表 5-20，其他含义如表 5-21 所示。

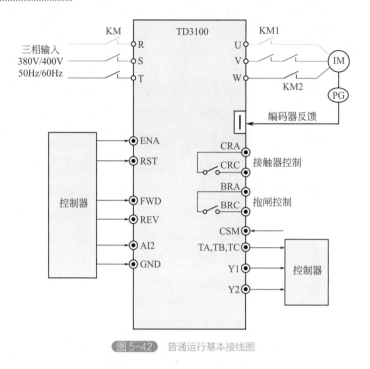

图 5-42 普通运行基本接线图

表5-21 普通运行端子含义

端子符号	含义
AI2-GND	变频器的输入信号：模拟速度设定信号

运行时序基本同多段速运行的时序，不同的是运行速度由 AI2 设定，而不是由 MS1 ～ MS3 设定。运行曲线如图 5-43 所示。

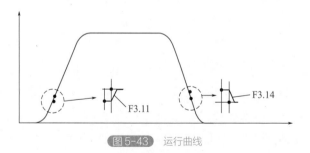

图 5-43 运行曲线

- 模拟速度给定时变频器 S 曲线不起作用。
- 模拟速度的 S 曲线由外部模拟量生成，模拟量给定越圆滑，曲线越圆滑。
- 在加速段，最大加速度起作用。
- 在减速段，最大减速度起作用。

功能码设定：

- F0.02 = 1，选择模拟速度给定；

- F6.01，保证系统稳定；

- F7.06，调整模拟输入零偏；

- F3.11、F3.14，设定值越大，运行速度跟踪模拟给定速度越快；设定值越小，运行速度跟踪模拟给定速度越慢。

七、艾默生 TD3100 电梯变频器自学习运行接线与设定

基本接线图如图 5-44 所示。

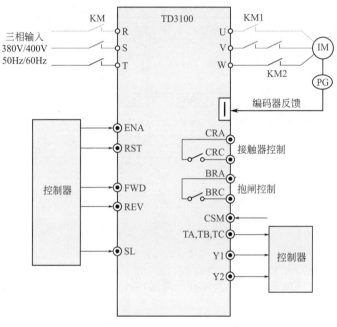

图 5-44 自学习运行基本接线图

图 5-44 中与图 5-36、图 5-38、图 5-40、图 5-42 符号相同的端子含义见表 5-17、表 5-19～表 5-21，其余如表 5-22 所示。

表5-22 自学习运行端子含义

端子符号	含义
SL	变频器的输入信号：自学习指令

运行时序图如图 5-45 所示。

（1）自学习前的准备

❶ 令电梯检修运行至底层平层偏下的位置。

❷ 确认功能码 F9.03（当前楼层）= 1。如果不为 1，在有强迫减速开关输入的时候，可以先令电梯向上运行离开下强迫减速区，再令电梯向下运行至底层，F9.03

自动初始化为 1；在没有强迫减速开关信号输入时，可用 INI 命令初始化 F9.03。

❸ 确认自学习运行方向为上行。

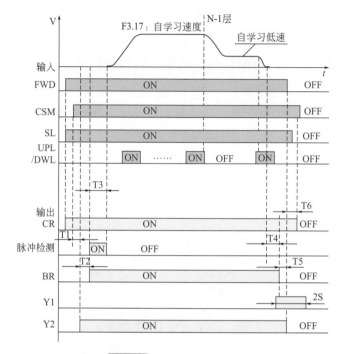

图 5-45　自学习运行时序图

（2）运行时序说明

❶ 变频器在接收到控制器发来的运行命令（FWD）和自学习指令（SL）时，输出接触器吸合指令（CR）。

❷ 变频器检测到接触器吸合（CSM）后，再经 T1 延时，打开变频器，输出变频器运行信号（Y2）。

❸ 经 T2 延时后，变频器输出释放抱闸的命令（BR），若 F2.08 = 0，则再经 T3 时间，变频器开始按 S 曲线加速运行到设定的自学习速度（F3.17）；在 T3 时间内变频器根据检测到的脉冲数计算启动转矩。

❹ 运行过程中，每经过一层，变频器会自动记录这层的层高。当距离的层高大于最大设定层高（F4.01）时，如果还没有收到平层信号，则变频器会显示报警信息"E033"。到达倒数第二层后，变频器自动切换到低速运行。如果选择了强迫减速开关信号输入，当上强迫减速开关动作时，变频器也会自动切换到低速运行。

❺ 到达最高层平层后，变频器开始减速停车。当速度为 0 时，经 T4 延时，变频器输出抱闸关闭命令（BR）；同时输出电梯停止信号（Y1），要求控制器切除运行命令。

❻ 控制器在接收到电梯停止信号后，经 T5 时间切除运行命令（FWD）、自学习指令（SL），变频器封锁 PWM 后输出停机状态信号（Y2）。

❼ 停机状态（Y2）有效后，经 T6 时间，输出电流为 0，变频器输出释放接触器命令（CR），到此一次运行过程结束。自学习信息被记录在功能码 F4.07 ～ F4.57。

（3）功能码设定

- F0.02 ≠ 0；
- F3.11 ～ F3.16，设定 S 字；
- F3.17，设定自学习速度；
- F1.00，PG 脉冲数；
- F4.00，楼层总数；
- F4.01，最大楼层高度。

八、艾默生 TD3100 电梯变频器检修运行接线与设定

TD3100 电梯变频器检修运行基本接线图如图 5-46 所示。

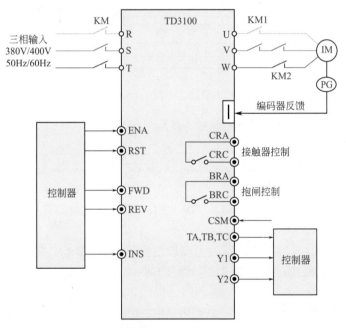

图 5-46　检修运行基本接线图

图 5-46 中，与图 5-36、图 5-38、图 5-40、图 5-42、图 5-44 中符号相同的见表 5-17、表 5-19 ～表 5-22，其他端子含义如表 5-23 所示。

表5-23　检修运行端子含义

端子符号	含义
INS	变频器的输入信号：检修指令

运行时序图如图 5-47 所示。

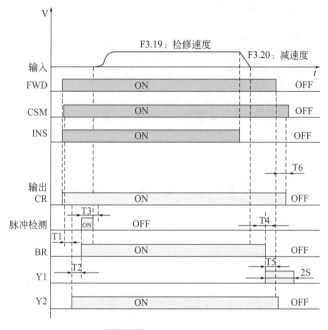

图 5-47　检修运行时序图

图 5-46 中，各段延时时间的含义同表 5-18。

运行时序说明：

❶ 变频器在接收到控制器发来的运行命令（FWD）和检修运行指令（INS）时，输出接触器吸合指令（CR）。

❷ 变频器检测到接触器吸合（CSM）后，再经 T1 时间，打开变频器，输出变频器运行信号（Y2）。

❸ 经过 T2 时间后，变频器输出释放抱闸的命令（BR），抱闸完全打开，若 F2.08 = 0，则再经 T3 时间，变频器开始按 S 曲线加速运行；在 T3 时间内变频器根据检测到的脉冲数计算启动转矩。

❹ 控制器切除检修指令后，变频器开始直线停车，当速度为 0 时，经 T4 时间，变频器输出抱闸关闭命令（BR）；同时输出电梯停车信号（Y1），要求控制器切除运行命令。

❺ 控制器在接收到电梯停止信号后，经 T5 时间切除运行命令（FWD），变频器封锁 PWM 后输出停机状态（Y2）。

❻ 停机状态（Y2）有效后，经 T6 时间，输出电流为 0，变频器输出释放接触器命令（CR），到此一次检修运行过程结束。

功能码设定：

•F0.02 ≠ 0；

- F3.12 ～ F3.13，设定加速 S 字；
- F3.19，设定检修速度；
- F3.11，设定检修加速度；
- F3.20，设定检修减速度。

九、艾默生 TD3100 电梯变频器典型应用实例

1. TD3100 电梯变频器典型应用实例一

　　某电梯额定速度 1.750m/s，采用变频器的"端子速度控制"构成电梯控制系统，抱闸和接触器由变频器的控制信号进行控制，并使用接触器反馈对接触器的吸合与断开状态进行检测。检修运行由变频器的 INS 端控制，其他运行速度由 MS1 ～ MS3 的速度组合得到。此应用中使用了模拟称重装置，这样可以有效地提高电梯系统的启动性能。系统的构成原理如图 5-48 所示，具体配线事项及要求可以参考前面介绍。

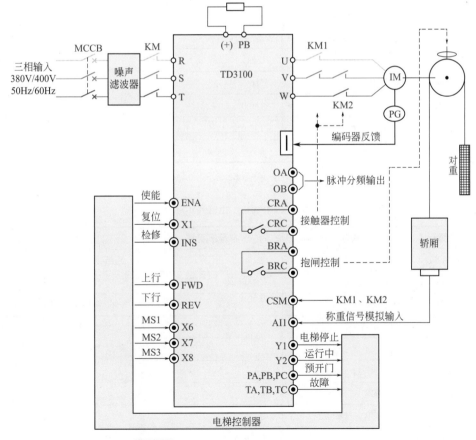

图 5-48　控制原理设计示意图（典型应用例一）

典型应用例一、二、三都需要设定的功能码见表 5-24。

表5-24　典型应用例一、二、三通用功能码设置表

功能码	名称	推荐设定值	备注
F0.06	最大输出频率	60.00Hz	—
F1.00	PG 脉冲数选择	根据实际设定	—
F1.01	电机类型选择	0	—
F1.02	电机功率	曳引电机功率	—
F1.03	电机额定电压	380V	曳引电机额定电压
F1.04	电机额定电流	曳引电机额定电流	
F1.05	电机额定频率	50.00Hz	曳引电机额定频率
F1.06	电机额定转速	曳引电机额定转速	
F1.07	曳引机机械参数	根据实际计算	—
F2.00	ASR 比例增益 1	1	根据运行效果调整
F2.01	ASR 积分时间 1	1s	
F2.02	ASR 比例增益 2	2	
F2.03	ASR 积分时间 2	0.5s	
F2.04	高频切换频率	5Hz	
F2.06	电动转矩限定	180.0%	
F2.07	制动转矩限定	180.0%	
F2.17	低频切换频率	0	

实例一专用功能码设置内容如表 5-25 所示。

表5-25　实例一专用功能码设置表

功能码	名称	推荐设定值	备注
F0.02	操作方式选择	2	选择端子速度控制
F0.05	电梯额定速度	1.750m/s	—
F2.08	预转矩选择	2	选择模拟转矩偏置
F2.14	预转矩偏移	—	根据实际调整
F2.15	预转矩增益（驱动侧）	—	
F2.16	预转矩增益（制动侧）	—	
F3.00	启动速度	0	—
F3.01	启动速度保持时间	0	—
F3.02	停车急减速	0.700m/s^3	根据实际调整

续表

功能码	名称	推荐设定值	备注
F3.03	多段速度 0	0	根据设计确定
F3.04	多段速度 1	再平层速度	
F3.05	多段速度 2	爬行速度	
F3.06	多段速度 3	紧急速度	
F3.07	多段速度 4	保留	根据设计确定
F3.08	多段速度 5	正常低速	
F3.09	多段速度 6	正常中速	
F3.10	多段速度 7	正常高速	
F3.11	加速度	$0.700 \mathrm{m/s^2}$	根据效果调整
F3.12	开始段急加速	$0.700 \mathrm{m/s^3}$	
F3.13	结束段急加速	$0.700 \mathrm{m/s^3}$	
F3.14	减速度	$0.700 \mathrm{m/s^3}$	
F3.15	开始段急减速	$0.900 \mathrm{m/s^3}$	根据效果调整
F3.16	结束段急减速	$0.900 \mathrm{m/s^3}$	
F3.19	检修运行速度	$0.630 \mathrm{m/s}$	
F3.20	检修运行减速度	$0.900 \mathrm{m/s^2}$	
F5.00	X1 端子功能选择	18	RST
F5.05	X6 端子功能选择	8	MS1
F5.06	X7 端子功能选择	9	MS2
F5.07	X8 端子功能选择	10	MS3
F5.30	Y1 端子功能选择	7	电梯停止
F5.31	Y2 端子功能选择	1	运行中
F5.34	PR 端子功能选择	8	预开门
F5.35	Y1 ~ Y4, PR 动作模式选择	0	—
F6.00	AI1 滤波时间常数	0.012s	—
F6.02 F6.03	AO1 输出端子功能选择 AO2 输出端子功能选择	—	转矩调试时设定 7、8
F7.00	抱闸打开时间	0.100s	—
F7.01	抱闸延迟关闭时间	0.300s	—
F7.02	反馈量输入选择	1	选择接触器反馈

2. TD3100 电梯变频器典型应用实例二

某电梯额定速度 2.000m/s，共 25 层，最大层高 3.5m，采用变频器的"端子距离控制"构成电梯控制系统，抱闸和接触器由变频器的控制信号进行控制，并使用接触器反馈对接触器的吸合与断开进行检测；正常运行采用距离控制，检修运行由 INS 端控制，再平层运行由 MS1 控制，自学习运行由 SL 端控制；为了保证运行安全，同时给变频器提供上下强迫减速信号。此应用中使用了数字开关量称重装置，以有效地提高电梯系统的启动性能。系统的构成原理如图 5-49 所示。

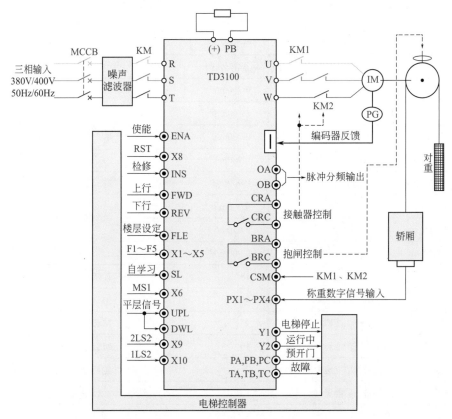

图 5-49 控制原理设计示意图（典型应用例二）

实例二通用功能码设置内容如表 5-24 所示，专用功能码设置内容如表 5-26 所示。

表5-26　实例二专用功能码设置表

功能码	名称	推荐设定值	备注
F0.02	操作方式选择	3	选择端子距离控制
F0.05	电梯额定速度	2.000m/s	—
F2.08	预转矩选择	1	选择数字量转矩偏置

续表

功能码	名称	推荐设定值	备注
F2.09	DI 称重信号 1	—	根据各开关动作的载荷设定
F2.10	DI 称重信号 2	—	
F.2.11	DI 称重信号 3	—	
F2.12	DI 称重信号 4	—	
F2.14	预转矩偏移	—	根据实际调整
F2.15	预转矩增益（驱动侧）	—	
F2.16	预转矩增益（制动侧）	—	
F3.00	启动速度	0	—
F3.01	启动速度保持时间	0	—
F3.04	多段速度 1	0.050m/s	再平层速度，根据效果调整
F3.11	加速度	0.700m/s^2	根据效果调整
F3.12	开始段急加速	0.700m/s^2	
F3.13	结束段急加速	0.700m/s^2	
F3.14	减速度	0.700m/s^2	
F3.15	开始段急减速	0.900m/s^2	
F3.16	结束段急减速	0.900m/s^2	
F3.17	自学习运行速度	0.400m/s	—
F3.19	检修运行速度	0.630m/s	—
F3.20	检修运行减速度	0.900m/s^2	
F3.21	爬行速度	0.050m/s	
F3.22	强迫减速度	0.900m/s^2	根据实际设定
F4.00	总楼层数	25	—
F4.01	最大楼层高度	3.5m	
F4.02	曲线 1 最高速	0.800m/s	如果运行时出现 E032 故障，将 0.800m/s 减小
F4.03	曲线 2 最高速	1.000m/s	
F4.04	曲线 3 最高速	1.200m/s	
F4.05	曲线 4 最高速	1.500m/s	
F4.06	曲线 5 最高速	1.750m/s	

功能码	名称	推荐设定值	备注
F4.07	平层距离调整	根据实际调整	—
F5.00	X1 端子功能选择	1	F1
F5.01	X2 端子功能选择	2	F2
F5.02	X3 端子功能选择	3	F3
F5.03	X4 端子功能选择	4	F4
F5.04	X5 端子功能选择	5	F5
F5.05	X6 端子功能选择	8	MS1
F5.07	X8 端子功能选择	18	RST
F5.08	X9 端子功能选择	12	2LS2
F5.09	X10 端子功能选择	14	1LS2
F5.10	PX1 端子功能选择	22	开关量称重信号 WD1 ～ WD4
F5.11	PX2 端子功能选择	23	
F5.12	PX3 端子功能选择	24	
F5.13	PX4 端子功能选择	25	
F5.30	Y1 端子功能选择	7	电梯停止
F5.31	Y2 端子功能选择	1	运行中
F5.34	PR 端子功能选择	8	预开门
F5.35	Y1 ～ Y4，PR 动作模式选择	0	—
F7.00	抱闸打开时间	0.100s	—
F7.01	抱闸延迟关闭时间	0.300s	—
F7.02	反馈量输入选择	29（11101B）	选择接触器反馈、平层信号反馈、上下强迫减速反馈

3. TD3100 电梯变频器典型应用实例三

某电梯额定速度 1.750m/s，共 16 层，最大层高 3.5m，采用变频器的"端子速度控制"构成电梯控制系统，抱闸和接触器由变频器的控制信号进行控制，并使用接触器反馈对接触器的吸合与断开状态进行检测；正常运行采用根据停车请求的距离控制，检修运行由 INS 端控制，再平层运行由 MS1 控制，自学习运行由 SL 端控制；为了保证运行安全，同时给变频器提供上下强迫减速信号。此应用中使用了数字开关量称重装置，这样可以有效地提高电梯系统的启动性能。

系统的构成原理如图 5-50 所示。

典型应用例三通用功能码设置内容如表 5-24 所示，专用功能码设置内容如表 5-27 所示。

表5-27 典型应用例三专用功能码设置表

功能码	名称	推荐设定值	备注
F0.02	操作方式选择	2	选择端子速度控制
F0.05	电梯额定速度	1.750m/s	—
F2.08	预转矩选择	1	选择数字量转矩偏置
F2.09	DI 称重信号 1	—	根据各开关动作的载荷设定
F2.10	DI 称重信号 2	—	
F2.11	DI 称重信号 3	—	
F2.12	DI 称重信号 4	—	
F2.14	预转矩偏移	—	根据实际调整
F2.15	预转矩增益（驱动侧）	—	
F2.16	预转矩增益（制动侧）	—	
F3.00	启动速度	0	—
F3.01	启动速度保持时间	0	—
F3.04	多段速度 1	0.050m/s	两平层速度，根据效果调整
F3.11	加速度	$0.700m/s^2$	根据效果调整
F3.12	开始段急加速	$0.700m/s^2$	
F3.13	结束段急加速	$0.700m/s^2$	
F3.14	减速度	$0.700m/s^2$	
F3.15	开始段急减速	$0.900m/s^2$	
F3.16	结束段急减速	$0.900m/s^2$	
F3.17	自学习运行速度	0.400m/s	—
F3.19	检修运行速度	0.630m/s	—
F3.20	检修运行减速度	$0.900m/s^2$	—
F3.21	爬行速度	0.050m/s	—
F3.22	强迫减速度	$0.900m/s^2$	根据实际设定
F4.00	总楼层数	16	—
F4.01	最大楼层高度	3.5m	—
F4.02	曲线 1 最高速	0.800m/s	如果运行时出现 E032 故障，将 0.800m/s 减小
F4.03	曲线 2 最高速	1.000m/s	
F4.04	曲线 3 最高速	1.200m/s	
F4.05	曲线 4 最高速	1.400m/s	
F4.06	曲线 5 最高速	1.600m/s	
F4.07	平层距离调整	根据实际调整	—
F5.00	X1 端子功能选择	15	DCE
F5.01	X2 端子功能选择	18	RST
F5.05	X6 端子功能选择	8	MS1
F5.08	X9 端子功能选择	12	2LS2
F5.09	X10 端子功能选择	14	1LS2

续表

功能码	名称	推荐设定值	备注
F5.10	PX1 端子功能选择	22	开关量称重信号 WD1、WD2、WD3、WD4
F5.11	PX2 端子功能选择	23	
F5.12	PX3 端子功能选择	24	
F5.13	PX4 端子功能选择	25	
F5.30	Y1 端子功能选择	7	电梯停止
F5.31	Y2 端子功能选择	1	运行中
F5.32	Y3 端子功能选择	6	减速点通过
F5.34	PR 端子功能选择	8	预开门
F5.35	Y1 ~ Y4，PR 动作模式选择	0	—
F7.00	抱闸打开时间	0.100s	—
F7.01	抱闸延迟关闭时间	0.300s	—
F7.02	反馈量输入选择	29（11101B）	选择接触器反馈、平层信号反馈、上下强迫减速反馈

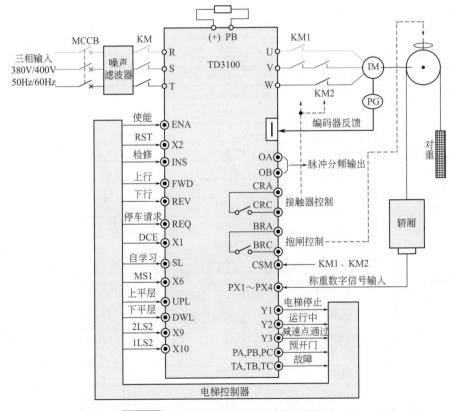

图 5-50　控制原理设计示意图（典型应用例三）

十、艾默生 TD3100 典型电梯变频器应用参数设置

1. TD3100 典型电梯变频器应用参数设置总体步骤

图 5-51 是 TD3100 典型电梯应用变频器参数设置总体步骤流程图。如果变频器在电梯应用前需要试机，或者是作为普通变频器运行，都可以转至通用变频器参数设置，否则要进行电梯应用基本参数设置。

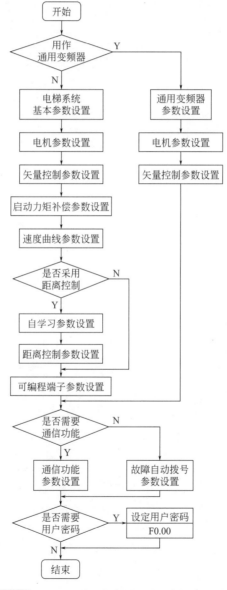

图 5-51　TD3100 典型电梯变频器应用参数设置总体步骤

2. TD3100 典型电梯变频器基本参数设置步骤

图 5-52 是 TD3100 典型电梯变频器基本参数设置步骤流程图。

3. TD3100 典型电梯通用变频器参数设置

图 5-53 是 TD3100 典型电梯通用变频器参数设置步骤流程图。

图 5-52 TD3100 典型电梯变频器基本参数设置步骤

图 5-53 TD3100 典型电梯通用变频参数设置步骤

4. 电机参数的设置

基本参数设置完成后，进行电机参数的设置，电机参数设置步骤见图 5-54。接着应进行矢量控制参数的设置，此参数可在运行过程中进一步调整。到此，通用变频器的参数已经设置完毕。

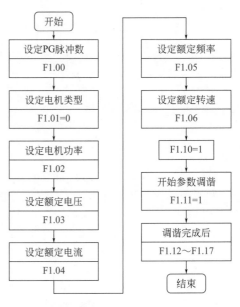

图 5-54 电机参数设置步骤

5. 启动力矩补偿参数设置步骤

电梯应用的场合，根据系统的需要设置启动力矩补偿参数，正确设置此参数有助于改善启动性能。启动力矩补偿参数设置步骤见图 5-55。

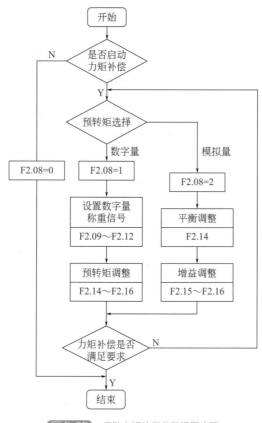

图 5-55 启动力矩补偿参数设置步骤

6. 速度曲线参数设置

前面参数的设置，保证了变频器能够正常运行，为了满足运行速度曲线、舒适感和效率等需要，必须进行速度曲线参数设置，其设置步骤如图 5-56 所示。

7. 自学习参数设置和距离控制参数设置

完成速度曲线参数设置后，如果使用距离控制运行，则应进行自学习参数设置和距离控制参数设置。图 5-57 是自学习参数设置步骤流程图，图 5-58 是距离控制参数设置步骤流程图。

8. 可编程端子功能参数设置

进行可编程端子功能参数的设置，应根据控制电气原理图设定此参数。可编程端子功能参数设置流程图见图 5-59。

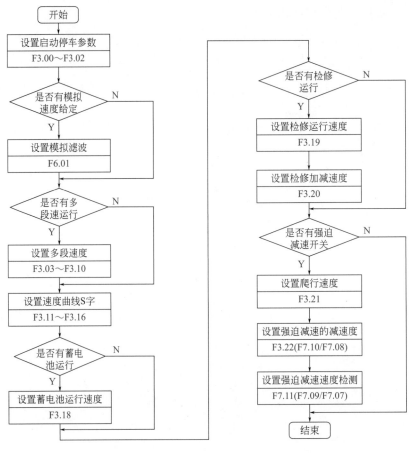

图 5-56　速度曲线参数设置步骤

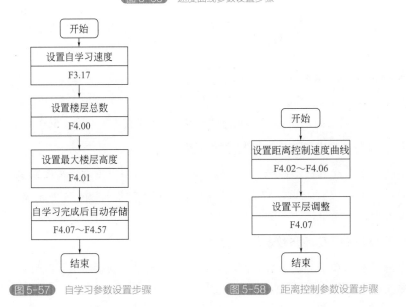

图 5-57　自学习参数设置步骤　　　图 5-58　距离控制参数设置步骤

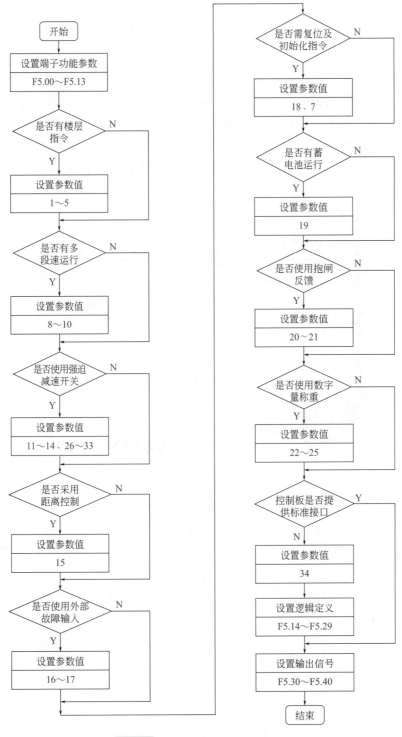

图 5-59 可编程端子功能参数设置步骤

完成以上过程，变频器运行所需参数设定完毕。

第四节 艾默生TD3200电梯门机专用变频器现场操作技能

一、艾默生 TD3200 门机专用变频器的技术指标及规格

艾默生 TD3200 门机专用变频器外形如图 5-60 所示。

图 5-60　艾默生 TD3200 门机专用变频器外形

艾默生 TD3200 变频器产品技术指标及规格如表 5-28 所示。

表5-28　艾默生TD3200变频器产品技术指标及规格

项目	子项目	技术指标
输入	电压工作范围	单相，180 ~ 264V
	频率工作范围	50Hz（±5%），60Hz（±5%）
输出	电压范围	三相：0 ~ 220V
	频率范围	0 ~ 400Hz
	过载能力	150% 额定电流 2min，180% 额定电流 10s
主要控制功能	调制方式	优化空间电压矢量 PWM 调制
	控制算法	无速度传感器矢量控制、有速度传感器矢量控制
	运行模式	门机控制运行模式、通用变频器运行模式

续表

项目	子项目	技术指标
主要控制功能	频率分辨率	数字设定：0.01Hz
	自学习	门机变频器以自学习速度进行门宽自学习行走，按照关门→开门→关门→停机的固定逻辑运行，自学习行走停止后，存储门宽信息，自学习结束
	电机参数调谐	门机变频器电机参数调谐是自动获取电机参数的运行过程，调谐结束后，自动存储获取的电机参数
	上电自动测试行走	在门机控制方式下，变频器上电，自动关门，关门到位后，变频器停机，门机处于关门到位状态
	加减速曲线	S 曲线加减速，加减速时间可选
	制动	内置制动单元，外接制动电阻，制动使用率：0～100%
	载波频率	2～16kHz
	多段速运行	外接端子可选择最多 8 段速运行
	调速范围	额定负载条件下，有速度传感器 1∶100；无速度传感器 1∶50
	转速精度	额定条件下，有速度传感器：0.5% 额定速度 无速度传感器：1% 额定速度
	启动转矩	有速度传感器 15～300r/min 时 150% 额定转矩（对 4 极电机来说） 无速度传感器 30～300r/min 时 150% 额定转矩（对 4 极电机来说）
运行功能	运转命令给定	端子给定：操作面板给定
	频率设定	操作面板设定，多段速度设定
	输入信号	开关门命令信号：开关门换速控制信号；开关门限位控制信号；外部复位控制信号；光幕触板保护控制信号；多段速度控制信号；开门禁止保护信号；力矩保持禁止信号；慢速控制信号；脉冲编码器信号；门锁信号
	输出信号	3 路继电器输出：250V AC/2A（$\cos\varphi=1$），250V AC/1A（$\cos\varphi=0.4$），30V DC/1A
显示	4 位数码显示（选配 TDP-LED02）	运行频率；给定频率；输出电压；母线电压；输出电流；输出力矩；直流母线电压；开关量输入端子状态；开关量输出端子状态，门运行位置（脉冲数）
	保护功能	过流保护；过压保护；欠压保护；过热保护；过载保护；电机参数调谐错误报警；参数设置错误报警；门宽自学习错误；开关门操作错误；输出缺相保护；CPU 错误报警；参数读写出错报警；电流检测电路故障
	选配件	操作面板；状态显示单元；制动电阻；操作面板安装座；操作面板电缆
环境	使用场所	室内，不受阳光直射，无尘埃、腐蚀性气体、可燃性气体、油雾、水蒸气等
	海拔高度	低于 1000m（高于 1000m 时需降额使用）
	工作温度	−10～+50℃

续表

项目	子项目	技术指标
环境	湿度	小于 90%RH，无结露
	振动	小于 5.9m/s²（0.6g）
	存储温度	−40 ～ +70℃
结构	防护等级	IP20（选配 TDP-LED02 或 TDP-LED03 的情况下）
	冷却方式	自然冷却
安装方式	壁挂式，柜内安装	

二、艾默生 TD3200 变频器主回路端子和控制回路端子

艾默生 TD3200 变频器主回路端子和控制回路端子的排列如图 5-61 所示。

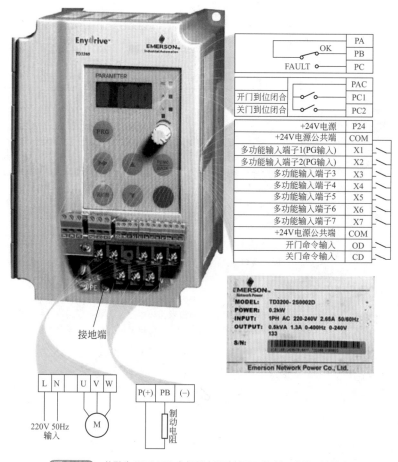

图 5-61　艾默生 TD3200 变频器主回路端子和控制回路端子的排列

主回路端子如图 5-62 所示。

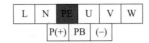

图 5-62 艾默生 TD3200 主回路端子

主回路端子功能说明如表 5-29 所示。

表5-29 主回路端子功能说明

端子名称	功能说明
P（+）、PB、（-）	P（+）：正母排，PB：制动单元接点，（-）：负母排
L、N	单相220V 交流电源输入端子
U、V、W	电机接线端子
PE	安全接地点

控制回路端子如图 5-63 所示。

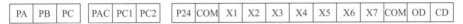

图 5-63 控制回路端子

控制回路端子功能说明如表 5-30 所示。

表5-30 控制回路端子功能说明

端子类别	端子记号	端子功能说明	规格
多功能输入端子	X1～X7	功能可编程（参考地为 COM）	24V 电平信号输入，X1、X2 可以满足 40kHz 以下的脉冲频率信号输入要求
开、关门命令输入端子	OD	开门命令（参考地为 COM）	
	CD	关门命令（参考地为 COM）	
输出端子	P24	24V 电源（参考地为 COM）	+24V，最大输出电流100mA
	PA，PB，PC	可编程继电器输出 0	触点额定值AC：250V/2A；DC：30V/1A
	PAC，PC1	可编程继电器输出 1	
	PAC，PC2	可编程继电器输出 2	

三、艾默生 TD3200 变频器的基本配线

艾默生 TD3200 变频器的基本配线图如图 5-64 所示。

在 TD3200 变频器的基本配线图中，控制信号端子用于对变频器进行频率设定、运转控制和向外部监测设备提供变频器的工作信息。TD3200 门机变频器可以输入两种脉冲编码器信号，只提供 24V 编码器电源。

❶ 工作电源 24V、集电极开路输出型脉冲编码器接线图如图 5-65 所示。

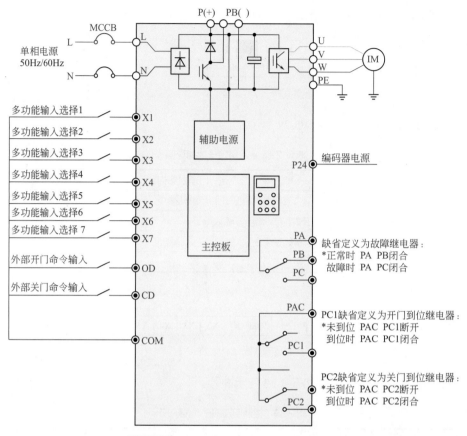

图 5-64 艾默生 TD3200 变频器的基本配线图

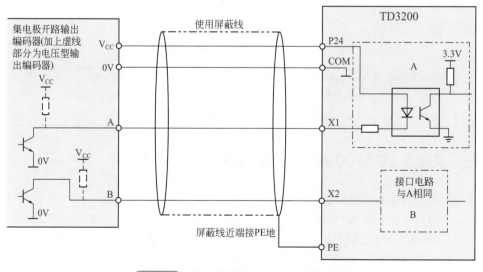

图 5-65 集电极开路输出型脉冲编码器接线图

❷ 工作电源 24V、推挽输出型脉冲编码器接线图如图 5-66 所示。

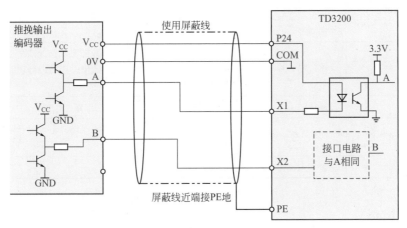

图 5-66 推挽输出型脉冲编码器接线图

需要注意的是，如果是单相脉冲编码器信号，必须从 X1 输入端子输入。

四、艾默生 TD3200 变频器操作面板的操作方法

操作面板和状态显示单元如图 5-67 所示。

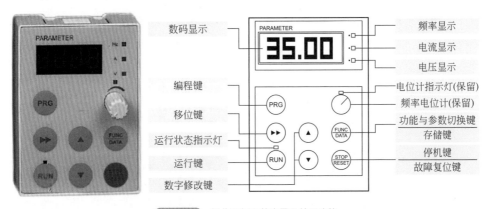

图 5-67 操作面板和状态显示单元功能

操作面板的按键功能表如表 5-31 所示。

表5-31 操作面板的按键功能表

按键	名称	功能
PRG	编程键	停机状态或运行状态和编程状态的切换
FUNC/DATA	功能 / 数据键	选择数据监视模式和数据写入确认
▲	递增键	数据或功能码的递增

续表

按键	名称	功能
▼	递减键	数据或功能码的递减
▶▶	移位键	在运行和停机状态下，可选择显示参数；在设定数据时，可以选择设定数据的修改位，也可进行功能码区段切换
RUN	运行键	面板控制下，用于启动运行操作
STOP/RESET	停机/故障复位键	在面板操作方式下用于停机操作，也可用于复位操作来结束故障报警状态
/	频率电位计	保留

注意：

门机手动调试模式下 RUN 键和▲键同时按下执行开门运行指令，RUN 键和▼键同时按下执行关门运行指令。

通用变频器的面板操作模式下 RUN 键和▲键同时按下执行正转指令，RUN 键和▼键同时按下执行反转指令。

LED 数码管及指示灯状态显示单元示意图如图 5-68 所示，LED 数码管及指示灯说明如表 5-32 所示。

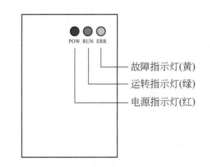

图5-68　LED 数码管反指示灯状态显示单元示意图

表5-32　LED数码管及指示灯说明

含义	指示灯颜色	标志
频率单位指示	绿	Hz
电流单位指示	绿	A
电压单位指示	绿	V
运行状态指示	绿	RUN
电位计指示灯（保留）	绿	

五、艾默生 TD3200 变频器的工作状态和运行模式说明

1. 变频器的 4 种工作状态

❶ 停机状态　变频器已经上电但不进行任何操作的状态。

❷ 编程状态　使用操作面板进行变频器功能参数的修改和设置。

❸ 运行状态　变频器 U、V、W 端子有电源输出。

❹ 故障报警状态　由于外部设备或变频器内部出现故障或操作失误，变频器报出相应的故障代码并且封锁输出。

2. 变频器的运行模式说明

变频器有 4 种运行模式，分别为速度控制 1、速度控制 2、多段速控制场合距离控制 1、距离控制 2。

六、艾默生 TD3200 变频器功能码参数分类和设置方法

1. 艾默生 TD3200 变频器功能码参数分类

艾默生 TD3200 变频器的功能码共有 124 个，按序号和功能可分成 12 组。

❶ 基本运行参数设定用功能码组 F000 ～ F007。

❷ 开门曲线参数功能码组 F010 ～ F024。

❸ 关门曲线参数功能码组 F027 ～ F041。

❹ 距离控制参数功能码组 F044 ～ F054。

❺ 多段速度功能码组 F053 ～ F062。

❻ 演示运行专用功能码组 F062 ～ F066。

❼ 电机参数功能码组 F068 ～ F081。

❽ 辅助参数功能码组 F082 ～ F084。

❾ 矢量控制参数功能码组 F088 ～ F095。

❿ 开关量输入输出参数功能码组 F097 ～ F106。

⓫ 显示及监视参数功能码组 F110 ～ F121。

⓬ 厂家参数功能码组 F124，不对用户开放。

2. 功能码参数的设置方法

功能码参数的设置只能通过操作面板进行，下面以将慢速行走速度由 3Hz 调到 4Hz，即将 F005 由 3 改为 4 为例介绍一下参数的设置方法。

❶ 按 PRG 键进入编程状态，操作面板上的数码显示管将显示当前功能代码，如 F000。

❷ 按 ▼ 键或 SHIFT 键调整到要改变内容参数的功能代码 F005，注意：如果功能参数没有连续显示则应将相应功能码组解包后再操作。

❸ 按 FUNC/DATA 键转到对应参数值 3。

④ 按▶▶键将闪烁位移到改动位3闪烁。

⑤ 按▲或▼键调整参数值直至需要的值按键调到4。

⑥ 按FUNC/DATA键保存并自动显示下一个功能码显示F006。

⑦ 按PRG键退出编程状态。

功能码设置应用如图5-69所示。

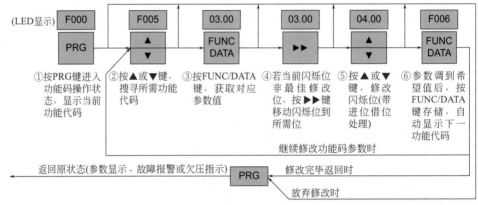

图5-69 功能码设置应用

七、艾默生TD3200变频器电机参数调谐

TD3200系列变频器是矢量控制变频器，运行前需要进行电机参数调谐，用操作面板启动调谐和停机。调谐前，必须使电机脱离负载，否则获取的电机参数不准确。

❶ 按PRG键进入编程状态。

❷ 设置主要功能码参数值（其他功能码借用出厂设定值）。

F069 ~ F073：正确输入电机铭牌参数；F075 = 1：允许调谐。

❸ 按PRG键返回。

❹ 按RUN键启动电机参数调谐。调谐期间，电机会按照固定的模式运转，操作者无须关注。调谐结束后，变频器自动停机，F075自动恢复为0，并更新F076 ~ F081的内容。如调谐运行明显异常，可按STOP键停止调谐，检查接线和电机额定参数，确保正确无误，再次设定F075 = 1，按RUN键启动电机参数调谐。

❺ 调谐成功后，就可以保证变频器正确地运行控制。

八、艾默生TD3200变频器用操作面板完成基本运行

用操作面板完成运行频率设置和调整，进行运转控制。

❶ 按PRG键进入编程状态。

② 设置主要功能码参数值（其他功能码借用出厂设定值）。

F055 = 5.00，多段频率 0；

F001 = 0，速度控制 1（无速度传感器矢量控制）；

F002 = 0，通用变频器的面板控制模式，由操作面板控制运行。

③ 按 PRG 键返回。

④ 同时按 RUN 键和▲键正转运行，同时按 RUN 键和▼键反转运行。

⑤ 运行中要修改运行频率（这里指多段频率 0），按下 PRG 键进入编程状态，按▲键或 SHIFT 键调整到 F055，按 FUNC/DATA 键转到对应参数值，按▶▶键将闪烁位移到需改动位，按▲或▼键调整参数值直至需要的值，按 FUNC/DATA 键保存并自动显示 F056。

⑥ 正转运行中，同时按 RUN 键和▼键，变频器将反转；反转运行中，同时按 RUN 键和▲键，变频器将正转。

⑦ 按 STOP 键，电机停机（减速停机）。

⑧ 断电。

九、艾默生 TD3200 变频器用操作面板参数设定

艾默生 TD3200 变频器用操作面板设定、修改频率按图 5-70 接线，确认无误后上电。

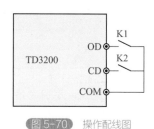

图 5-70　操作配线图

① 按 PRG 键进入编辑状态。

② 设置主要功能码参数值（其他功能码借用出厂设定值）。

F055 = 5.00，多段频率 0；

F001 = 0，速度控制 1（无速度传感器矢量控制）；

F002 = 4，通用变频器的端子控制模式，运行命令由控制端子给出，OD 控制正转，CD 控制反转。

③ 按 PRG 键回到停机状态。

④ 闭合 K1，电机正向运转。

⑤ 运行中可按照"艾默生 TD3200 变频器用操作面板完成基本运行"中⑤的操作修改运行频率。

⑥ 断开 K1、闭合 K2，电机反向运转。

⓻ 断开 K1、K2，电机停机（减速停机）。

⓼ 断电。

[**例**] 艾默生 TD3200 变频器用控制端子完成多段速度运行操作

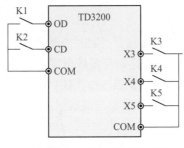

图 5-71   多段速度运行接线图

按图 5-71 接线，确认无误后上电。

❶ 按 PRG 键进入编辑状态。

❷ 设置主要功能码参数值（其他功能码借用出厂设定值）。

F001 = 1，速度控制 2（无速度传感器矢量控制）；

F002 = 4，通用变频器的端子控制模式，运行命令由控制端子给出，OD 控制正转，CD 控制反转；

F099 = 16，多段速度端子 1；

F100 = 17，多段速度端子 2；

F101 = 18，多段速度端子 3。

❸ 按 PRG 键回到停机状态。

❹ 闭合 K1（K2），电机正向（反向）运转。

❺ 通过对 K3、K4、K5 进行一定的开 / 闭组合，可以按表 5-33 选择相应的多段频率运行。

表5-33   多段频率运行

K5	K4	K3	变频器的运行频率	对应功能参数
OFF	OFF	OFF	多段频率 0	F055
OFF	OFF	ON	多段频率 1	F056
OFF	ON	OFF	多段频率 2	F057
OFF	ON	ON	多段频率 3	F058
ON	OFF	OFF	多段频率 4	F059
ON	OFF	ON	多段频率 5	F060
ON	ON	OFF	多段频率 6	F061
ON	ON	ON	多段频率 7	F062

十、艾默生 TD3200 变频器门机速度控制 1

速度控制 1 利用换速接点、换速限位信号实现到位的判断，速度控制 1 的系统接线图如图 5-72 所示。

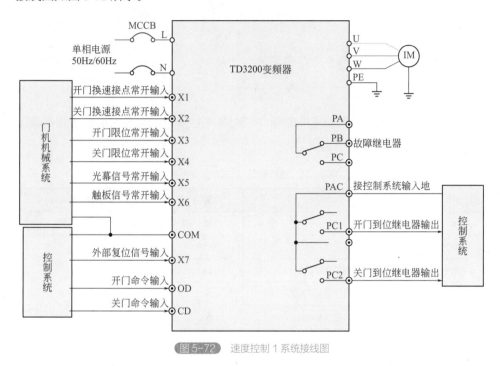

图 5-72 速度控制 1 系统接线图

调试步骤：

❶ 按照图 5-72 接线。

❷ 变频器上电设置 F123 = 2，参数初始化恢复出厂参数。

❸ 确认功能码 F002 = 0 通用变频器的面板控制模式，脱开门机负载正确输入电机。

❹ 铭牌参数 F069 ～ F073 参见前面相应功能说明，设置 F075 = 1，确认后按 RUN 键。

❺ 启动电机参数调谐直至调谐完成，在调谐过程中控制面板显示，调谐完后参数自动保存。

 注意

调谐时需脱开门机负载，否则调谐得到的电机参数不准确或调谐不能成功；为了减少用户调试工作，建议对于同一厂家同一型号的门机采用电机参数直接输入的方法，参考已有的电机参数设定 F076 ～ F081 的值，省去电机参数调谐工作。

⑥ 设置功能码 F002 = 2 门机手动调试模式，按照表 5-34 中推荐的参数进行设置，同时按 RUN 键及 ▲ 键或 ▼ 键启动运行。如果运行过程中出现撞击或运行曲线不平滑的现象，则参照速度控制 1 开门、关门运行曲线对开关门曲线参数进行调整。

 注意：

如果调试时开关门的命令与实际运行方向相反，应更改 F004 的设置或更改电机接线相序。

⑦ 调试完成后设置功能码 F002 = 1 门机端子控制模式，此时门机变频器就可以在控制系统的控制下正常工作了。

表5-34　速度控制1功能参数设置表

功能序号	名称	设置值	备注
F001	控制方式	0	速度控制 1
F097	开关量输入端子 X1 功能	12	开门换速常开输入
F098	开关量输入端子 X2 功能	14	关门换速常开输入
F099	开关量输入端子 X3 功能	6	开门限位常开输入
F100	开关量输入端子 X4 功能	8	关门限位常开输入
F101	开关量输入端子 X5 功能	2	光幕信号常开输入
F102	开关量输入端子 X6 功能	4	触板信号常开输入
F103	开关量输入端子 X7 功能	1	外部复位信号输入
F105	可编程继电器 PAC/PC1	2	开门到位信号输出 1
F106	可编程继电器 PAC/PC2	3	关门到位信号输出 1
F010	开门启动力矩	50.0%	表中参数为出厂参数，根据开门运行的实际情况合理调整开门运行曲线参数
F011	开门启动加速时间	1.0s	
F012	开门启动低速设定	10Hz	
F013	开门启动低速保持时间	1.0s	
F014	开门频率设定	35Hz	
F015	开门加速时间	2.0s	
F016	开门加速 S 曲线起始段时间	20.0%	
F017	开门加速 S 曲线上升段时间	60.0%	
F018	开门减速时间	2.0s	
F019	开门减速 S 曲线起始段时间	20.0%	

功能序号	名称	设置值	备注
F020	开门减速 S 曲线下降段时间	60.0%	
F021	开门结束低速设定	3Hz	
F022	开门到位保持力矩	50.0%	
F023	开门堵转到力矩保持切换点设置	50.0%	
F024	异常减速时间	0.5s	
F027	关门启动力矩	50.0%	
F028	关门启动加速时间	1.0s	
F029	关门启动低速设定	8Hz	
F030	关门启动低速保持时间	1.0s	
F031	关门频率设定	30Hz	表中参数为出厂参数，根据关门运行的实际情况合理调整关门运行曲线参数
F032	关门加速时间	2.0s	
F033	关门加速 S 曲线起始段时间	20.0%	
F034	关门加速 S 曲线上升段时间	60.0%	
F035	关门减速时间	2.0s	
F036	关门减速 S 曲线起始段时间	20.0%	
F037	关门减速 S 曲线下降段时间	60.0%	
F038	关门结束低速设定	2Hz	
F039	关门到位保持力矩	50.0%	
F040	关门受阻力矩设定	100.0%	
F041	关门堵转到力矩保持切换点设置	50.0%	
F082	载波频率调节	8k	根据系统要求合理设置
F084	制动使用率	7	根据制动情况合理设置

第五节 台达VFD电梯门机专用变频器现场操作技能

一、台达 VFD 门机变频器的结构

VFD-M-D 门机变频器是台达公司专门为电梯门机生产的变频器，其外形和内部结构如图 5-73 所示。

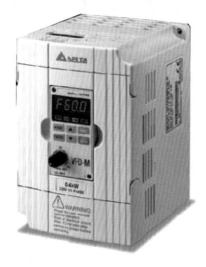 

图 5-73　台达 VFD 门机外形和内部结构

台达 VFD 门机面板拆卸如图 5-74 所示。

面板取出

先用螺钉旋具将面板上的螺钉松开取出，用手指将面板左右两边轻压后拉起，即可将面板取出

掀开输入侧端子旋盖(R、S、T 侧)

用手轻拨旋盖即可打开输入侧端子

掀开输出侧端子旋盖(U、V、W 侧)

用手轻拨旋盖即可打开输出侧端子

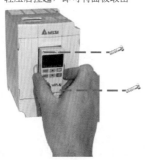 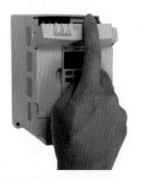 

图 5-74　台达 VFD 门机面板拆卸

二、台达 VFD 门机变频器配线说明

台达 VFD 门机变频器交流电机驱动器配线部分分为主回路及控制回路，电梯安装时必须依照图 5-75 所示的配线回路确定连接。VFD-M-D 出厂时变频器门机交流电机驱动器的标准配线图如图 5-75 所示。

三、台达 VFD 门机变频器接线端子说明

台达 VFD 门机变频器主回路端子如图 5-76 所示。

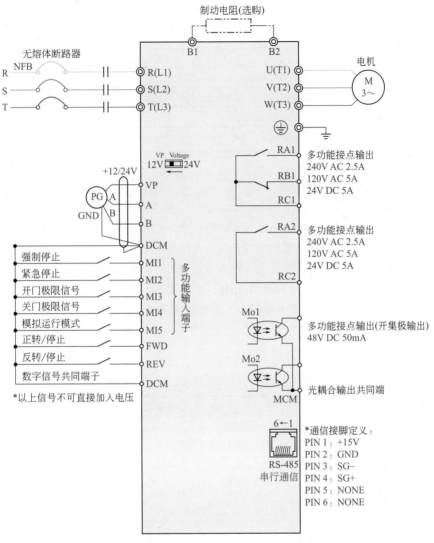

图 5-75 台达 VFD 门机变频器标准配线图

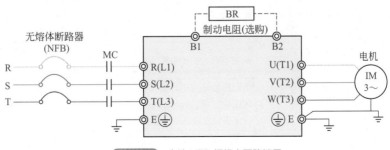

图 5-76 台达 VFD 门机主回路端子

主回路端子功能介绍如表 5-35 所示。

表5-35　主回路端子功能介绍

端子记号	内容说明
R/L1，S/L2，T/L3	商用电源输入端（单 / 三相）
U/T1，V/T2，W/T3	交流电机驱动器输出，连接三相感应电机
B1，B2	制动电阻连接端子
⏚E	接地端子，依电工法规 230V 系列第三种接地，460V 系列特种接地

注意:

❶ 在这里三相交流输入电源与主回路端子（R/L1，S/L2，T/L3）之间的连线一定要接一个无熔体开关，最好能另串接一电磁接触器（MC），以在交流电机驱动器保护功能动作时可同时切断电源（电磁接触器的两端需加装 R-C 突波吸收器）。

❷ 外部制动电阻连接于变频器（B1，B2）上。

❸ 变频器端子 B1、B2 不使用时，应保持其原来的开路状态。

控制回路端子说明如表 5-36 所示。

表5-36　控制回路端子说明

端子	功能说明	出厂设定（NPN 模式）
FWD	正转运转 - 停止指令	**FWD-DCM** 导通（ON）表示正转运转；断路（OFF）表示减速停止电梯门机使用中定义正转运转为关门
REV	反转运转 - 停止指令	**REV-DCM** 导通（ON）表示反转运转；断路（OFF）表示减速停止电梯门机使用中定义反转运转为开门
MI1	多功能输入选择一	MI1 ～ MI5 功能选择可参考参数 05-00 ～ 05-04 多功能输入选择 导通（ON）时，动作电流为 16mA；断路（OFF）时，容许漏电流为 10μA
MI2	多功能输入选择二	
MI3	多功能输入选择三	
MI4	多功能输入选择四	
MI5	多功能输入选择五	
DCM	数字控制信号的共同端（NPN）	多功能输入端的共同端子
A	A 相脉冲输入端	此为反馈脉冲信号输入端，最高可接收 500kp/s，编码器形式支持电压输出型（Voltage output）及开极集型（Open collector）。亦可当作多功能输入端子使用
B	B 相脉冲输入端	
VP	+12/24 V_{dc} 输出	可供给编码器 +12 或 +24V 直流电压。利用 Switch 切换 12V/24V（12V/100mA，24V/50mA）

端子	功能说明	出厂设定（NPN 模式）
RA1	多功能 Relay1 输出接点（常开 a）	
RB1	多功能 Relay1 输出接点（常闭 b）	电阻式负载 5A（N.O.）/3A（N.C.）240V AC；5A（N.O.）/3A（N.C.）24V DC
RC1	多功能 Relay1 输出接点共同端	电感性负载 1.5A（N.O.）/0.5A（N.C.）240V AC
RA2	功能 Relay2 输出接点（常开 a）	1.5A（N.O.）/0.5A（N.C.）24V DC 输出各种监视信号，如运转中、频率到达、过载指示等信号
RC2	多功能 Relay2 输出接点共同端	
MO1	多功能输出端子一（光耦合）	交流电机驱动器以晶体管开集极方式输出各种监视信号。如运转中、频率到达、过载指示等信号
MO2	多功能输出端子二（光耦合）	MO1-DCM　　　　　　　Max:48V DC/50mA 　　　　　　　　　　MO1 内部线路　　　　　MCM
MCM	多功能输出端子共同端（光耦合）	Max 48V DC 50mA

四、台达 VFD 门机变频器控制面板

台达 VFD 门机变频器控制面板如图 5-77 所示。

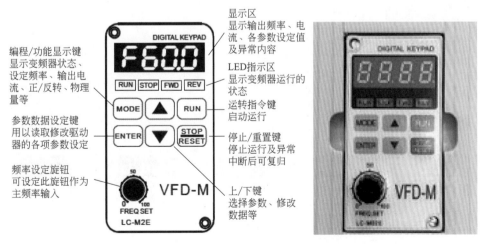

图 5-77　台达 VFD 门机变频器控制面板

台达 VFD 门机变频器控制面板功能显示项目说明如表 5-37 所示。

表5-37　功能显示项目说明

显示项目	说明
F60.0	显示驱动器目前的设定频率
H50.0	显示驱动器实际输出到电机的频率
U180	显示用户定义的物理量（U = F×00-05）
A 5.0	显示负载电流
Frd	正转命令
rEu	反转命令
6-00	显示参数项目
10	显示参数内容值
EF	外部异常显示
End	若由显示区读到 End 的信息大约为 1s，表示数据已被接收并自动存入内部存储器
Err	若设定的数据不被接收或数值超出时即会显示

键盘面板操作流程如图 5-78 所示。

重点：在画面选择模式中 ENTER 进入参数设定

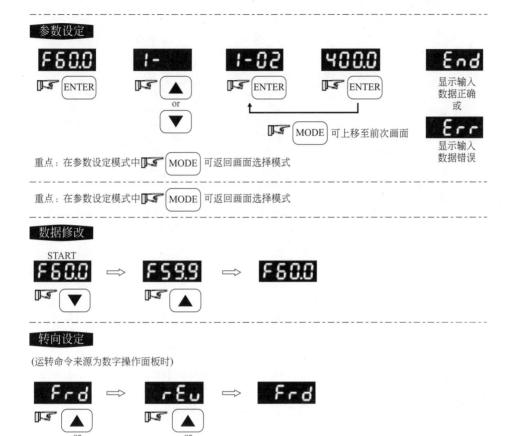

图 5-78 键盘面板操作流程

五、台达 VFD 门机变频器运转方式和试运行

台达 VFD 门机变频器运转方式如图 5-79 所示。

台达 VFD 门机变频器试运转：

❶ 开启电源后，确认操作器面板显示 F4.00Hz。

❷ 在面板上，按下 RUN 键时，FWD 指示灯亮起表示运转命令为正转（电梯门机的定义为关门）；按下 REV 会显示反转（电梯门机的定义为开门）；要减速停止只要按下 STOP/RESET 键即可。

❸ 检查电机旋转方向是否正确，是否符合使用者需求，电机旋转是否平稳（无异常噪声和振动），加速/减速是否平稳。如无异常情况，增加运转频率继续试运转，通过以上试运转确认无任何异常状况后，可以正式投入运转。

运转方式	频率命令来源	运转命令来源
外部信号操作	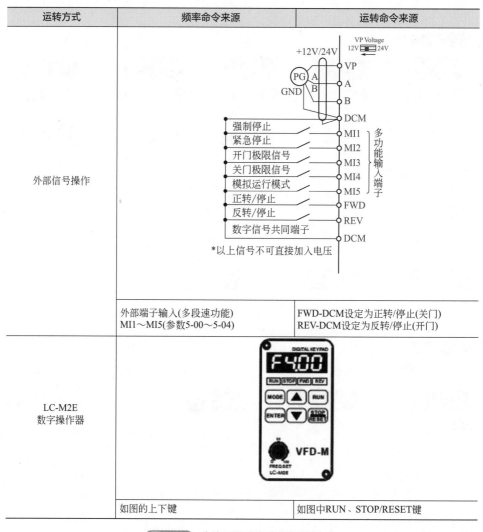	
	外部端子输入(多段速功能) MI1~MI5(参数5-00~5-04)	FWD-DCM设定为正转/停止(关门) REV-DCM设定为反转/停止(开门)
LC-M2E 数字操作器		
	如图的上下键	如图中RUN、STOP/RESET键

图 5-79　台达 VFD 门机变频器运转方式

Chapter 6

第六章

变频器现场维修操作技能

第一节 变频器工作原理

第二节 变频器维修现场操作技能

一、通用变频器常见故障代码

通用变频器常见故障代码有过流 OC、过压 OU、过载 OL、过热 OH、缺相 OP、欠压 LU、接地 GF。如图 6-1 所示。

变频器常见故障代码

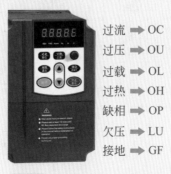

过流 ➡ OC
过压 ➡ OU
过载 ➡ OL
过热 ➡ OH
缺相 ➡ OP
欠压 ➡ LU
接地 ➡ GF

图 6-1 通用变频器常见故障代码

二、变频器各部分功能框图

通用的低压变频器的功能框图如图 6-2 所示。它将变频器的基本功能都表现在功能框图上。

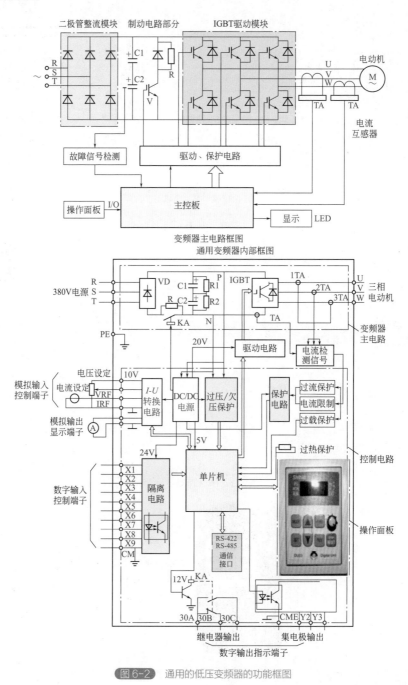

图 6-2 通用的低压变频器的功能框图

❶ 变频器主电路几乎均为电压型交 - 直 - 交电路。它由三相桥式整流器（即 AC/DC 模块）、滤波电路（电容器 C）、制动电路（晶体管及电阻 R 及二极管组成）、IGBT 模块等组成。

❷ 操作盘及显示输入 I/O 操作信号，用 LED（或 LCD）来显示各种状态。

❸ 主控板主要由 CPU、故障信号检测、I/O 光耦合隔离电路、A/D 和 D/A 转换、EPROM、16MHz 晶振、RS-422/RS-485 通信电路等组成。目前基本采用贴片元件，在维修和使用中基本就是更换主控板。

❹ 驱动板主要由 IGBT 的驱动电路、保护电路、开关电源等组成。

❺ 电流互感器用于得到过流、过载保护的电流信号。

三、显示异常故障检修

1. 变频器故障显示接地故障（接地漏电流大）

变频器在工作中，由于其输出电缆的屏蔽层和电动机的外壳接地，当漏电流超过了变频器的允许值时，变频器报接地故障。

变频器接地故障主要是由于变频器 EMC 滤波器包括连接在主电路与壳体之间的分布电容和较长的电动机电缆增加了接地漏电电流，可能引起漏电保护器的动作及接地故障；或者变频器输出端零序电流互感器检测的接地漏电流等保护电路故障也会造成变频器接地故障。

（1）绝缘不良出现漏电流。例如变频器、电缆、电动机的绝缘不良，绝缘电阻下降造成漏电流上升。此时需要使用万用表或是兆欧表检查变频器、电缆、电动机的绝缘不良故障点。

变频器方面的原因可能是 IGBT 部分损坏接地；电缆方面原因可能是因为绝缘破损或浸水接地；电动机原因可能是电动机定子绝缘损坏接地。

（2）图 6-3 所示是电缆的分布参数引起的漏电流。该现象多发生在输出电缆较长的系统中，如果变频器使用的是带漏电保护功能的断路器，会造成断路器跳闸。

（3）零序电流互感器检测的接地漏电流等保护电路故障造成变频器报接地故障。笔者曾经遇到一台变频器不规律地跳闸并且接地故障报警，用代换法分别更换变频

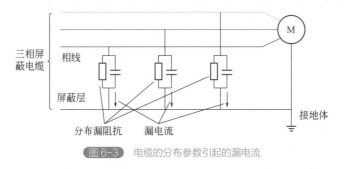

图 6-3　电缆的分布参数引起的漏电流

器、电机、电缆也没有排除故障，后来偶然发现零序电流互感器接线端接触不良打火，更换之后故障排除。

2. 变频器故障显示接地故障（实质性的接地故障）

变频器和电动机间连接电缆对地短路、电动机绕组对地短路、变频器逆变模块对地短路，这些都属于变频器实质性的接地故障。出现实质性接地故障时，对于电动机和电缆故障比较严重的用万用表的电阻挡就可以测出，轻微的用500V兆欧表测量。对于变频器本身的检查我们可以断开负载，让变频器空载运行，如果空载运行同样报接地故障，则是变频器本身引起的实质性接地故障。

3. 变频器开机后频率输出表显示正常，电机不工作

（1）先判断是不是电机故障，直接给电机通工频电看是否为电机本身问题。

（2）如是IGBT烧坏或短路，变频器是无法上电的，对于变频器有频率而无电压输出这种故障一般是变频器驱动的功率激励级故障，该部位是重点检查部分，输出模块断路也是这种故障现象。

（3）将参数清除再重新设定，然后检查一下变频器输出端的线路及控制部分，是否出现断路情况。如果电机端没有将变频器给的电源送过去，变频器会有输出频率及电压，而电流是没有的。注意变频器输出电压的测量不建议用普通的数字式万用表。

4. 变频器开机显示频率变化而电动机却不运转同时电动机颤动

（1）检查线路：主线路、控制线路均无连接错误。检测输出电流为15A，而电动机额定电流为8A，变频器输出电流远大于电动机额定电流；然后试验变频器空载运行状况，在空载情况下启动，电动机正常运转且调速正常。

（2）带载情况下电动机无法正常运转可能是变频器某参数设定不当所造成的变频器过载、电机颤动故障。与电动机启动有关的参数主要是加速时间和转矩提升，如果这两个参数的设置与负载特性不匹配，就会造成电动机不能正常启动运转。加速时间过短，同时转矩提升量过大，就会引起变频器过电流及电动机过载，从而无法正常运转。重新对参数进行设置，增加启动时间，故障排除。

5. 变频器停机时显示变频器过流"OC"

某涂料生产车间，一台10kW变频器，在停机时总是出现"OC"过流故障。

故障现象：在现场检查参数发现，变频器的停车方式为变频器按照选定的斜坡下降速率减速并停止，变频器在从运行频率减速到0Hz过程中，始终是有电流输出的，造成此故障是因为负载过重而过流跳闸。其运行时序图如图6-4所示。

处理措施：由于该变频器故障是停车阶段过流，可采用两种方法解决。一种是加长变频器的减速时间；一种是将变频器设置为自由停车。在此将变频器停车修改为自由停车，故障排除。如图6-5所示。

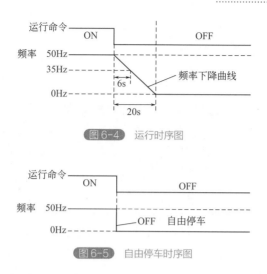

图6-4　运行时序图

图6-5　自由停车时序图

变频器过热与过流
故障检修

四、过流与过热故障检修

1. 变频器过热故障典型原因

（1）变频器通风不良造成的过热　如果变频器保养不到位，变频器本身的风道堵塞或控制柜的风道被阻塞时，就会造成变频器内部的散热不良，导致变频器过热报警。这时我们只要清除变频器风道的杂物，使风道顺畅即可解决故障。

（2）变频器循环风扇卡滞或损坏造成的过热　由于变频器循环风扇卡滞或损坏造成变频器内部大量的热量在变频器内部散不出去形成过热。对于此类故障我们只要注意观察就可发现，此时更换风扇即可。

（3）变频器工作环境温度过高造成的过热　变频器工作环境温度过高，会造成变频器内部元器件温度过高，这时变频器内部温度保护电路发挥作用，使变频器报警并停机。

（4）负载过大问题造成的过热　当变频器所带负载过大时，就会出现过流问题，从而产生大量的热，这时变频器也会过热报警。对于此类问题我们只要对变频器重新选型即可解决。

2. 变频器维修中常见的过载（OL）故障现象和原因分析

变频器过载也是变频器运行过程中常见故障。

（1）出现过载故障现象我们电气工作人员首要分析，到底是电动机引起的过载还是变频器本身过载，一般来说在设计中电动机过载还是有一定的富余量的，变频器使用操作人员只要将变频器参数中的电机参数设置得当，电动机过载故障就很少发生。在检查电动机过载故障时大家需要注意检查电机机械部分是否负载过重引起过载。我们一般用兆欧表对电动机进行检测就可判断是否为电动机故障。

（2）三相电压不平衡：引起某相的运行电流过大，导致过载跳闸，其特点是电动机

发热不均衡，从显示屏上读取运行电流时不一定能发现（因显示屏只显示一相电流）。

（3）误动作：变频器内部的电流检测部分发生故障，检测出的电流信号偏大，导致跳闸。

（4）变频器过载检查方法。检查电动机是否发热，如果电动机的温升不高，则首先应检查负载的大小、加减速时间、运行周期时间设置是否合理，并修正 V/F 特性。再检查变频器的电子热保护功能预置得是否合理，如变频器尚有余量，则应放宽电子热保护功能的预置值；如变频器的允许电流已经没有余量，不能再放宽，且根据生产工艺，所出现的过载属于正常过载，则说明变频器的选择不当，应加大变频器的容量，更换变频器。这是因为电动机在拖动变动负载或断续负载时，温升过高，而所出现的过载又属于正常过载，则说明是电动机的负荷过重，这时首先应考虑能否适当加大传动比。

3. 变频器故障的过流和过载的区别

变频器是电子技术与应用变频技术结合，主要通过改变电机工作电源频率的方式来控制交流电动机的电力控制设备。

变频器技术成熟的代表标志是：变频器在工作中为保护设备安全运行，设置过流保护和过载越限保护等很多保护措施。当设备发生越限时自动采取相应的措施，如报警或停机。其中过流指电机（变频器输出）的电流超过规定值；过载指电机的负载超过电机的额定功率。过流和过载产生的主要原因都是电机超载。之所以要分为两个指标，主要是：

❶ 二者电流的变化率不同　过载保护发生在生产机械的工作过程中，电流的变化率通常较小；除了过载以外的其他过电流，常常带有突发性，电流的变化率往往较大。

❷ 二者保护的对象不同　过流主要用于保护变频器，而过载主要用于保护电动机。因为变频器的容量通常会比电动机的容量大一些，在这种情况下，电动机过载时，变频器不一定过流。

❸ 二者保护的方式不同　过载保护具有反时限特性。过载保护主要是防止电动机过热，因此具有类似于热继电器的"反时限"特点。就是说，如果与额定电流相比，超过得不多，则允许运行的时间可以长一些，但如果超过得较多的话，允许运行的时间将缩短。

4. 变频器过热跳闸原因

（1）**环境温度过高**　变频器工作环境温度超过 40℃，变频器就要降额使用，否则因为热量散不出去，变频器会报过热故障。

（2）**变频器散热不良**　变频器电路板由很多电子元器件组成，要求散热必须要良好。否则变频器会因为应用时间较长、灰尘堵塞风道、散热风机运行缓慢等而造成变频器的散热能力下降，变频器报过热故障。

（3）**变频器工作电流大**　当变频器的工作电流超过了额定电流，模块的电损增加，温度上升，散热器的温度随之上升，变频器出现热跳闸。

（4）变频器的检测电路误报 变频器的检测电路出现故障会引起误报故障，如变频器的温度检测传感器损坏、插头接触不良、检测信号处理电路故障、电磁干扰等都会造成变频器误报。

5. 变频器到某一特定速度时，会突然发生过电流的原因和处理措施

原因：

❶ 干扰引起过电压、过电流；

❷ 机械共振。

处理措施：加装输出电抗器，设置载波频率中的"回避频率"，检查机械紧固部分。

6. 变频器维修中常见的过流故障现象和原因分析

过流（OC）是变频器报警最为频繁的故障。

（1）变频器给电就跳闸，这种故障一般不能复位。主要原因是：电流检测电路损坏、整流模块烧毁、驱动电路损坏、驱动管烧毁。

（2）变频器过流但重新启动时并不立即跳闸而是在加速运行时过流跳闸。主要原因是：加速时间设置太短、电流上限设置太小、转矩补偿（V/F）设定太高。

（3）变频器重新启动时，升速时跳闸，故障报警显示过流。主要原因有：电机内部绕组轻微短路，机械部位卡住造成重负载，使启动电流增加；逆变模块损坏；电动机的转矩过小等。

7. 变频器启动负载惯性大引起过电流跳闸故障的判断和处理

故障表现：负载的惯性较大会导致变频器的加速时间设置较短，进一步导致电动机的转速跟不上输出频率，所以会造成过电流跳闸。

处理措施：增加变频器的加速时间。

8. 变频器频率上升到一定值时过电流跳闸故障的判断和处理

故障表现：因为负载偏心且有降速装置，当负载转到偏心造成附加转矩最大时，变频器的电流也达到最大值，此时变频器的输出频率上升到一定值，因电流超过了变频器的过电流值而跳闸。

 注意

在电动机出现匝间轻微短路时也会在频率上升到一定值时过电流跳闸，这种故障用万用表电阻挡测量电机三相阻值是否平衡可以判断出来。

处理措施：设置低频转矩补偿，提高启动转矩。

9. 变频器过热

（1）负载太重 电机的负载太重，使得变频器长时间超过其额定电流工作。需选择与电机功率匹配的变频器。

电机轴机械卡死，电机堵转，变频器的电流限幅功能动作，其电流限幅值小于120%。

（2）变频器环境温度过高 当变频器周围环境温度过高时，其额定状态工作时的温度可能会超过变频器允许的最高温度。

10. 变频器启动过电流跳闸和其他跳闸的区别

变频器启动过电流跳闸一般发生在变频器安装完毕，初始调试的过程中。当变频器进入正常生产运行后，启动跳闸现象一般不会再发生。

如果在正常生产运行中出现了启动过电流跳闸现象，一般情况是负载短路造成启动过电流跳闸，注意负载短路会烧毁变频器模块，千万不能反复启动试验。

另外，启动跳闸故障现象是变频器的输出频率有一个从 0 上升到一定频率值的过程，而负载短路跳闸属于开机启动立即跳闸。

11. 变频器冲击性负载引起过电流跳闸的故障处理

故障现象：冲击性负载是不稳定、忽大忽小的负载。当负载电流过大，超过变频器的最大过电流电流值时，变频器过电流跳闸。

处理措施：

❶ 偶尔过电流跳闸。因为冲击性负载造成变频器偶尔过电流跳闸，如果对工作没有太大影响，可以复位继续应用。如果任何跳闸都会对工作造成重大影响，就要考虑更换变频器。

❷ 变频器过电流跳闸较频繁，电动机的转速又较低时，可以考虑增加一级减速器，利用提高转速的方法减小电动机电流。如果没法增加减速器，就要考虑更换高一个功率等级的变频器。该种跳闸的根源是变频器的容量选得小，满足不了冲击负载的要求。

12. 造成变频器过电流故障的几个典型原因

（1）变频器设置造成过电流的常见原因 在参数设定时加速时间太短。由于电机转矩时间增大过程中，转矩与电流成正比，所以电流就会增大，造成过电流故障。适当延长加速时间即可解决。

对于 V/F 控制，启动过程中，电压提升过高，就会造成过电流。这时我们就要适当降低电压提升值。

（2）电动机自身和连接线缆造成变频器过电流的常见原因 电缆绝缘不好，有破损，电机电缆对地短路是变频器过电流最常见的原因。这时我们只需用兆欧表对电缆绝缘进行检测，即可判断出故障位置。

负荷过大造成电机堵转，这时候变频器会尝试使用更大的转矩让电机转动，增大转矩就会造成过电流故障。

（3）**变频器与电机电流选型不好、不匹配的原因** 如果变频器与选型电机不匹配，也可能造成过电流故障。例如我们用功率小的变频器带动功率大的电机，就可能造成过电流故障，严重时还会烧毁变频器。

（4）**硬件问题** 变频器内部的 CPU 处理机制出了问题或者电流检测机构工作不正常而导致过电流故障时，就需要对变频器硬件进行维修。

13.变频器参数设置不当或失控导致过电流

（1）**过电流原因** 变频器参数设置不合理，例如 PID 参数设置不合适，电动机升速时造成过电流跳闸；矢量控制中因电动机参数预置或自扫描不正确（变频器工作中进行的自扫描）造成过电流跳闸；矢量控制 PI 参数设置不合适，提速太快引起过电流跳闸；PG 编码器损坏，造成变频器过电流跳闸；等等。

（2）**处理措施** 一般参数设置不合理导致的过电流跳闸，多发生在变频器的初始调试或修改参数时，当变频器进入正常工作，这一类跳闸较少发生。

如果变频器一直工作正常，突然出现过电流跳闸，我们首先检查负载，然后就要检查变频器参数设置是否合理，最后考虑检查变频器的反馈环节，传感器、PG 编码器是否正常，如果硬件有故障就需要进行更换。

14.变频器外部电路短路引起过电流跳闸原因和处理措施

（1）**故障原因** 电动机绕组短路、接线短路、接线端子短路等引起的过电流，是变频器使用中比较危险的一种过电流。这种过电流的特点是：不存在变频器启动的上升时间，变频器只要运行就过电流跳闸。例如变频器外部电动机如果已经短路，变频器驱动的负载就没有了电动机的特性，不存在电动机的频率上升时间，变频器开机运行就过电流。

（2）**处理措施** 电动机出现短路故障多发生在工作环境比较潮湿的场合，重新缠绕绕组的电机出现这类故障也比较常见。变频器接线端子短路故障则是多出现在工作金属切削机加工、粉尘大金属熔炼及环境恶劣的场合。电缆短路多出现在设备经常移动的场合，外力破坏电缆防护层出现硬伤使电缆绝缘程度下降。如果是上述这些环境中，出现过电流跳闸则首先检查上述部位。

切记在检查该类故障时要禁止盲目复位重试，以免损坏变频器。

15.变频器内部电路器件损坏过电流跳闸原因和处理措施

（1）**驱动信号畸变造成变频器输出过电流跳闸** 驱动信号畸变造成变频器输出过电流跳闸的最大特征是：变频器过电流跳闸后能复位，复位后可重新启动。

变频器的驱动信号畸变，使输出脉冲宽度发生变化，造成输出电流增大而跳闸。

这种故障大部分出现在旧变频器上，一般是因为驱动电路中的电解电容失效造成的，解决方法是更换驱动电路中的电解电容器。还有变频器接地电路接触不良，干扰大的环境中也会发生这种故障，处理措施就是检查内部接地和抗干扰的阻容吸收电路。

（2）模块损坏过电流　变频器模块损坏过电流特征为：一上电就跳闸，一般不能复位。主要原因是模块损坏、驱动电路损坏、电流检测电路损坏（电流检测电路故障，变频器并不过电流，是检测电路故障造成的误报）。变频器内部损坏一般不能复位，这是和外部损坏的根本区别。

16. 变频器运行过程中负载不正常造成过电流原因和处理措施

（1）故障原因　负载不正常指的是例如锥形转子电机抱闸系统的松闸抱闸时间选择不合适，造成变频器过电流跳闸。维修过程中更换电机造成负载发生变化、设备运行过程中机械系统卡住、粉尘环境中风道突然落尘等造成过电流跳闸。

（2）处理措施　锥形转子电机抱闸系统过电流跳闸一般在变频器系统投入工作时就会发生，是松闸抱闸时间延迟造成的。可按电动机的额定转速差计算松闸抱闸时间，也可设置变频器的限流参数，将限流参数的限流值设置在允许的范围内。

负载故障具有突发性，例如负载工作很长时间一直很正常，当负载出现了故障才表现为变频器过电流跳闸。这时要检查排除负载机械故障，故障即可排除。

17. 5.5kW 变频器过流跳闸实例

某机械加工企业，用一台 5.5kW 变频器拖动一台 5.5kW 电动机。变频器开机运行跳闸报警显示"OC"，不能工作。

根据变频器跳闸显示"OC"现象分析，由于是空载启动，不像是启动过电流，怀疑电动机问题。用螺丝刀将电动机接线断开，再启动试验，变频器工作正常。用兆欧表测量电动机绕组对地电阻，没有短路现象，用万用表欧姆挡测量电机三相绕组间电阻值，电阻值有轻微差异。但将电动机接到工频电路，电动机也能启动。重新将电动机接回变频器，仍然跳闸报警显示"OC"。

将电动机分解，发现电动机 A 相绕组和转子间有磨损的痕迹，判断为电动机匝间短路或电机扫膛造成。检查电机轴承间隙过大，造成电动机匝间局部短路。更换轴承，由于绕组仅轻微破损因此将磨损处用绝缘漆浸漆，干燥后故障排除。

18. 新购买变频器在试运行过程中过流保护解决方法

❶ 手动操作变频器面板的运行停止键，观察电机运行停止过程及变频器的显示窗，看是否有异常现象。如果有异常现象，修改相应的参数后再运行。

❷ 如果启动、停止电机过程中变频器出现过流保护动作，应重新设定加、减速时间。电机在加、减速时的加速度取决于加速转矩，如果电机转动惯量或电机负载变化，变频器还按预先设定的频率变化率升速或减速，就可能出现加速转矩不够，造成电机失速，从而电机转速与变频器输出频率不协调，造成过电流或过电压的现象。所以必须根据电机转动惯量和负载合理设定加、减速时间，使变频器的频率变化率能与电机转速变化率相协调。按照电工实际操作中的经验，简单方法就是适当延长加、减速时间即可。

❸ 如果变频器在限定的时间内仍然保护，这时我们需要按照变频器说明书中该类型变频器的负载特性来设置运行曲线类型，从而改变启动 / 停止的运行曲线。

❹ 在上述参数改变后变频器仍然存在运行故障，我们可以尝试增加最大电流的保护值，注意此时不能取消保护，并预留至少 10% ～ 20% 的保护余量。

❺ 如果变频器运行故障还是发生，在确定接线正确，负载没有故障的情况下就要对变频器重新选型。

五、过压与欠压类故障检修

1. 变频器运行中电压偏低故障原因和处理方法

（1）电源电压偏低 因为变频器在额定频率下的最大输出电压总是等于电源电压，所以，如果电源电压偏低，输出电压也必然偏低。

解决的方法是将变频器的自动电压调整功能预置为"有效"。这样，如果输出电压偏低的话，变频器将自动升高其输出电压。

（2）载波频率偏高 载波频率偏高，逆变管交替导通时死区的总时间将增加，变频器的平均输出电压将降低。因此，在电动机的电磁噪声小于机械本身的噪声时，可尽量降低载波频率。

2. 变频器欠压典型原因

变频器欠压保护是为了保护变频器而设计的，在母线电压过低时，变频器会报欠压故障并封锁逆变器的脉冲输出。造成直流母线欠电压的原因有很多，应该根据实际情况进行分析。

❶ 变频器内部硬件问题：如果变频器内部的 CPU 处理机构出了问题、电压检测机构工作不正常，会使变频器不能正确判定是否真正出现欠压问题。这类故障通过参数设定不能解决问题。这时用万用表测量母线电压，与变频器参数比较。如果用万用表测量的母线电压值与显示值有较大差异，就可以判定是变频器故障，这时我们就要对变频器电路板进行硬件维修。

❷ 变频器输出端问题：在变频器运行电动机加速时，电动机从变频器获得电能后将其转化成机械运转能量。如果我们参数设定的加速时间短，加速度设定很高，则变频器母线电压会被很快拉低，造成欠电压故障。针对这种情况，处理方法就是延长加速时间。

❸ 变频器进线端电压问题：电网质量不好，有瞬间电压跌落，就会造成母线电压过低。笔者曾经遇到某公司一台变频器经常显示欠压从而造成设备停机故障，后来发现故障原因是旁边一台 30kW 电机是直接启动接线的，后把该 30kW 电机改造成星 - 三角启动接线后，问题解决。

在实际应用中如果很难改变恶劣的用电环境，那么在进线端加一个变频器专用的稳压器也可解决问题。

❹ 变频器电源缺相也是变频器欠压问题的一个重要原因，在使用变频器时注意检查进线是否缺相。

3. 变频器过电压典型原因

造成变频器过电压的原因主要有两种：变频器电源过电压和变频器再生制动过电压。电源过电压是指因电源电压过高而使直流母线电压超过额定值，如图 6-6 所示。由于技术进步，现在很多变频器的输入电压最高可达 430V，因此电源引起的过电压很少见。

图 6-6　电源过电压

变频器过欠压保护
的分析检修

在变频器实际维修中，变频器报警过电压，大多数情况下，都是变频器硬件有故障了。这时我们需要首先检测一下变频器所使用的电源电压是否稳定，如果电源电压稳定，那基本上是硬件故障造成的。

在维修变频器过程中还有一种情况，就是电源污染较大的谐波源造成变频器过电压。比如某铸造厂生产用的中频炉、电焊机产生的谐波注入电网后，会导致变频器误报警。这时候我们做好变频器的接地基本就可以解决问题，或是对变频器输入电抗器进行滤波就可以解决。

对于变频器停车过程中产生的再生制动过电压，采用延长变频器减速时间或自由停车的方法来解决即可。

4. 变频器输入电压高产生过电压的原因分析

变频器输入电压高形成过电压的常见原因是三相电源故障或夏天雷击过电压。现在很多变频器的输入电压最高可达 430V，因此电源引起的过电压很少见。

雷击引起的变频器过电压是由于变频器厂家在变频器设计时，设计理念不同，有的变频器对雷电反应灵敏度高，有的对雷电反应灵敏度低。对雷电反应灵敏度高的变频器表现为在雷雨天气跳闸较频繁，影响正常生产；对雷电反应灵敏度低的变频器则在一般雷雨天气不跳闸，对生产影响小，但会遭到雷击损坏。

为防止变频器遭到雷击，我们可以在三相输入端安装避雷器或压敏电阻。避雷器或压敏电阻的电压等级为 250V，安装在三条相线和接地端之间。如图 6-7 所示是避雷器件连接示意图。

5. 工频泵停机变频泵过压跳闸故障处理

某小区一台 45kW 工频泵和一台 50kW 变频泵并联为小区供水，当 45kW 工频泵拉闸停机时，50kW 变频泵使用的变频器报过压跳闸故障。供水示意图如图 6-8 所示。

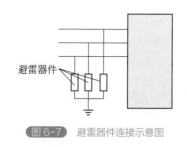

图 6-7 避雷器件连接示意图

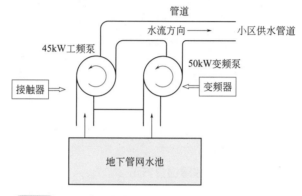

图 6-8 45kW 工频泵和 50kW 变频泵并联为小区供水示意图

在变频器应用的这个典型案例中，工频泵工作时，水流在管道中高速流动，形成很大的惯性。当工频泵突然停止时，管道中产生负压，形成真空负压现象，负压将水从变频泵中吸入，推动叶轮转动，使电动机的转速高于变频器的输出转速，变频泵电动机产生发电作用，造成跳闸故障发生。对这种典型故障我们直接在变频器上加装制动电阻，故障即可排除。

6. 变频器维修中常见的欠压故障现象和原因分析

故障现象：变频器报欠压（LU）故障。主要是主母线回路电压太低（380V 系列低于 400V，220V 系列低于 200V）。

主要原因：①整流桥某一桥臂损坏或整流模块损坏导致欠压故障。② 变频器进线端主回路接触器损坏，造成直流母线电压降低，导致欠压故障。③电压检测电路发生故障导致欠压故障。

7. 变频器维修中常见的欠压故障中的典型断相原因分析

❶ 变频器输入的三相 380V 交流电压，通过三相整流桥整流，直流母线上得到大约 450V 的直流平均电压。通过电解电容滤波，在空载时直流母线电压可达到 520V 左右。变频器满载工作时，直流母线电压在 500V 左右。如果有一相断路或整流半桥的整流二极管损坏，电路变为单相整流，变频器便出现缺相故障并报警。

❷ 变频器整流模块断相。如果变频器内部的整流模块有一个桥臂损坏，变频器也会出现断相故障。如图 6-9 所示，变频器主电路电压检查点为 P、N 点间电压，如

果 VD1 和 VD2 损坏，则和 R 相断相的故障表现是一样的。所以变频器报断相故障，我们首先要测量三相电源是否断相，如果电源正常，就要检查整流模块。

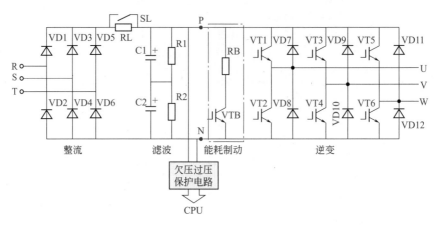

图 6-9　变频器主电路电压检查点为 P、N 点间电压

8. 变频器维修中常见的欠压故障检查方法

变频器内部损坏造成的欠电压原因有：整流模块某一路损坏（VD1 ～ VD6），滤波电容容量不足；主回路继电器 SL 损坏或不闭合，直流母线始终串联 RL 限流电阻，导致直流母线电压低，报欠电压；限流电阻断路，变频器直流母线没电压，变频器没有输出；电压检测电路发生故障，变频器出现欠电压误报。

我们在变频器维修过程中无论出现断相还是欠电压报警跳闸，首先要检查三相电源输入电压是否正常，也就是先判断是电源问题还是变频器问题；然后再测量变频器的直流母线电压，从而分析问题出在哪一块电路。检修测量时可以分为空载测量和负载测量，根据测量值，可做出以下判断：

❶ 如直流母线电压空载在 500V 以上，负载时在 500V 左右，那说明该变频器整流滤波电路都没问题，问题是由检测电路误报引起的，这时我们对检测电路进行检查即可。

❷ 若变频器在空载时运行正常，带负载时电压明显下降，一直下降到报警跳闸，则一般为整流模块损坏，造成内部断相。

❸ 若变频器空载运行电压较低，负载电动机不转，电压下降到十几伏，则多是由主继电器 SL 不闭合造成的。

❹ 直流母线无电压，多是由于限流电阻断路造成的。

六、防雷与接地类故障检修

1. 变频器和电机不接地会引起很多不明原因故障

西门子 M440 变频器，直接装在振动台配电柜金属板上，振动台操作人员经常感觉在操作控制面板按钮时有触电感觉，停机检查没发现故障，在开机时用万用表电压挡测量，有 126V 的交流电，检查电源线没有问题，后来发现变频器接地线接点氧化，造成间断性接地不良，从而使操作面板带电。

同样在维修振动台过程中，经常性触摸屏按下去没有反应，PLC 程序数值刷新一闪一闪的。经检查，故障原因是变频电机没有接地，变频器和电机的运转干扰了屏幕与 PLC 的通信；接地后减弱了这种干扰，故障排除。

所以电工初学者一定要注意电机和变频器的接地问题。

2. 变频器防雷击解决方案

雷击分为感应雷和直击雷。直击雷是雷电直接落在雷击物上，产生的破坏最大；感应雷是雷电产生的电磁波在导体上产生的感应高压，使连接到导体上的电器过压而损坏。

在电网上已经安装了多级避雷器，但前级雷电的残存电压或变频器附近的雷电感应电压仍然会对变频器造成破坏。对于这种情况可以采取在变频器控制柜中安装进线避雷器的方法解决，如图 6-10 所示。

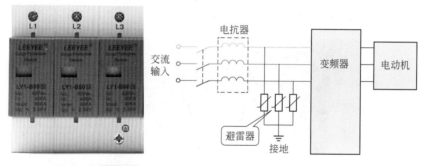

图 6-10 在变频器控制柜中安装进线避雷器示意图

3. 变频器维修中常见 GF 接地故障原因

在维修变频器过程中，接地故障也是平时会碰到的故障，故障代码是 GF。

❶ 首先检查是否因电动机接地或电机绝缘受到破坏而造成接地短路。

❷ 由于变频器的输出电压不是正弦波，而是高频的脉冲方波。这样当变频器输出到电动机的电缆过长时，会导致电缆的分布电容等分布参数较大，从而出现接地故障误报。解决措施：变频器增加输出电抗器。

❸ 变频器内部 IGBT 模块或其他电子元器件的供电电压过高，超出其安全工作范围时，会导致其击穿损坏，造成接地故障。

❹ 电工初学者把变频器进线中相线当中性线用，造成电柜漏电，造成接地故障报警。

❺ 配线错误，比如 PE 和 N 接错，导致漏电发生。

❻ 接地线没有正确接线，或者接地电阻不够，造成接地故障报警。

4. 丹佛斯变频器 A14 接地故障处理

某公司安装一台丹佛斯变频器9个月，反映丹佛斯变频器上电运行报警接地故障，变频器维修人员首先对变频器参数优化、软件版本进行升级，但未完全解决问题。

按照通常变频器接地故障原因检查如下：检查变频器是否未接地线或者地线是否松动脱落；电机是否对地漏电或者电缆有无破皮；变频器控制卡是否受干扰误报；然后重新安装变频器地线；用兆欧表检查电机和电缆绝缘是否完好（注意：用兆欧表测电机绝缘时要断开变频器接线，因为变频器的耐压等级比兆欧表低）。

排除干扰源并重新上电，复位之后还不能解决问题。

维修人员观察变频器工作现场，发现变频器现场环境非常恶劣，如图6-11所示，控制柜也无任何密封等级可言，拆开变频器后发现内部器件包括霍尔元器件上吸附了厚厚的粉尘，其中相当一部分是金属粉尘，这就引起霍尔电流检测不正常，出现了 A14 接地故障。

针对变频器出现的故障现象，维修人员更换变频器霍尔元器件并要求客户每个星期至少进行一次粉尘打扫，保养变频器，从而来解决此类特殊故障问题。

当我们维修变频器遇到比较差的应用环境时，要考虑提升控制柜和变频器的密封等级，以防止金属粉尘进入导致更多设备故障。

图6-11　变频器现场环境恶劣

5. 变频器运行时漏电断路器动作

变频器运行时的高频开关状态会产生漏电流并引起漏电断路器动作而切断电源。应选用漏电检测值较高的断路器，或者降低载波频率也可减小漏电流。

七、系统与回馈电路故障检修

1. 变频器工作中电动机回馈电路产生过电压报警原因

电动机在工作中，如果出现了重负载，在停机过程中重负载会带动电动机转动，当转子的转速大于定子旋转磁场的转速，电动机变为发电机，向变频器回馈电能，如图 6-12 所示。

电动机发出的三相交流电通过二极管 VD7 ～ VD12 整流，加在直流母线上，使直流母线电压升高，当直流母线电压上升到 VTB 导通电压以上，制动单元 VTB 导通，回馈电流通过制动电阻 RB 放电，将回馈电能消耗掉。电动机产生的回馈电能被制动电阻所消耗，电动机得到制动力矩而制动。

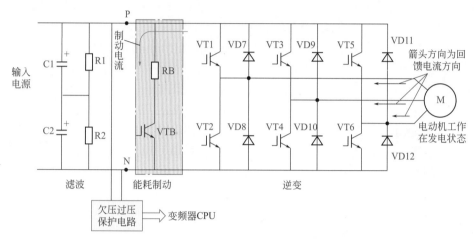

图 6-12 电动机向变频器回馈电能

如果变频器没有加装制动电阻，当出现了回馈电能，会造成变频器过电压跳闸；变频器加装了制动电阻，因为制动电阻的制动能力不够，变频器也会过电压跳闸。

变频器过电压报警跳闸的几种常见故障原因：

❶ 变频器停机时，设置了频率下降时间，由于电动机的重负载惯性大，转子的转速高于其定子旋转磁场的转速，电动机产生回馈电能，变频器过电压跳闸。

❷ 变频器闭环自动控制，如 PID 控制、矢量控制等，电动机的转速由控制信号自动控制，当控制信号下降太快，电动机出现回馈现象，变频器过电压跳闸。

❸ 变频器在工作中，因为负载具有冲击性，当瞬时出现重负载带动电动机快速旋转，电动机处于发电状态，会造成变频器过电压跳闸。

❹ 起重机、电梯升降设备，下降时负载超载，制动电阻不能将回馈电能完全消耗掉，变频器过电压跳闸。

❺ 变频器检测电路损坏，出现误报。

2. 变频器工作中电动机回馈电路产生过电压处理对策

由于过电压产生的原因不同，因而采取的对策也不相同。对于在停车过程中产生的过电压现象，如果对停车时间或位置无特殊要求，那么可以采用延长变频器减速时间或自由停车的方法来解决。所谓自由停车即变频器将主开关器件断开，让电机自由滑行停止。如果对停车时间或停车位置有一定的要求，那么可以采用直流制动（DC制动）功能。直流制动不能用于正常运行中产生的过电压场合，只能用于停车时的制动。

对于从高速转为低速，但不停车时因负载的飞轮转矩过大而产生的过电压，可以采取适当延长减速时间的方法来解决。其实这种方法也是利用再生制动原理，延长减速时间只是控制负载的再生电压对变频器的充电速度，使变频器本身的20%的再生制动能力得到合理利用而已。至于那些由于外力的作用，例如起重机电机超载失控而使电机处于再生状态的负载，因其正常运行于制动状态，再生能量过高无法由变频器本身消耗掉，因此不可采用直流制动或延长减速时间的解决方法。

再生制动与直流制动相比，具有较高的制动转矩，而且制动转矩的大小可以根据负载所需的制动力矩（即再生能量的高低）由变频器的制动单元自动控制。因此再生制动最适用于在正常工作过程中为负载提供制动转矩。

能量消耗型再生制动的方法是在变频器直流回路中并联一个制动电阻，通过检测直流母线电压来控制一个功率管的通断。在直流母线电压上升至一定的电压值时，功率管导通，将再生能量通入电阻，以热能的形式消耗掉，从而防止直流电压的上升。能耗制动将能量消耗于电机之外的制动电阻上，电机不会过热，可以应用在较频繁制动的工作场合。

3. 变频器内部检测电路故障原因和处理措施

检测电路损坏导致变频器显示过电流报警，如：检测电流的霍尔传感器由于受温度、湿度等环境因素的影响，工作点容易发生偏移，导致过电流报警。

在处理此类故障时基本就是使用代换法，用好的电路板直接更换，这是我们日常维修中最常用的办法。

4. 变频器运行中速度太快，不可控故障原因分析

❶ 首先确定变频器调速方式是远程模拟量给定还是本地控制，两者不能同时控制，在检查过程中首先检查这一点。比如在远程给定一个高转速控制时，本地控制参数修改低速无效。

❷ 检查变频器的参数设置，一般情况是最大输出频率≥上限频率≥下限频率，如果发现频率不能减少，需要查看下限频率的设定值是否过大。

❸ 如果上面的两条都正常，就需要检查控制器以及线路的问题了，其中最常见的是模拟量电位器失效造成速度不可控。我们用万用表去测量电位器的输出电压是否正常，旋转到最小值和最大值观察是否是0V和10V变化，确定电位器输出和变频器输入模拟量是否一致，不一致则是线路问题，需查看有无断线、线破损等现象。

5. 变频器运行中经常自动停机故障原因分析

❶ 首先检查停机时是否报故障代码，如果有故障代码，查看说明书变频器的故障代码是什么，然后按照说明书介绍去排除故障。

❷ 没有故障代码，说明变频器对应的运行条件没有满足条件导致变频器停机。

这种故障一般按照逐步缩小范围进行检查，比如检查负载的情况、检查绝缘、工作时监测一下实际电压电流以及检查外部接线，排除外部原因。

其实很多时候这种故障是外部线路引起的，所以没有故障代码的情况，如果是通过外部控制启停的变频器，可以改成本地控制启停，试运行一段时间就有可能找出来。如果还是跳闸停机，那就可以判断是变频器本身的问题了，更换新变频器就可解决问题。

6. 变频器维修过程中通过故障报警提示修改参数排除变频器故障方法

当变频器工作中出现了故障跳闸，同时伴随着故障报警，操作面板上的显示屏会同时显示出故障代码，根据故障代码，可确定故障的类别，参考变频器使用说明书，通过修改参数码，可排除故障。

通过修改参数排除变频器故障方法就是通过变频器的故障报警显示，对变频器参数进行修改，排除参数设置不匹配的软件故障。

7. 变频器 FR-E540 恒速运行过压维修实例

FR-E540-2.2K-CH（2.2kW）变频器，运行中偶尔出现 EOV2（恒速过压报警）故障，复位后正常运行。

由于变频器能在复位后正常运行，所以应重点检查变频器在运行中的电压变化情况。测量变频器 FR-E540-2.2kW 的直流母线电压在恒速运行过程中电压偶尔有上升现象，当电压达到 760V 时变频器报 EOV2，由于是偶尔报过压故障，所以仔细观察现场电机运行情况，发现用户在设备安装过程中，地基不牢固，由于机械部分重心不稳而出现再生回馈过压报警。变频器 FR-E540 主电路接线如图 6-13 所示。

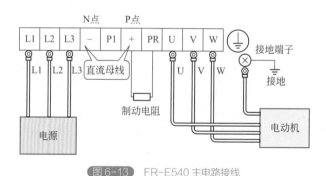

图 6-13 FR-E540 主电路接线

处理措施：

❶ 将设备地基重新打牢固。

❷ 变频器上电后，修改以下参数：

• Pr.30：再生功能选择为"1" 该参数根据实际情况进行设定，"0"为无能耗制动组件或以外接制动单元的方式进行能耗制动，而"1"为有能耗制动组件。

• Pr.70：制动使用率为 10% 制动使用率根据实际情况选择为 10%。注意 Pr.70

必须设定在所使用的制动电阻发热功率内，否则会有过热的危险。

8. 铸造车间天车变频升降电机系统当变频器输出频率达到 60Hz 时变频器过流跳闸的分析和处理

断开电动机，空载运行正常，再接入升降电动机，仍然在 60Hz 左右出现过流跳闸。换一台电动机，运行正常，说明过流是电动机故障。

分解电动机，检查发现电动机绕组有匝间短路现象。故障原因是变频器的输出频率上升时，电压也在上升，当电压上升到匝间击穿电压时，变频器过流跳闸。

9. 变频器使用和维修过程中常见通信控制故障分析

（1）通信电缆连接错误 电缆接触不良、连接不正确、电路焊接不良产生虚焊，这些是变频器维修中最简单的问题，但也是最容易出现的问题。这些问题如果反映在安装初期，我们可以在机器调试时发现排除，如果虚焊或接触不良是在使用一段时间出现了氧化之后才表现出来，就会出现设备初期正常，应用了一段时间出现故障的现象。

注意：如果在安装或维修时 A、B 线接反了，将导致 0 和 1 的信号是反的，也不能正常通信。

（2）驻波影响 当电缆线比较长（＞50m）时，工作中会产生驻波，驻波会造成通信中断。消除的方法是在通信线两端并联一个 120Ω 的匹配电阻。

（3）接口转换器不匹配 如果使用了接口转换器，例如，使用了 RS-232/RS-485 转换器，但转换器的接线错误、使用电压不匹配、电源没有给上等也会引起通信故障，要按照电缆连接图仔细检查或更换转换器。

（4）电缆阻抗引起电压衰减 变频器维修人员都知道，通信电缆越长，电缆的阻抗越大，产生的电压衰减越大。当电压衰减到无效范围，通信便不能正常进行。所以在变频器使用中通信电缆越短越好。

（5）分布电容的积分效应影响通信速度 通信信号在发出时是较理想的矩形波，通过屏蔽电缆传输，因为屏蔽电缆和信号线之间存在着分布电容，该电容和电缆的长度成正比，因为电容的充放电作用，使矩形波出现积分效应。电缆越长，波形畸变越严重，当波形畸变到系统不能识别时，通信便不能进行。如图 6-14 所示。

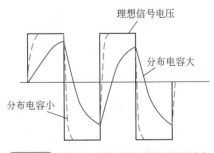

图 6-14　分布电容的积分效应影响通信速度

（6）干扰问题　变频器工作中由于实际的现场环境比较复杂，不可避免地存在一些干扰问题。在工作现场，一些大型设备启动、停机时，也会产生很大的瞬间感应信号，造成通信中断。

（7）编程问题　在确保变频器硬件连接没有问题的情况下，我们还要注意检查程序是否有问题，包括通信参数的设置、通信功能模块的使用等，从而排除软件编程引起的变频器通信故障。

10. 变频器停机不报警故障原因和检查思路

（1）逆变电路不工作　多发生在逆变开关管为一体化模块的小功率变频器中，模块的直流母线电压出现问题，开关管没电，表现为其他都正常，变频器没有输出。

（2）电磁干扰　当变频器受到了较强的电磁干扰，也会出现无故停机现象。该现象一般出现在变频器安装完毕调机时，需要注意的是，变频器工作年限较长，屏蔽线老化、接地体锈蚀接触不良等也会出现此故障。

（3）变频器停机不报警故障处理方法　根据上述分析，当变频器出现了突然停机、间歇停机等不报警停机现象时，首先检查变频器的控制电路，检查输入控制端子，检查通信电路，检查操作面板，最后检查指示电路、电磁干扰、功率输出电路等。

11. 使用带有 PG 的电机进行反馈后速度精度是否一定能提高

带有 PG 的电机还要配合具有 PG 反馈功能的变频器形成闭环控制，控制精度才能提高。但速度控制的精度值取决于 PG 本身的精度和变频器输出频率的分辨率。所以采用"专用变频感应电动机 + 具有 PG 反馈功能的矢量控制变频器的交流调速闭环控制"方式是最好的选择方式。

闭环速度控制由于使用了编码器，速度、转子位置可以通过编码器直接测量，所以速度精度和响应远远超过开环，但增加了编码器导致故障点和成本增加，所以有些对精度要求不高的场合不使用闭环速度控制，反之则必须使用闭环速度控制。

12. 变频器加速时间与减速时间可以分别给定的机种与加减速时间共同给定的机种的区别

电动机使用变频器的作用就是为了调速，并降低启动电流，而加减速时间设定能够防止过电流和再生失速的再生过电压。

加速时间就是输出频率从 0 上升到最大频率的所需时间，减速时间是指从最大频率下降到 0 所需的时间。通常用频率设定信号上升、下降来确定加减速时间。在电动机加速时须限制频率设定的上升率以防止过电流，减速时则限制下降率以防止过电压。

加速时间设定将加速电流限制在变频器过电流容量以下，不使流失速而引起变频器跳闸。减速时间设定是防止平滑电路电压过大，不使再生过压失速而引起变频器跳闸。

以西门子变频器为例，对于风机传动等场合，加减速时间都较长，加速时间和减速时间可以共同给定。加减速可以分别给定的机种适用于短时间加速、缓慢减速场合，以及需要严格给定生产节拍时间的场合。

目前在电梯的控制中会用多个加减速度控制来解决人员乘坐不适问题。

13. AMB300 变频器的故障内容参数不能设定

❶ 按▲、▼键时，参数显示不变。已设置用户密码，不允许改变参数值。

❷ 按▲、▼键时，参数显示可变，但存储无效。无论功能代码参数能否设定，只要按下功能代码内容参数▲或▼键，就必须要按 OK 键确认，改变后的参数在 LED 数码管上显示时，会以每秒一次的频率闪烁，以便提示用户参数已被修改，需进行确认或恢复处理。

14. 电机旋转异常，按下 RUN 键，电机不旋转

❶ 操作的键盘为无效键盘。无效键盘不能启动变频器运行。若需将该键盘设为有效键盘，改变功能代码 F0.04。

❷ 运行命令由控制端子 X1 ～ X6（X1 ～ X6 设定为 FWD、REV 功能）控制，设定键盘控制有效。

❸ 参考频率值设定为"0"，输入所期待的参考频率值。

❹ 控制电路故障。

15. 电机旋转异常，控制端子 FWD、REV 有效，电机不旋转

❶ 外部端子控制无效。设置外部端子控制有效。

❷ 控制端子 X1 ～ X6 = ON（X1 ～ X6 设定为自由停车功能），使自由停车端子 = OFF。

❸ 参考频率值设定为"0"，输入所期待的参考频率值。

❹ 控制电路故障。

16. 电机旋转异常，电机只能单方向旋转

反转禁止功能有效。当反转禁止功能代码参数 F0.09 设定为 2 时，变频器不允许反转。

17. 电机旋转异常，电机旋转方向相反

变频器的输出端子 U、V、W 与电机输入端不一致。任意换接 U、V、W 的两根连线即可改变电机的旋转方向。

18. 电机加速时间太长

过电流限幅动作阈值太小：当过电流限幅功能设置有效时，变频器的输出电流达到其设定的限幅值时，在加速过程中，输出频率将保持不变，直到输出电流小于限幅值后，输出频率继续上升，这样，电机的加速时间就比设定的时间长。

应检查变频器的电流限幅值是否设置太低。检查 F0.02、F8.00 参数是否设定正确，设置适合的加速时间。

19. 电机减速时间太长

❶ 回馈制动有效时，制动电阻阻值太大，过电流限幅动作，延长了减速时间。设定减速时间太长，应确认减速时间功能代码参数值。

❷ 失速保护有效时，过压失速保护动作，直流母线电压超过 Fb-05 设定值时，输出频率保持不变，当直流母线电压低于 Fb-05 设定值时，输出频率继续下降，这样就延长了减速时间。设定的减速时间太长，应确认减速时间功能代码参数值。

八、综合类故障检修

变频器综合故障检修

1. 变频器通电后没有反应的检查方法

在正常情况下，变频器即使在发生故障时通电后一般也会有相应的故障提示，当变频器出现了通电后没有反应的情况，应按下列方法进行检查维修。

第一，要检查电源开关有没有跳闸，用万用表电压挡测量即可，如果是电源问题，直接换一个电源开关接线即可。

第二，如果电源测试正常，再进行静态测试。需要注意的是，为了人身安全，必须确保机器断电并拆除变频器输入电源线 R、S、T 和输出线 U、V、W 后方可操作。首先把万用表打到"二极管"挡，然后通过万用表的红色表笔和黑色表笔按以下步骤检测（如图 6-15 所示）。

黑色表笔接触直流母线的 P（+），红色表笔依次接触 R、S、T，记录万用表上的显示值。然后再把红色表笔接触 N（-），黑色表笔依次接触 R、S、T，记录万用表的显示值。六次显示值如果基本平衡，则表明变频器二极管整流或软启电阻无问题，反之相应位置的整流模块或软启电阻损坏，现象：无显示。

红色表笔接触直流母线的正极 P（+），黑色表笔依次接触 U、V、W，记录万用表上的显示值。然后再把黑色表笔接触 N（-），红色表笔依次接触 U、V、W，

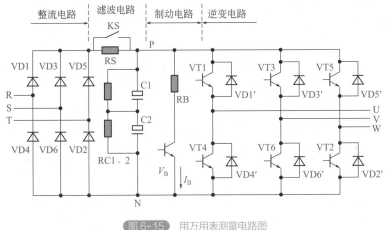

图 6-15 用万用表测量电路图

记录万用表的显示值。六次显示值如果基本平衡，则表明变频器 IGBT 逆变模块无问题，反之相应位置的 IGBT 逆变模块损坏，现象：无输出或报故障。

用万用表测量实物图如图 6-16 所示。

图 6-16　用万用表测量实物图

2. 变频器开机造成主回路跳闸并且有大的"放炮"响声故障原因及处理

故障原因是断路器或空气开关跳闸。这种情况一般是由于主电路（包括整流模块、电解电容或逆变桥）击穿所致，在击穿的瞬间强烈的大电流造成模块炸裂而产生巨大响声。

（1）整流模块的损坏　大多是由于电网的污染造成的。例如某企业中频炉接地打火产生的电源污染使变频器整流模块受电网尖峰电压击穿损坏，这需要增强变频器吸收电网尖峰电压的能力，在电源端增加稳压滤波电路。

（2）电解电容和 IGBT 模块损坏　电解电容模块的损坏主要是由于不均压造成的，这包括动态均压及静态均压。在使用中，由于某些电容的容量减少而导致整个电容均组的不均压，分担电压高的电容会炸裂。

IGBT 的损坏主要是由于母线尖峰电压过高而缓冲电路吸收不力造成。有些低价变频器母线设计不合理，很容易造成母线电感过高，即造成模块承担的电压过高，击穿的瞬间大电流造成模块炸裂。

注意：如主控芯片出现紊乱，信号干扰造成上下桥臂直通炸裂，IGBT 模块吸收电路不好也是其直接原因，所以我们在安装变频器时必须做好接地。

3. 变频器给电跳闸、打开变频器护罩发现内整流侧或逆变侧元件损坏的故障原因和处理措施

（1）故障原因　遇到此类故障用万用表检查，如断路器和快速熔断器都正常，这时很可能是逆变管（IGBT）损坏。变频器内部元件损坏或检测和控制电路故障时，

往往表现为变频器一上电就"过电流"跳闸，可以闻到变频器内部有焦煳味。

（2）处理措施 对于此类硬件故障直接更换元件即可。

4. 变频器在控制电机运行时电机发生机械振动的原因

（1）坚固螺钉松动 此类故障主要由于机械设备的坚固螺钉松动，改变了原来固有的振荡频率，出现"嗡嗡"的振动声。

变频器输出中含有很大成分的高次谐波，当机械设备的坚固螺钉松动后，就会引起机械设备的振动。

处理措施：拧紧坚固螺钉。

（2）变频器与电机间距离太远 当变频器与电机距离太远，但变频器载波频率比较高时，电缆与大地间分布电容的影响增大，导致电机发生共振。

处理措施：加装输出电抗器，降低载波频率。

（3）变频器三相输出电压不平衡 当变频器三相电压不平衡时，定子绕组产生的旋转磁场变成椭圆形，引起转矩不均衡就会使电机发生共振。

（4）变频器未设置"回避频率" 一般机械设备自身都有一个固定的振动频率，为此，变频器一般都有一个叫"回避频率"的参数，从而避开此频率。

处理措施：根据电机振动时变频器的输出频率来设置"回避频率"。

5. 变频器过载故障的电动机工作过载原因分析

变频器内设置有电动机的电子热继电器，我们在变频器参数设置过程中将电动机的额定电流预置到变频器，当机械负载过重电动机过载时变频器就会显示电动机过载故障报警信息。

电动机出现过载跳闸的最直观现象是电动机发热，用手摸电动机的外壳，明显发烫；这时我们在变频器显示屏上读取运行电流，与电动机的额定电流进行比较，会发现明显偏大。

电动机出现负载过重的原因有：

❶ 以搅拌机在操作人员手工入料的负载运行过程为例，我们可以控制入料的数量，使电动机工作在额定状态。这样就可以解决上面的问题。

❷ 在自动入料的系统中，负载的大小不可控，负载如果产生过载跳闸，解决的办法为：如果是电动机采用降速传动，并且电动机的工作速度较低，可考虑适当加大减速箱齿轮的传动比，以减轻电动机轴上的输出转矩。如果传动比无法加大，则应加大电动机的容量，否则长期过载会烧坏电动机。

如果是变频器和电动机的容量选择相同，电动机直接传动，工作中出现过载，是变频器的电流容量选得小，换为大一个功率级别的变频器即可解决上述问题。

6. 变频器过载故障的参数设置不合理处理方法

变频器参数设置中若电动机的电子热继电器电流设置的小于电动机的额定电流，即使电动机实际上没有过载，当变频器达到了设定的电流值，也会引起变频器过载跳闸。

当我们遇到这种情况时可以重新设置过载电流，将过载电流设置为电动机额定电流的 105% ～ 110%。

7. 数控车床走刀变频器在使用中未出现过载报警却烧毁电机的原因和处理措施

变频器在使用中未出现过载报警却烧毁电机故障，在检查中发现是该公司电工在变频器维修过程中选用的旧变频器的功率远大于电动机的额定功率，而旧变频器的过载电流参数没有改动，还是原来的默认值，当电动机过载时变频器不跳闸，随着电机过载时间延长，从而将电动机烧毁。

8. 变频器异常或负载异常引起变频器过载跳闸

（1）变频器误动作 在使用中我们检查发现电动机的发热量并不大，变频器的检测电流偏大，导致了变频器过载跳闸，这属于变频器的检测电路误动作。

对这种故障处理，原则上要进行变频器过载保护电路的维修，我们维修中更换控制电路板即可。

（2）三相电压不平衡过载跳闸 变频器内部开关电路异常，如断相、输出电压不平衡引起某相的运行电流过大，导致过载跳闸。

对于此类故障我们的检查方法是用带有真有效值测量功能的万用表电压挡测量变频器的三相输出电压，以判断变频器是否缺相或电压不平衡。电压不平衡大部分是变频器出现了问题（变频器输出电压使用带有低通滤波器的真有效值万用表测量，普通数字万用表只能测量出输出来一个值，但不是实际的电压值，而且还要注意量程问题）。使用福禄克真有效值数字万用表 87V/C 测量变频器示意图如图 6-17 所示。

图 6-17 使用福禄克真有效值数字万用表 87V/C 测量变频器

9. 变频器维修保养中判断滤波电容器寿命的方法

变频器电源电路中作为滤波电容器使用的电容器，其静电容量随着时间的推移而缓缓减小，为了不影响变频器正常使用，需要定期地测量滤波电容器的静电容量，以达到产品额定容量的 85% 为基准来判断滤波电容器寿命。

10. 从外部检查发现连续运行的变频器运行异常的方法

对于连续运行的变频器，可以从外部目视检查运行状态。同时定期对变频器进行巡视检查，检查变频器运行时是否有异常现象。

❶ 观察变频器显示面板上显示的字符是否清楚，是否缺少字符；

❷ 观察变频器风扇运转是否正常，有无异响，变频器散热风道是否畅通；

❸ 变频器运行中要观察是否有故障报警显示；

❹ 观察变频器在显示面板上显示的输出电流、电压、频率等各种数据是否正常；

❺ 平时可以用手持测温枪检测变频器是否过热，用鼻子闻是否有异味，用万用表检查滤波电容是否达到产品额定容量的 85% 以上；

❻ 用万用表检查变频器交流输入电压是否超过最大值，例如当三相电压超过418V 时，很容易造成变频器线路板损坏；

❼ 平时还要注意变频器环境温度是否正常，一般要求在 −10 ～ +40℃范围内。

11. 变频器一般使用寿命及如何延长变频器使用寿命

变频器电源电路板有滤波电容器、冷却用冷却风机，如果对它们进行定期的维护，基本可以达到 10 年以上的寿命。另外变频器使用中关键是连续通电，要做好接地保护。在没有腐蚀性气体、干燥、通风无粉尘环境中可延长变频器使用寿命。

❶ 变频器正确的接线及参数设置是保证变频器使用和延长寿命的关键。所以在安装变频器之前一定要认真阅读变频器使用手册，掌握其正确接线和使用方法，正确设置参数。

❷ 变频器外部控制信号问题。一般是：变频器端子接线错误、变频器参数设置错误或变频器外部信号自身有问题、信号模式设置错误等造成变频器寿命降低。

❸ 变频器四周的环境温度对变频器的使用寿命有很大的影响。所以要注意变频器周围环境温度及变频器散热的问题。

❹ 在变频器采用工频 / 变频切换方式运行情况下，其工频与变频的接触器互锁必须可靠。

❺ 变频器使用中要注意过载跳闸和过电流跳闸的区别。电动机过载时，变频器不一定过电流。由于变频器的过载点和变频器的过流点相差不远，所以这两种保护经常交替动作，过载保护和过流保护都是以电流为参照值，当电流超过容许值时跳闸，所以合理设置过载和过流参数也是保证变频器使用寿命的条件之一。

❻ 变频器装置应可靠接地，从而抑制射频干扰，防止变频器因漏电而引起电击。

❼ 用变频器控制电动机转速时，电动机的温升及噪声会比工频时高，在低速运转时因电动机风叶转速低，应注意通风冷却以及适当减轻负载，以免电动机温升超过允许值。

12. AMB300 变频器的故障内容及处理办法

AMB300 变频器的故障内容及处理办法如表 6-1 所示。

表6-1　AMB300变频器的故障内容及处理办法

故障代码	故障类型	故障原因	故障对策
E.SC	驱动电路故障	1. 变频器三相输出相间或对地短路 2. 功率模块同桥臂直通 3. 模块损坏	1. 调查原因，实施相应对策后复位 2. 寻求技术支持 3. 寻求技术支持
E.OCA	加速过流	1. 变频器输出侧短路 2. 负载太重，加速时间太短 3. 转矩提升设定值太大	1. 调查原因，实施相应对策后复位 2. 延长加速时间 3. 减小转矩提升设定值
E.OCd	减速过流	1. 减速时间过短，电机的再生能量过大 2. 变频器功率偏小	1. 延长减速时间或外加适合的能耗制动组件 2. 选用功率等级大的变频器
E.OCC	稳速过流	1. 负载发生突变或异常 2. 输入电源变化太大	1. 进行负载检测 2. 检查输入电源
E.OUA	加速过压	1. 对旋转中的电机进行再启动 2. 输入电源变化太大	1. 避免停机再启动 2. 检查输入电源
E.OUd	减速过压	1. 减速时间太短，电机的再生能量太大 2. 输入电源变化太大	1. 延长减速时间或外加适合的能耗制动组件 2. 检查输入电源
E.OUC	稳速过压	1. 负载惯性过大 2. 输入电源变化太大	1. 外加适合的能耗制动组件 2. 安装输入电抗器
E.LU	欠压	1. 输入电源缺相 2. 输入电源变化太大	检查输入电源
E.OL1	电机过载	1. 电机参数不准 2. 电机堵转或者负载波动过大	1. 重新设定电机参数 2. 检查负载，调节转矩提升
E.OL2	变频器过载	1. 加速时间过短 2. 转矩提升过大 3. 负载过重	1. 延长加速时间 2. 调节转矩提升 3. 选择功率更大的变频器
E.ISP	输入缺相	三相输入电源不正常	检查外围线路
E.SPO	输出缺相	1. U、V、W 输出缺相 2. 电机断线	1. 检查输出配线 2. 检查电机及电缆
E.OH1	模块（1）过热	1. 周围环境温度过高 2. 变频器通风不良 3. 冷却风扇故障 4. 温度检测电路故障	1. 变频器的运行环境应符合规格要求 2. 改善通风环境 3. 更换冷却风扇 4. 寻求技术支持

续表

故障代码	故障类型	故障原因	故障对策
E.OH2	模块（2）过热	1. 周围环境温度过高 2. 变频器通风不良 3. 冷却风扇故障 4. 温度检测电路故障	1. 变频器的运行环境应符合规格要求 2. 改善通风环境 3. 更换冷却风扇 4. 寻求技术支持
E.EF	外部故障	外部故障急停端子有效	外部故障撤销后，释放外部故障端子
E.Con	通信异常	1. 波特率设置不当 2. 串行口通信错误 3. 上位机没有工作	1. 正确设置波特率 2. 寻求服务 3. 检查上位机
E.Id	电流检测故障	1. 驱动板插座接触不良 2. 辅助电源损坏 3. 电流传感器损坏 4. 检测电路异常	1. 检查插座，重新插线 2. 寻求服务 3. 寻求服务 4. 寻求服务
E.tUE	电机调谐异常	1. 电机铭牌参数设置错误 2. 电机功率和变频器功率相差过大 3. 自学习参数异常 4. 调谐超时	1. 按电机铭牌正确设置参数 2. 更换功率匹配的变频器 3. 使电机空载，并重新学习 4. 检查电机接线，重新设定参数
E.EP	E2PROM错误	1. 干扰使 E2PROM 读写错误 2. E2PROM 损坏	1. 按 STOP/RESET 键复位 2. 寻求技术支持
E.PID	PID 反馈断线故障	1. PID 反馈断线 2. PID 反馈源消失	1. 检查 PID 反馈信号线 2. 检查 PID 反馈源

当变频器发生上述故障后，若要退出故障状态，可按STOP/RESET键复位清除。若故障已消除，变频器返回参数设定状态；若故障仍未消除，监视器继续显示当前故障功能代码。

参考文献

［1］王延才. 变频器原理及应用. 北京：机械工业出版社，2011.

［2］李方园. 变频器控制技术. 北京：电子工业出版社，2010.

［3］张伯虎. 经典电工电路. 北京：化学工业出版社，2019.

［4］李宗喜. 变频器维修从入门到精通. 北京：化学工业出版社，2019.

［5］黎冰，黄海燕，何衍庆. 变频器实用手册. 北京：化学工业出版社，2011.

［6］吴忠智，吴加林. 变频器应用手册. 北京：机械工业出版社，2008.